U0281634

"十二五"普通高等教育本科国家级规划教材配套用书
高校土木工程专业指导委员会规划推荐教材配套用书

# 土力学及基础工程学习指导

## （第二版）

配套主教材《土力学》《基础工程》（第四版）

莫海鸿　杨小平　刘叔灼　编著

中国建筑工业出版社

**图书在版编目（CIP）数据**

土力学及基础工程学习指导/莫海鸿等编著．—2 版．—北京：
中国建筑工业出版社，2019. 4（2024.6重印）
“十二五”普通高等教育本科国家级规划教材配套用书　高校
土木工程专业指导委员会规划推荐教材配套用书
ISBN 978-7-112-23307-6

Ⅰ.①土…　Ⅱ.①莫…　Ⅲ.①土力学-高等学校-教学参考
资料②基础（工程）-高等学校-教学参考资料　Ⅳ.①TU4

中国版本图书馆 CIP 数据核字（2019）第 027428 号

本书以例题和习题的形式诠释土木工程专业土力学及基础工程课程的基本内容，教材主要依据中国建筑工业出版社出版的《土力学》（东南大学等四校编）和《基础工程》（华南理工大学等三校编），亦参考了一些其他教材。本书主要内容包括：土的物理性质及分类、土的渗透性及渗流、土中应力、土的压缩性及固结理论、地基沉降、土的抗剪强度、土压力、地基承载力、土坡稳定性、浅基础、桩基础。每章都由学习要点、例题精解、习题和参考答案四部分构成。

本书可供土木工程专业本科或者专科学生和工程技术人员学习土力学和基础工程课程使用。

责任编辑：吉万旺　王　跃
责任校对：芦欣甜

“十二五”普通高等教育本科国家级规划教材配套用书
高校土木工程专业指导委员会规划推荐教材配套用书
**土力学及基础工程学习指导（第二版）**
配套主教材《土力学》《基础工程》（第四版）
莫海鸿　杨小平　刘叔灼　编著
*
中国建筑工业出版社出版、发行（北京海淀三里河路 9 号）
各地新华书店、建筑书店经销
北京红光制版公司制版
建工社（河北）印刷有限公司印刷
*
开本：787×1092 毫米　1/16　印张：13½　字数：325 千字
2019 年 6 月第二版　2024 年 6 月第九次印刷
定价：**42.00** 元
ISBN 978-7-112-23307-6
（33608）

# 第二版前言

本书自2006年第一次印刷以来，相关规范和标准都已作了修订，《土力学》和《基础工程》教材也出了新的版本，因此本书第二版修订的重点在于使内容表述与现行的规范、标准及新版教材一致，同时对少数题意不清的习题进行了修改，对个别印刷错误进行了纠正。

本书自出版以来，许多师生提供了宝贵的修订意见，在此一并表示十分感谢。

本书由华南理工大学土木工程系莫海鸿、杨小平和刘叔灼编著。

# 第一版前言

本书重点围绕本科课堂教学内容编写，教材主要依据中国建筑工业出版社出版的《土力学》（东南大学等四校编）和《基础工程》（华南理工大学等三校编），亦参考了其他一些教材。本书共分四部分，第一部分为学习要点，是对重点内容的归纳与提炼；第二部分为例题精解，除了对上述两本教材的习题给出详细的解题过程外，还精选了许多典型的例题；第三部分为习题，针对第一部分的学习要点，作者编写了大量的选择题、判断改错题和计算题，有些章的习题分为两部分，一部分为基本题，属于本科生应该掌握的内容，另一部分包含有研究生入学试题，难度较大，可供考研复习之用；第四部分为习题参考答案。

本书由华南理工大学土木工程系莫海鸿、杨小平和刘叔灼编著。在编写过程中，本书参考和引用了其他教材和习题集中的一些习题及解答，在此向原作者表示深深的谢意。

限于编者的水平，书中不妥之处在所难免，恳请读者批评指正。

编　者

# 目　　录

# 第1章 土的物理性质及分类

## 一、学习要点

### 1. 概述

◆土是由连续、坚固的岩石在风化作用下形成的大小悬殊的颗粒，经过不同的搬运方式，在各种自然环境中生成的没有黏结或弱黏结的沉积物。土经历压缩固结、胶结硬化，也可再生成岩石。

◆土按成因类型可分为残积土、坡积土、洪积土、冲积土、湖积土、海积土、风积土、冰积土和污染土等。

◆土是由颗粒（固相）、水（液相）和气（气相）所组成的三相体系。各相的性质及相对含量的大小直接影响土体的性质。

### 2. 土的组成

◆土中固体颗粒

土粒大小及其矿物成分的不同，对土的物理力学性质影响极大。当土粒粒径由粗到细逐渐变化时，无黏性且透水性强的土就逐渐变为透水性弱、具有黏性和可塑性的土。

土粒的大小称为粒度，通常以粒径表示。介于一定粒度范围内的土粒，称为粒组。划分粒组的分界尺寸称为界限粒径。

土粒的大小及其组成情况，通常以土中各个粒组的相对含量来表示，称为土的颗粒级配或粒度成分。

土的颗粒级配是通过土的颗粒分析试验测定的。对于粒径小于等于60mm、大于0.075mm的粒组，可用筛分法测定；对于粒径小于0.075mm的粒组，可用沉降分析法测定。

颗粒分析试验成果常采用颗粒级配累计曲线（粒径级配曲线）来表示。由累计曲线的坡度可以大致判断土粒的均匀程度或级配是否良好。如曲线较陡，表示粒径大小相差不大，土粒较均匀，级配不良；反之，曲线平缓，则表示粒径大小相差悬殊，土粒不均匀，即级配良好，用作填方土料时易于夯实。

不均匀系数$C_u$和曲率系数$C_c$可分别按下式计算：

$$C_u = \frac{d_{60}}{d_{10}} \tag{1-1}$$

$$C_c = \frac{d_{30}^2}{d_{10} \cdot d_{60}} \tag{1-2}$$

式中，$d_{60}$、$d_{30}$及$d_{10}$分别为小于某粒径土重累计百分含量为60%、30%及10%时对应的粒径，分别称为限制粒径、中值粒径和有效粒径。

不均匀系数$C_u$的数值反映了土粒大小（粒度）的均匀程度。$C_u$越大表示粒度的分布范围越大，土粒愈不均匀，其级配愈良好。工程上常把 $C_u<5$ 的土看做是均粒土，属级配不良；$C_u>10$ 的土，属级配良好。

曲率系数 $C_c$反映的是累计曲线的整体形状。$C_c$值大，表示曲线向左凸，粗粒较多；$C_c$值小，表示曲线向右凸，细粒较多。对于级配良好的土，$C_c=1\sim3$。

◆土中水

土中液态水可分为结合水（吸附水）和自由水两大类。

结合水是指受电分子吸引力吸附于土粒表面的土中水。按吸引力的强弱，结合水又可以分为强结合水和弱结合水。结合水不能传递静水压力。黏性土中只含有强结合水时，呈固体状态。当土中含有较多的弱结合水时，土具有一定的可塑性。

自由水是存在于土粒表面电场影响范围以外的水。它的性质与普通水一样，能传递静水压力。自由水按其移动所受作用力的不同，可分为重力水和毛细水。

重力水是指受重力作用而移动的自由水，它存在于地下水位以下的透水层中，对土粒有浮力作用。毛细水受到它与空气交界面处表面张力的作用，而存在于潜水位以上的透水土层中。在工程中，需注意毛细水的上升高度。

◆黏土颗粒与水的相互作用

黏土颗粒（黏粒）的矿物成分主要有黏土矿物和其他化学胶结物或有机物质。常见的黏土矿物主要有高岭石、蒙脱石和伊利石三类。由于黏土矿物是很细小的扁平颗粒，颗粒表面具有很强的与水相互作用的能力，即亲水性强。土中含黏土矿物愈多，土的黏性、塑性和胀缩性就愈大。按亲水性的强弱分，蒙脱石最强，高岭石最弱。

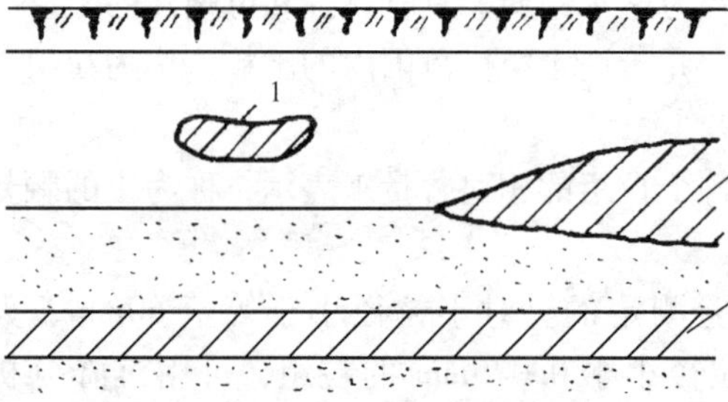

1
2
3

图 1-1　土的层理构造

1—淤泥夹黏土透镜体；2—黏土尖灭层；3—砂土夹黏土层

◆土的结构

土的结构是指土粒的原位集合体特征，是由土粒单元的大小、形状、相互排列及其联结关系等因素形成的综合特征。一般分为单粒结构、蜂窝结构和絮状结构三种基本类型。

单粒结构为碎石类土和砂类土的结构特征。呈紧密状态单粒结构的土，强度较大，压缩性较小；而具有疏松单粒结构的土，其骨架是不稳定的，当受到振动及其他外力作用时，土粒易发生移动，土中孔隙减少，引起很大变形。

图 1-2　裂隙构造

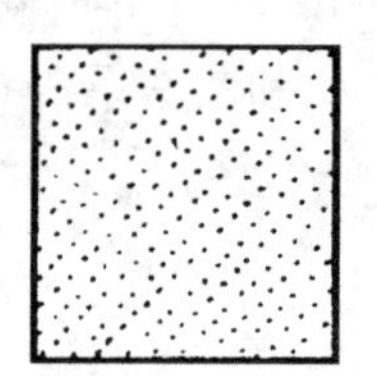

图 1-3　分散构造

蜂窝结构是主要由粉粒或细砂粒组成的土的结构形式。具有蜂窝结构的土有很大的孔隙。

絮状结构是由更细的黏粒集合体组成的土的结构形式。

◆土的构造

在同一土层中的物质成分和颗粒大小等都相近的各部分之间的相互关系的特征称为土的构造。一般可分为层理构造（图 1-1）、裂隙构造（图 1-2）和分散构造（图 1-3）。

**3. 土的三相比例指标**

◆三个基本的三相比例指标

三个基本的三相比例指标是指土粒相对密度（旧称土粒比重）$d_s$、土的含水量 $w$ 和密度 $\rho$，一般由试验室直接测定其数值。

◆指标的定义与表达式（图 1-4）

1）土粒相对密度 $d_s$：土粒质量与同体积的 4℃时纯水的质量之比，称为土粒相对密度（无量纲），即

$$d_s = \frac{m_s}{V_s \rho_{w1}} \tag{1-3}$$

土粒相对密度可用“比重瓶法”测定。

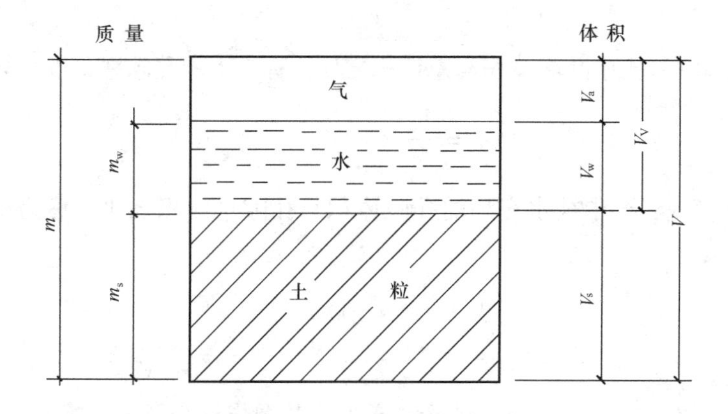


图 1-4　土的三相组成示意图

2）土的含水量 $w$：土中水的质量与土粒质量之比，称为土的含水量，以百分数计，即

$$w = \frac{m_w}{m_s} \times 100\% \tag{1-4}$$

土的含水量一般用“烘干法”测定。

3）土的密度 $\rho$：土单位体积的质量称为土的质量密度，简称土的密度（g/cm$^3$），即

$$\rho = \frac{m}{V} \tag{1-5}$$

土的密度一般用“环刀法”测定。

4）土的干密度 $\rho_d$：土单位体积中固体颗粒部分的质量，称为土的干密度（g/cm$^3$），即

$$\rho_d = \frac{m_s}{V} \tag{1-6}$$

5）土的饱和密度 $\rho_{sat}$：土中孔隙完全被水充满时的单位体积质量，称为土的饱和密度

（$g/cm^3$），即

$$\rho_{sat} = \frac{m_s + V_v\rho_w}{V} \tag{1-7}$$

6）土的浮密度（有效密度）$\rho'$：在地下水位以下，土单位体积中土粒的质量与同体积水的质量之差，称为土的浮密度（$g/cm^3$），即

$$\rho' = \frac{m_s - V_s\rho_w}{V} \tag{1-8}$$

$\rho$、$\rho_d$、$\rho_{sat}$和$\rho'$均属于土的质量密度指标，与之对应，土的重力密度指标相应有：土的重力密度（简称重度）$\gamma$、干重度$\gamma_d$、饱和重度$\gamma_{sat}$和浮重度（有效重度）$\gamma'$。其相互关系为：$\gamma=\rho g$、$\gamma_d=\rho_d g$、$\gamma_{sat}=\rho_{sat}g$、$\gamma'=\rho' g$，式中 $g\approx 10m/s^2$。重力密度的单位常用"$kN/m^3$"。

7）土的孔隙比 $e$：土中孔隙体积与土粒体积之比，称为土的孔隙比（无量纲），即

$$e = \frac{V_v}{V_s} \tag{1-9}$$

8）土的孔隙率 $n$：土中孔隙体积与总体积之比，称为土的孔隙率，以百分数计，即

$$n = \frac{V_v}{V} \times 100\% \tag{1-10}$$

9）土的饱和度 $S_r$：土中被水充满的孔隙体积与孔隙总体积之比，称为土的饱和度，以百分数计，即

$$S_r = \frac{V_w}{V_v} \times 100\% \tag{1-11}$$

◆指标的换算

除 $d_s$、$w$、$\rho$ 三个基本指标是通过试验测定外，其余指标都可通过换算公式求得。通常先令 $V_s=1$，然后求得土的三相物理指标换算图，再结合指标的定义即可导得下述换算公式：

由

$$\rho = \frac{m}{V} = \frac{d_s(1+w)\rho_w}{1+e}$$

得

$$e = \frac{d_s(1+w)\rho_w}{\rho} - 1 \tag{1-12}$$

$$\rho_d = \frac{m_s}{V} = \frac{d_s\rho_w}{1+e} \tag{1-13a}$$

$$\gamma_d = \rho_d g = \frac{d_s\gamma_w}{1+e} \tag{1-13b}$$

$$\rho_{sat} = \frac{m_s + V_v\rho_w}{V} = \frac{(d_s+e)\rho_w}{1+e} \tag{1-14a}$$

$$\gamma_{sat} = \rho_{sat} g = \frac{(d_s+e)\gamma_w}{1+e} \tag{1-14b}$$

$$\rho' = \frac{m_s - V_s\rho_w}{V} = \frac{(d_s - 1)\rho_w}{1 + e} \tag{1-15a}$$

$$\gamma' = \rho' g = \frac{(d_s - 1)\gamma_w}{1 + e} \tag{1-15b}$$

$$n = \frac{V_v}{V} = \frac{e}{1 + e} \tag{1-16}$$

$$S_r = \frac{V_w}{V_v} = \frac{wd_s}{e} \tag{1-17}$$

**4. 无黏性土的密实度**

◆砂土、碎石土统称为无黏性土。无黏性土的密实度对其工程性质有重要的影响。当其处于密实状态时，结构较稳定，压缩性较小，承载力较大，是良好的天然地基；而处于松散状态时，稳定性差，压缩性大，承载力偏低，属于软弱地基。

◆砂土密实度的判别方法

（1）根据天然孔隙比 $e$ 的大小来判别

该方法的缺点是不能反映砂土的级配和形状的影响，而且现场采取原状砂样较为困难。

（2）根据相对密实度 $D_r$ 来分类

$$D_r = \frac{e_{max} - e}{e_{max} - e_{min}} \tag{1-18}$$

式中 $e_{max}$——砂土在最松散状态时的孔隙比，即最大孔隙比；

$e_{min}$——砂土在最密实状态时的孔隙比，即最小孔隙比；

$e$——砂土在天然状态时的孔隙比。

按相对密实度 $D_r$ 可将砂土的密实度划分为密实、中密和松散三种。当 $D_r = 0$ 时，表示砂土处于最松散状态；当 $D_r = 1$ 时，表示砂土处于最密实状态。由于现场采取原状砂样较为困难，且受人为因素影响较大，故这一判别方法多用于填方工程的质量控制。

（3）按标准贯入试验锤击数 $N$ 划分

为避免采取原状砂样的困难，国家规范《建筑地基基础设计规范》GB 50007—2011中按砂层的标准贯入试验锤击数 $N$ 值（修正后）将砂土的密实度划分为密实、中密、稍密和松散四种。

◆碎石土密实度的划分

碎石土的密实度可按重型圆锥动力触探锤击数 $N_{63.5}$ 或通过野外鉴别方法划分为密实、中密、稍密和松散四种。

**5. 黏性土的物理特征**

◆黏性土的界限含水量

界限含水量：黏性土由一种状态转到另一种状态的分界含水量。

液限：黏性土由可塑状态转到流动状态的界限含水量，用符号 $w_L$ 表示。

塑限：黏性土由半固态（或坚硬状态）转到可塑状态的界限含水量，用符号 $w_P$ 表示。

◆塑性指数 $I_P$

省去百分号符号后的液限和塑限的差值称为塑性指数，其表达式为：

$$I_P = w_L - w_P \tag{1-19}$$

塑性指数反映了黏性土处在可塑状态的含水量变化范围，其数值的大小与土中结合水的可能含量有关，在工程上常用于对黏性土进行分类。

◆液性指数 $I_L$

液性指数 $I_L$ 是黏性土的天然含水量和塑限的差值（除去百分号）与塑性指数之比，其表达式为：

$$I_L = \frac{w - w_P}{I_P} = \frac{w - w_P}{w_L - w_P} \tag{1-20}$$

液性指数是判别黏性土软硬状态的指标，其划分标准见表 1-1。

需要注意的是，对保持天然结构的原状土，在其含水量达到液限以后，并不处于流动状态，但其结构性一旦被破坏，土体则呈流动状态。

**黏性土的状态** **表 1-1**

| 状态 | 坚硬 | 硬塑 | 可塑 | 软塑 | 流塑 |
|---|---|---|---|---|---|
| 液性指数 | $I_L \leq 0$ | $0 < I_L \leq 0.25$ | $0.25 < I_L \leq 0.75$ | $0.75 < I_L \leq 1.0$ | $I_L > 1.0$ |

◆黏性土的结构性

黏性土的结构性是指天然土的结构受到扰动影响而改变的特性。黏性土受扰动后，强度下降，压缩性增大。黏性土结构性的强弱一般用灵敏度 $S_t$ 来衡量。土的灵敏度愈高，其结构性愈强，受扰动后土的强度降低就愈多。

◆黏性土的触变性

当饱和黏性土结构受扰动时，会导致强度降低，但静置一段时间后，土的强度又随时间而逐渐（部分）恢复。黏性土的这种胶体化学性质称为土的触变性。

**6. 土的压实性**

◆击实曲线

通过室内击实试验获得的同一土样不同含水量与其相对应的干密度的关系曲线称为击实曲线。

在一定击实条件下，只有当土的含水量为某一适宜值时，土样才能达到最密实，该含水量称为最优含水量 $w_{OP}$，相应的干密度称为最大干密度 $\rho_{dmax}$。黏性土的最优含水量大致为 $w_{OP} = w_P + 2\ (\%)$；无黏性土不存在一个最优含水量，一般在完全干燥或者充分洒水饱和的情况下容易压实到较大的干密度。

在实践中，土不可能被压实到完全饱和的程度，因为随着密实度的加大，土孔隙中的气体越来越难于和大气相通，压实时不能将其完全排出去，因此击实曲线只能趋于理论饱和曲线的左下方，而不可能与它相交。

◆影响土压实性的因素

影响土压实性的因素主要有含水量、土类及级配、压实能量等。

**7. 地基土的工程分类**

◆作为建筑物地基的土，按《建筑地基基础设计规范》GB 50007—2011 可分为岩石、碎石土、砂土、粉土、黏性土和特殊土等。

◆岩石

岩石按坚硬程度可分为坚硬岩、较硬岩、较软岩、软岩和极软岩；按风化程度可分为未风化、微风化、中等风化、强风化和全风化；按完整程度可分为完整、较完整、较破碎、破碎和极破碎。

◆碎石土

碎石土是指粒径大于2mm的颗粒含量超过全重50%的土。按粒组含量及颗粒形状可分为漂石或块石、卵石或碎石、圆砾或角砾。

◆砂土

砂土是指粒径大于2mm的颗粒含量不超过全重的50%，且粒径大于0.075mm的颗粒含量超过全重50%的土。按粒组含量可分为砾砂、粗砂、中砂、细砂和粉砂。

◆粉土

粉土为介于砂土与黏性土之间，塑性指数$I_P \leqslant 10$且粒径大于0.075mm的颗粒含量不超过全重50%的土。

◆黏性土

黏性土是指塑性指数$I_P > 10$的土。按塑性指数$I_P$可分为粉质黏土（$10 < I_P \leqslant 17$）和黏土（$I_P > 17$）。

◆特殊土

特殊土是指具有一定分布区域或工程意义，具有特殊成分、状态和结构特征的土。常见的有软土、人工填土、红黏土、湿陷性土、混合土、冻土、膨胀土、盐渍土、残积土、污染土等。

软土是指沿海的滨海相、三角洲相、河谷相、内陆平原或山区的河流相、湖泊相、沼泽相等主要由细粒土组成的孔隙比大、天然含水量高、压缩性高和强度低的土，包括淤泥、淤泥质土和泥炭等。

淤泥为在静水或缓慢的流水环境中沉积，并经生物化学作用形成，其天然含水量大于液限、天然孔隙比大于或等于1.5的黏性土。当天然含水量大于液限而天然孔隙比小于1.5但大于或等于1.0的黏性土或粉土为淤泥质土。

人工填土是指人类各种活动而形成的堆积物。按组成物质及成因可分为素填土、压实填土、杂填土和冲填土。

**二、例题精解**

**【例1-1】** 在图1-4中，假定土粒质量$m_s = 1$，试以此推导出土的孔隙比、干密度、饱和密度、浮密度、孔隙率和饱和度的计算公式。

**【解】** 令$m_s = 1$，由式（1-4）得

$$m_w = wm_s = w$$

$$m = m_s + m_w = 1 + w$$

由式（1-3）得

$$V_s = \frac{m_s}{d_s \rho_{w1}} = \frac{1}{d_s \rho_w}$$

由式（1-9）得

$$V_v = eV_s = \frac{e}{d_s\rho_w}$$

$$V_w = \frac{m_w}{\rho_w} = \frac{w}{\rho_w}$$

$$V = V_s + V_v = \frac{1}{d_s\rho_w} + \frac{e}{d_s\rho_w} = \frac{1+e}{d_s\rho_w}$$

将上述各项填入土的三相物理指标换算图中，如图1-5所示。

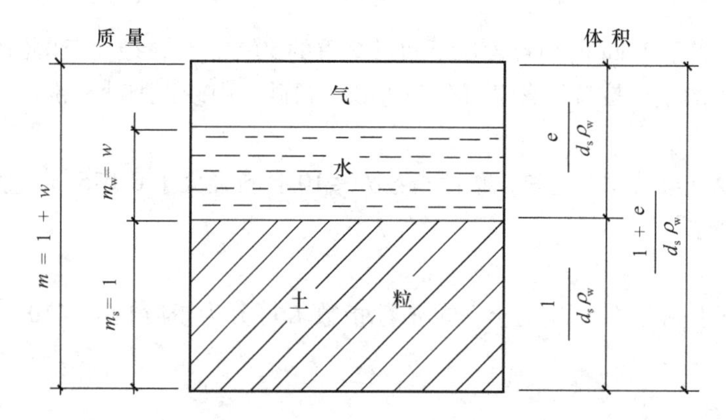


图1-5　土的三相物理指标换算图

由密度$\rho$的定义得

$$\rho = \frac{m}{V} = \frac{1+w}{\frac{1+e}{d_s\rho_w}} = \frac{d_s(1+w)\rho_w}{1+e}$$

于是有

$$e = \frac{d_s(1+w)\rho_w}{\rho} - 1$$

按所求其他指标的定义，将图1-5中相应项代入，得

$$\rho_d = \frac{m_s}{V} = \frac{1}{\frac{1+e}{d_s\rho_w}} = \frac{d_s\rho_w}{1+e}$$

$$\rho_{sat} = \frac{m_s + V_v\rho_w}{V} = \frac{1+\frac{e}{d_s}}{\frac{1+e}{d_s\rho_w}} = \frac{(d_s+e)\rho_w}{1+e}$$

$$\rho' = \frac{m_s - V_s\rho_w}{V} = \frac{1-\frac{1}{d_s}}{\frac{1+e}{d_s\rho_w}} = \frac{(d_s-1)\rho_w}{1+e}$$

$$n = \frac{V_v}{V} = \frac{\frac{e}{d_s\rho_w}}{\frac{1+e}{d_s\rho_w}} = \frac{e}{1+e}$$

$$S_r = \frac{V_w}{V_v} = \frac{\frac{w}{\rho_w}}{\frac{e}{d_s \rho_w}} = \frac{w d_s}{e}$$

可见上述结果与式（1-12）~式（1-17）完全相同。

**【例 1-2】** 有一完全饱和的原状土样切满于容积为 21.7$cm^3$ 的环刀内，称得总质量为 72.49g，经 105℃烘干至恒重为 61.28g，已知环刀质量为 32.54g，土粒相对密度为 2.74，试求该土样的密度、含水量、干密度及孔隙比（要求按三相比例指标的定义求解）。

**【解】**

$$m = 72.49 - 32.54 = 39.95 \text{ g}$$

$$m_s = 61.28 - 32.54 = 28.74 \text{ g}$$

$$m_w = m - m_s = 39.95 - 28.74 = 11.21 \text{ g}$$

$$V = 21.7 \text{ cm}^3$$

$$V_v = V_w = \frac{m_w}{\rho_w} = \frac{11.21}{1} = 11.21 \text{cm}^3$$

$$V_s = V - V_v = 21.7 - 11.21 = 10.49 \text{cm}^3$$

$$\rho = \frac{m}{V} = \frac{39.95}{21.7} = 1.841 \text{g/cm}^3$$

$$w = \frac{m_w}{m_s} = \frac{11.21}{28.74} = 39.0\%$$

$$\rho_d = \frac{m_s}{V} = \frac{28.74}{21.7} = 1.324 \text{g/cm}^3$$

$$e = \frac{V_v}{V_s} = \frac{11.21}{10.49} = 1.069$$

**【例 1-3】** 某原状土样，试验测得土的天然密度 $\rho = 1.7 \text{t/m}^3$，含水量 $w = 22.0\%$，土粒相对密度 $d_s = 2.72$。试求该土样的孔隙比 $e$、孔隙率 $n$、饱和度 $S_r$、干重度 $\gamma_d$、饱和重度 $\gamma_{sat}$ 及浮重度 $\gamma'$。

**【解】**

$$e = \frac{d_s(1+w)\rho_w}{\rho} - 1 = \frac{2.72 \times (1+0.22) \times 1}{1.7} - 1 = 0.952$$

$$n = \frac{e}{1+e} = \frac{0.952}{1+0.952} = 48.8\%$$

$$S_r = \frac{w d_s}{e} = \frac{0.22 \times 2.72}{0.952} = 62.9\%$$

$$\gamma_d = \frac{d_s \gamma_w}{1+e} = \frac{2.72 \times 10}{1+0.952} = 13.93 \text{kN/m}^3$$

$$\gamma_{sat} = \frac{(d_s + e)\gamma_w}{1+e} = \frac{(2.72+0.952) \times 10}{1+0.952} = 18.81 \text{kN/m}^3$$

$$\gamma' = \frac{(d_s - 1)\gamma_w}{1+e} = \frac{(2.72-1) \times 10}{1+0.952} = 8.81 \text{kN/m}^3$$

**【例 1-4】** 一干砂试样的密度为 1.66$g/cm^3$，土粒相对密度为 2.70，将此干砂试样置于雨中，若砂样体积不变，饱和度增加到 0.60，试计算此湿砂的密度和含水量。

**【解】** 由

$$\rho_d = \frac{m_s}{V} = \frac{d_s \rho_w}{1+e}$$

得
$$e=\frac{d_s\rho_w}{\rho_d}-1=\frac{2.7\times1}{1.66}-1=0.627$$

由
$$S_r=\frac{V_w}{V_v}=\frac{wd_s}{e}$$

得
$$w=\frac{S_re}{d_s}=\frac{0.6\times0.627}{2.7}=13.9\%$$

$$\rho=\frac{m}{V}=\frac{d_s(1+w)\rho_w}{1+e}=\frac{2.7\times(1+0.139)\times1}{1+0.627}=1.89\text{g/cm}^3$$

**【例 1-5】** 某砂土土样的密度为 1.77g/cm³，含水量为 9.8%，土粒相对密度为 2.67，烘干后测定最小孔隙比为 0.461，最大孔隙比为 0.943，试求孔隙比 $e$ 和相对密实度 $D_r$，并评定该砂土的密实度。

**【解】**
$$e=\frac{d_s(1+w)\rho_w}{\rho}-1=\frac{2.67\times(1+0.098)\times1}{1.77}-1=0.656$$

$$D_r=\frac{e_{max}-e}{e_{max}-e_{min}}=\frac{0.943-0.656}{0.943-0.461}=0.595$$

因为 $1/3<D_r=0.595<2/3$，所以该砂土的密实度为中密。

**【例 1-6】** 某一完全饱和黏性土试样的含水量为 30%，液限为 33%，塑限为 17%，试按塑性指数和液性指数分别定出该黏性土的分类名称和软硬状态。

**【解】**
$$I_P=w_L-w_P=33-17=16$$

$$I_L=\frac{w-w_P}{I_P}=\frac{30-17}{16}=0.81$$

因为 $10<I_P=16<17$，所以该黏性土应定名为粉质黏土；

因为 $0.75<I_L=0.81<1.0$，所以该黏性土的状态为软塑。

**【例 1-7】** 某无黏性土样的颗粒分析结果列于表 1-2，试定出该土的名称。

**某无黏性土样的颗粒分析结果** **表 1-2**

| 粒径（mm） | 10~2 | 2~0.5 | 0.5~0.25 | 0.25~0.075 | <0.075 |
|---|---|---|---|---|---|
| 相对含量（%） | 4.5 | 12.4 | 35.5 | 33.5 | 14.1 |

**【解】** 按表 1-2 中所给的颗粒分析资料，根据粒径分组由大到小确定土的名称。

大于 2mm 粒径的土粒含量为 4.5%，小于全重的 25%，所以既不是碎石土，也不是砾砂；

大于 0.5mm 粒径的土粒含量为 (4.5+12.4)% =16.9%，小于全重的 50%，所以不是粗砂；

大于 0.25mm 粒径的土粒含量为 (16.9+35.5)% =52.4%，超过了全重的 50%，所以应定名为中砂。

## 三、习题

第一部分

**1. 选择题**

1-1 若土的颗粒级配累计曲线很陡，则表示(　　)。

A. 土粒较均匀　　B. 不均匀系数较大

C. 级配良好　　D. 填土易于夯实

1-2　由某土的颗粒级配累计曲线获得 $d_{60}=12.5\text{mm}$，$d_{10}=0.03\text{mm}$，则该土的不均匀系数 $C_u$为(　　)。

A. 416.7　　B. 4167　　C. $2.4\times10^{-3}$　　D. 12.53

1-3　若甲、乙两种土的不均匀系数相同，则两种土的(　　)。

A. 颗粒级配累计曲线相同　　B. 有效粒径相同

C. 限定粒径相同　　D. 限定粒径与有效粒径之比值相同

1-4　在土的三相比例指标中，直接通过试验测定的是(　　)。

A. $d_s$，$w$，$e$　　B. $d_s$，$w$，$\rho$　　C. $d_s$，$\rho$，$e$　　D. $\rho$，$w$，$e$

1-5　若某砂土的天然孔隙比与其所能达到的最大孔隙比相等，则该土(　　)。

A. 处于最密实的状态　　B. 处于最松散的状态

C. 处于中等密实的状态　　D. 相对密实度 $D_r=1$

1-6　对无黏性土的工程性质影响最大的因素是(　　)。

A. 含水量　　B. 密实度

C. 矿物成分　　D. 颗粒的均匀程度

1-7　处于天然状态的砂土的密实度一般用哪一种试验来测定？(　　)

A. 载荷试验　　B. 现场十字板剪切试验

C. 标准贯入试验　　D. 轻便触探试验

1-8　某黏性土的液性指数 $I_L=0.6$，则该土的状态为(　　)。

A. 硬塑　　B. 可塑　　C. 软塑　　D. 流塑

1-9　黏性土的塑性指数 $I_P$越大，表示土的(　　)。

A. 含水量 $w$ 越大　　B. 黏粒含量越高

C. 粉粒含量越高　　D. 塑限 $w_P$越高

1-10　淤泥属于（　　）。

A. 粉土　　B. 黏性土　　C. 粉砂　　D. 细砂

**2. 判断改错题**

1-11　结合水是液态水的一种，故能传递静水压力。

1-12　在填方工程施工中，常用土的干密度来评价填土的压实程度。

1-13　无论什么土，都具有可塑性。

1-14　塑性指数 $I_P$可以用于对无黏性土进行分类。

1-15　相对密实度 $D_r$主要用于比较不同砂土的密实度大小。

1-16　砂土的分类是按颗粒级配及其形状进行的。

1-17　粉土是指塑性指数 $I_P$小于或等于 10、粒径大于 0.075mm 的颗粒含量不超过全重 55% 的土。

1-18　凡是天然含水量大于液限、天然孔隙比大于或等于 1.5 的黏性土均可称为淤泥。

1-19　由人工水力冲填泥砂形成的填土称为冲积土。

1-20　甲土的饱和度大于乙土的饱和度，则甲土的含水量一定高于乙土的含水量。

**3. 计算题**

1-21　经测定，某地下水位以下砂层的饱和密度为 1.991g/cm$^3$，土粒相对密度 $d_s$ = 2.66，最大干密度为 1.67g/cm$^3$，最小干密度为 1.39g/cm$^3$，试判断该砂土的密实程度。

1-22　某原状黏性土样的含水量为 38%，液限为 35%，塑限为 20%，试求该土的塑性指数和液性指数，并确定该土的分类名称和状态。

1-23　某土样经试验测得天然密度 $\rho = 1.7$g/cm$^3$，含水量 $w = 20\%$，土粒相对密度 $d_s$ = 2.68，试求孔隙比 $e$、孔隙率 $n$、饱和度 $S_r$、干密度 $\rho_d$ 和饱和密度 $\rho_{sat}$。

1-24　从一原状土样中取出一试样，由试验测得其湿土质量为 128g，体积为 64cm$^3$，天然含水量为 30%，土粒相对密度为 2.68。试求天然密度 $\rho$、试样中土粒所占的体积 $V_s$、孔隙所占的体积 $V_v$ 和孔隙率 $n$。

1-25　已知某土样含水量为 18%，土粒相对密度为 2.7，孔隙率为 40%，若将该土加水至完全饱和，问 1m$^3$ 该土体需加水多少？

1-26　某无黏性土样的颗粒分析结果列于表 1-3，试定出该土的名称。

**某无黏性土样的颗粒分析结果**　　**表 1-3**

| 粒径范围（mm） | 20～2 | 2～0.5 | 0.5～0.25 | 0.25～0.075 | <0.075 |
|---|---|---|---|---|---|
| 相对含量（%） | 16.0 | 39.0 | 27.0 | 11.0 | 7.0 |

1-27　某土样的颗粒级配分析成果如表 1-4 所示，且测得 $w_L = 10.1\%$，$w_P = 2.5\%$，试确定该土的名称。

**某土样的颗粒级配分析成果**　　**表 1-4**

| 粒径范围（mm） | >0.25 | 0.25～0.075 | <0.075 |
|---|---|---|---|
| 相对含量（%） | 5.6 | 39.3 | 55.1 |

第二部分

1-28　有 $A$、$B$ 两饱和土样，其物理指标见表 1-5。试问：（1）哪种土样含黏粒较多？（2）哪种土样重度较大？（3）哪种土样干重度较大？（4）哪种土样孔隙率较大？

**$A$、$B$ 土样的物理指标**　　**表 1-5**

| | $w_L$（%） | $w_P$（%） | $w$（%） | $d_s$ |
|---|---|---|---|---|
| $A$ | 32 | 14 | 45 | 2.70 |
| $B$ | 15 | 5 | 26 | 2.68 |

1-29　某土样 $d_s = 2.72$，$e = 0.95$，$S_r = 37\%$，现要把 $S_r$ 提高到 90%，则每 1m$^3$ 的该土样中应加多少水？

1-30　某土样的孔隙体积 $V_v = 35$cm$^3$，土粒体积 $V_s = 40$cm$^3$，土粒相对密度 $d_s = 2.69$，求孔隙比 $e$ 和干重度 $\gamma_d$；当孔隙被水充满时，求饱和重度 $\gamma_{sat}$ 和含水量 $w$。

1-31　某土样的干密度为 1.60g/cm$^3$，土粒相对密度为 2.66，颗粒分析试验表明，该土大于 0.5mm 的粗颗粒占总质量的 25%。假设细颗粒可以把粗颗粒间的孔隙全部填充满，问该土小于 0.5mm 的那部分细颗粒土的干密度约是多少？若经压实后，该土在含水量为 18% 时达到饱和，问该土此时的干密度是多少？

1-32　某一施工现场需要填土，基坑的体积为2000m$^3$，土方来源是从附近土丘开挖，经勘察，土的相对密度为2.70，含水量为15%，孔隙比为0.60。要求填土的含水量为17%，干重度为17.6kN/m$^3$。

（1）取土场土的重度、干重度和饱和度是多少?

（2）应从取土场开采多少方土?

（3）碾压时应洒多少水? 填土的孔隙比是多少?

1-33　某饱和土样含水量为38.2%，密度为1.85t/m$^3$，水的密度取1.0t/m$^3$，塑限为27.5%，液限为42.1%。问：要制备完全饱和、含水量为50%的土样，则每立方米土应加多少水? 加水前和加水后土各处于什么状态? 其定名是什么?

1-34　某饱和土的饱和密度为1.85t/m$^3$，含水量为37.04%，试求其土粒相对密度和孔隙比。

1-35　已知一土样天然密度为1.8t/m$^3$，干密度为1.3t/m$^3$，饱和重度为2.0t/m$^3$，试问在1t天然状态土中，水和干土的质量各是多少? 若使这些土改变成饱和状态，则需加多少水?

1-36　设有1m$^3$的石块，孔隙比$e=0$，打碎后孔隙比$e=0.6$，再打碎后孔隙比$e=0.75$，求第一次与第二次打碎后的体积。

1-37　试推导理论上所能达到的最大击实曲线（即饱和度$S_r=100\%$的击实曲线）的表达式。

## 四、习题参考答案

第一部分

1-1 A　1-2 A　1-3 D　1-4 B　1-5 B　1-6 B　1-7 C　1-8 B　1-9 B　1-10 B

1-11　×，不能传递静水压力。

1-12　✓

1-13　×，无黏性土不具有可塑性。

1-14　×，$I_P$仅用于对粉土、黏性土分类。

1-15　×，相对密实度指标主要用于反映砂土本身所处的密实程度。

1-16　×，去掉“及其形状”。

1-17　×，改“55%”为“50%”。

1-18　×，应加上“在静水或缓慢的流水环境中沉积，并经生物化学作用形成”。

1-19　×，应称为“冲填土”。

1-20　×，从饱和度和含水量的定义可知，二者没有必然的联系。

1-21　$D_r=0.745$，密实

1-22　$I_P=15$，$I_L=1.2$，粉质黏土，流塑状态

1-23　$e=0.892$，$n=47.1\%$，$S_r=60.1\%$，$\rho_d=1.42g/cm^3$，$\rho_{sat}=1.89g/cm^3$

1-24　$\rho=2.0g/cm^3$，$n=42.6\%$，$V_v=27.3cm^3$，$V_s=36.7cm^3$

1-25　$V_v=0.4m^3$，$e=0.667$

加水前$S_r=72.9\%$，$V_w=0.292m^3$

加水后$V_w=0.4m^3$，$\Delta m_w=\Delta V_w\cdot\rho_w=0.108t$

1-26　粗砂

1-27　粉土

第二部分

1-28　（1）$A$ 的塑性指数比 $B$ 的大，故选 $A$；（2）饱和土体的含水量越小，其重度和干重度越大、孔隙率越小，故选 $B$；（3）$B$；（4）$A$

1-29　由 $S_r = \frac{V_w}{V_v}$，$n = \frac{V_v}{V} = \frac{e}{1+e}$ 得

$$V_w = \frac{S_r eV}{1+e}$$

$$\Delta V_w = \frac{eV}{1+e}(S_{r2} - S_{r1}) = \frac{0.95 \times 1}{1+0.95} \times (0.9 - 0.37) = 0.258\text{m}^3$$

$$\Delta m_w = \Delta V_w \cdot \rho_w = 0.258\text{t}$$

1-30　$e = 0.875$，$\gamma_d = 14.35\text{kN/m}^3$，$\gamma_{sat} = 19.01\text{kN/m}^3$，$w = 32.5\%$

1-31　设 $V = 1\text{m}^3$

$$m_s = \rho_d V = 1.6\text{t}$$

粗颗粒质量 $m_{s1} = 1.6 \times 0.25 = 0.4\text{t}$

细颗粒质量 $m_{s2} = 1.6 - 0.4 = 1.2\text{t}$

粗颗粒体积 $V_{s1} = \frac{m_{s1}}{d_s \rho_w} = \frac{0.4}{2.66 \times 1} = 0.15\text{m}^3$

粗颗粒孔隙体积 $V_{v1} = V - V_{s1} = 1 - 0.15 = 0.85\text{m}^3$

细颗粒土的干密度 $\rho_{d2} = \frac{m_{s2}}{V_{v1}} = \frac{1.2}{0.85} = 1.41\text{g/cm}^3$

压实后的孔隙比 $e = \frac{wd_s}{S_r} = \frac{0.18 \times 2.66}{1} = 0.479$

$$\rho_d = \frac{d_s \rho_w}{1+e} = \frac{2.66 \times 1}{1+0.479} = 1.8\text{g/cm}^3$$

1-32　（1）$\gamma = 19.41\text{kN/m}^3$，$\gamma_d = 16.88\text{kN/m}^3$，$S_r = 67.5\%$

（2）填土场 $m_s = \rho_d V = 1.76 \times 2000 = 3520\text{t}$

取土场 $\rho_d = \frac{d_s \rho_w}{1+e} = \frac{2.7 \times 1}{1+0.6} = 1.69\text{g/cm}^3$

$$V = \frac{m_s}{\rho_d} = \frac{3520}{1.69} = 2082.8\text{m}^3$$

（3）$\Delta m_w = m_s \Delta w = 3520 \times (0.17 - 0.15) = 70.4\text{t}$

$$e = \frac{d_s \rho_w}{\rho_d} - 1 = \frac{2.7}{1.76} - 1 = 0.534$$

1-33　$\rho_d = \frac{\rho}{1+w} = \frac{1.85}{1+0.382} = 1.34\text{t/m}^3$

$$m_s = \rho_d V = 1.34 \times 1 = 1.34\text{t}$$

$$\Delta m_w = m_s \Delta w = 1.34 \times (0.5 - 0.382) = 0.158\text{t}$$

$$I_P = w_L - w_P = 42.1 - 27.5 = 14.6$$ 粉质黏土

加水前 $I_L = (w - w_P) / I_P = (38.2 - 27.5) / 14.6 = 0.73$ 可塑状态

加水后 $I_L = (w - w_P) / I_P = (50 - 27.5) / 14.6 = 1.54$ 流塑状态

1-34 由
$$S_r = \frac{wd_s}{e}$$

$$\rho_{sat} = \frac{d_s + e}{1 + e}\rho_w$$

联立求解，得

$$e = \frac{\rho_{sat}}{\rho_w + \frac{S_r\rho_w}{w} - \rho_{sat}} = \frac{1.85}{1 + \frac{1}{0.3704} - 1.85} = 1$$

$$d_s = \frac{S_r e}{w} = \frac{1}{0.3704} = 2.7$$

1-35 $V = \frac{m}{\rho} = \frac{1}{1.8} = 0.556\text{m}^3$

$$m_s = \rho_d V = 1.3 \times 0.556 = 0.723\text{t}$$
$$m_w = m - m_s = 1 - 0.723 = 0.277\text{t}$$

需加水：

$$(V_v - V_w)\rho_w = (\rho_{sat} - \rho)V = (2.0 - 1.8) \times 0.556 = 0.111\text{t}$$

1-36 $V_s = 1$

$$V_1 = (1 + e_1)\ V_s = 1 + 0.6 = 1.6\text{m}^3$$

$$V_2 = (1 + e_2)\ V_s = 1 + 0.75 = 1.75\text{m}^3$$

1-37 $S_r = 1$

$$e = \frac{wd_s}{S_r} = wd_s$$

$$\rho_d = \frac{m_s}{V} = \frac{d_s\rho_w}{1 + e} = \frac{d_s\rho_w}{1 + wd_s}$$

# 第2章　土的渗透性及渗流

## 一、学习要点

### 1. 土的渗透性

◆土的渗透性：土体具有被液体透过的性质称为土的渗透性或透水性。

◆土的渗透定律

地下水在土的孔隙或微小裂隙中以不大的速度连续渗透时属于层流运动（流线基本平行的流动），它的渗流规律符合层流渗透定律，即达西定律：

$$v = ki \tag{2-1}$$

式中　$v$——水在土中的渗透速度（mm/s），它不是地下水在孔隙中流动的实际速度，而是在单位时间（s）内流过土的单位面积（$mm^2$）的水量（$mm^3$），是假想的平均流速；

$i$——水力梯度，或称水力坡降，表示单位渗流长度上的水头损失（$\Delta h/L$）；

$k$——反映土的透水性的比例系数，称为土的渗透系数（mm/s），它相当于水力梯度 $i=1$ 时的渗透速度。

由于达西定律只适用于层流的情况，故一般只适用于砂土。对于密实的黏土，由于水的渗流会受到结合水膜的黏滞作用，只有当水力梯度达到某一数值，克服了结合水膜的黏滞阻力后，才能发生渗透。用于密实黏土的达西定律表达式可修改为：

$$v = k(i - i_b) \tag{2-2}$$

式中　$i_b$——密实黏土的起始水力梯度。

◆渗透试验

（1）室内渗透试验

常水头法：在整个试验过程中，水头保持不变。该法适用于测定砂土的渗透系数，计算公式如下：

$$k = \frac{QL}{A\Delta ht} \tag{2-3}$$

式中　$L$——试样的高度即渗流长度；

$A$——试样的截面积；

$\Delta h$——水头差；

$Q$——在某一时间段 $t$ 内流过试样的渗水量。

变水头法：在整个试验过程中，水头随时间而变化。该法适用于测定黏性土的渗透系数，计算公式如下：

$$k = \frac{aL}{A(t_2 - t_1)} \ln \frac{h_1}{h_2} = 2.3 \frac{aL}{A(t_2 - t_1)} \lg \frac{h_1}{h_2} \tag{2-4}$$

式中　$a$——细玻璃管的内截面积；

$h_1$、$h_2$——分别为与时刻 $t_1$、$t_2$ 对应的细玻璃管中的水位。

（2）现场抽水试验

在现场测定渗透系数 $k$ 值时，常用现场井孔抽水试验或井孔注水试验。对于均质的粗粒土层，用现场抽水试验测出的 $k$ 值往往要比室内试验更为可靠。

◆影响渗透系数的主要因素

1）土的粒度成分及矿物成分；

2）土的密实度；

3）土的饱和度；

4）土的结构；

5）水的温度；

6）土的构造。

◆成层土的等效渗透系数

（1）渗流沿水平方向（与层面平行）

$$k_x = \frac{1}{H} \sum_{i=1}^{n} k_{ix} H_i \tag{2-5}$$

式中　$k_x$——与层面平行的土层平均渗透系数；

$k_{ix}$、$H_i$——$i$ 土层的水平向渗透系数和厚度；

$H$——土层的总厚度。

（2）渗流沿垂直方向（与层面垂直）

$$k_y = \frac{H}{\sum_{i=1}^{n} \left( \frac{H_i}{k_{iy}} \right)} \tag{2-6}$$

式中　$k_y$——与层面垂直的土层平均渗透系数；

$k_{iy}$——$i$ 土层的竖直向渗透系数。

由上述二式可知，对于成层土，如果各土层的厚度大致相近，而渗透性却相差悬殊时，与层面平行的平均渗透系数将取决于最透水土层的厚度和渗透性；而与层面垂直的平均渗透系数将取决于最不透水土层的厚度和渗透性。成层土与层面平行的平均渗透系数总是大于与层面垂直的平均渗透系数。

**2. 土中二维渗流与流网**

◆二维渗流基本微分方程

二维稳定渗流问题的基本微分方程为：

$$k_x \frac{\partial^2 h}{\partial x^2} + k_z \frac{\partial^2 h}{\partial z^2} = 0 \tag{2-7}$$

式中　$k_x$、$k_z$——$x$、$z$ 方向的渗透系数；

$h$——水头高度。

对于各向同性的均质土，$k_x = k_z$，则式（2-7）成为：

$$\frac{\partial^2 h}{\partial x^2} + \frac{\partial^2 h}{\partial z^2} = 0 \tag{2-8}$$

式（2-8）即为著名的拉普拉斯方程，当已知渗流问题的具体边界条件时，通过求解这些边界条件下的拉普拉斯方程，即可求得该条件下的渗流场。

◆流网的特征

流网是由流线和等势线所组成的曲线正交网格。在稳定渗流场中，流线表示水质点的流动路线；等势线是渗流场中势能或水头的等值线。

各向同性土的流网具有下列特征：

1）流线与等势线互相正交；

2）每个网格的长宽比为定值，一般取 1.0，故网格为曲线正方形；

3）任意两相邻等势线之间的水头损失相等；

4）任意两相邻流线间的渗流量相等。

◆流网的应用

根据流网可求得渗流场中各点的测管水头、水力梯度、渗透速度和渗流量。

（1）测管水头

相邻两条等势线之间的水头损失 $\Delta h$ 为：

$$\Delta h = \frac{h}{N_{\mathrm{d}}} = \frac{h}{n-1} \tag{2-9}$$

式中 $h$——第一条和最后一条等势线之间的总水头差；

$N_{\mathrm{d}}$——等势线间隔数；

$n$——等势线数。

（2）孔隙水压力

某一点的孔隙水压力 $u$ 等于该点测压管水柱高度 $H$ 与水的重度 $\gamma_{\mathrm{w}}$的乘积，即

$$u = H\gamma_{\mathrm{w}} \tag{2-10}$$

（3）水力梯度

流网中任意网格的平均水力梯度 $i = \Delta h/\Delta l$，$\Delta l$ 为该网格处流线的平均长度。流网中网格越密处，其水力梯度越大。

（4）渗透速度

任意网格内的渗透速度 $v$ 为：

$$v = ki = k\frac{\Delta h}{\Delta l} = \frac{kh}{N_{\mathrm{d}}\Delta l} \tag{2-11}$$

（5）渗流量

流网中任意两相邻流线间的单宽流量 $\Delta q$ 为：

$$\Delta q = v\Delta A = ki\Delta s = k\frac{\Delta h}{\Delta l}\Delta s = \frac{kh\Delta s}{N_{\mathrm{d}}\Delta l}$$

式中 $\Delta s$ 为网格的平均等势线长度。当取 $\Delta l = \Delta s$ 时：

$$\Delta q = \frac{kh}{N_{\mathrm{d}}} \tag{2-12}$$

总单宽流量 $q$ 为：

$$q = \Sigma\Delta q = N_{\mathrm{f}}\Delta q = kh\frac{N_{\mathrm{f}}}{N_{\mathrm{d}}} \tag{2-13}$$

式中　$N_f$——流道（流槽）数。

**3. 渗流力与渗流破坏**

◆渗流力

单位体积土体中土颗粒所受到的渗流作用力称为渗流力或动水力，其计算公式如下：

$$J=\gamma_w i \tag{2-14}$$

渗流力是一种体积力，量纲与 $\gamma_w$ 相同，其大小和水力梯度成正比，方向与渗流方向一致。当渗流方向与土的重力方向一致时，渗流力对土骨架起渗流压密作用，这对土体稳定有利；而当渗流方向与土的重力方向相反时，渗流力对土体起浮托作用，这对土体的稳定十分不利。

◆渗流破坏

土工建筑物及地基由于渗流作用而出现的变形或破坏称为渗流变形或渗流破坏。渗流破坏主要有流土和管涌两种基本形式。

◆流土

在向上的渗透水流作用下，表层土局部范围内的土体或颗粒群同时发生悬浮和移动的现象称为流土。发生流土的条件为：

$$J=\gamma_w i \geqslant \gamma' \tag{2-15}$$

式中　$\gamma'$——土的浮重度。

与流土的临界状态相对应的水力梯度 $i_{cr}$ 称为临界水力梯度，可按下式计算：

$$i_{cr}=\gamma'/\gamma_w=(d_s-1)/(1+e) \tag{2-16}$$

在黏性土中，渗流力的作用往往使渗流逸出处某一范围内的土体出现表面隆起变形；而在粉砂、细砂及粉土等黏聚性差的土中，当水力梯度大于临界值 $i_{cr}$ 时，渗流逸出处除了表面隆起变形外，还常常出现砂土随水流向外涌出的砂沸现象，工程上将这种流土现象称为流砂。

◆管涌

在渗透水流作用下，土中的细颗粒在粗颗粒形成的孔隙中移动，以至流失；随着土的孔隙不断扩大，渗透速度不断增加，较粗的颗粒也相继被水流逐渐带走，最终导致土体内形成贯通的渗流管道，造成土体塌陷，这种现象称为管涌。

◆流土与管涌的区别

1）流土发生时水力梯度 $i$ 大于临界水力梯度 $i_{cr}$，而管涌可以发生在 $i<i_{cr}$ 的情况下；

2）流土发生的部位在渗流逸出处，而管涌发生的部位可以在渗流逸出处，也可以在土体内部；

3）流土破坏往往是突发性的，而管涌破坏一般有一个时间发展过程，是一种渐进性质的破坏；

4）流土发生时水流方向向上，而管涌则没有此限制；

5）只要水力梯度达到一定的数值，任何类型的土都会发生流土破坏；而管涌只发生在有一定级配（如不均匀系数 $C_u>10$）的无黏性土中，且土中粗颗粒所构成的孔隙直径必须大于细颗粒的直径。

## 二、例题精解

**【例 2-1】**　某渗透试验装置如图 2-1 所示。砂Ⅰ的渗透系数 $k_1=2\times10^{-1}$cm/s；砂Ⅱ的

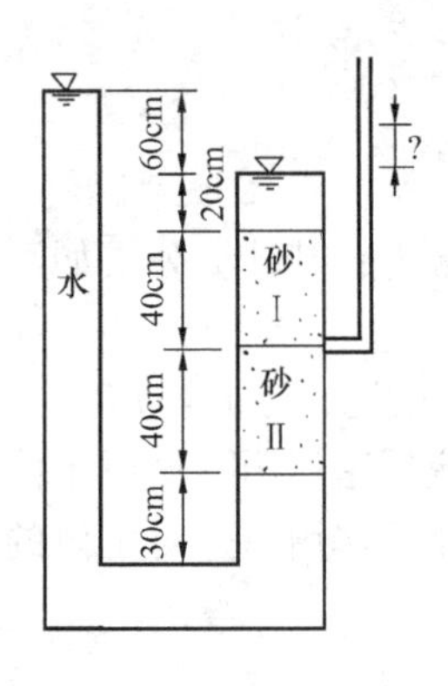

图 2-1　某渗透试验装置

渗透系数 $k_2 = 1 \times 10^{-1}$cm/s，砂样断面积 $A = 200\text{cm}^2$，试问：

（1）若在砂Ⅰ与砂Ⅱ分界面处安装一测压管，则测压管中水面将升至右端水面以上多高？

（2）砂Ⅰ与砂Ⅱ界面处的单位渗流量 $q$ 多大？

【解】　（1）设所求值为 $\Delta h$，砂样Ⅰ和Ⅱ的高度分别为 $l_1$ 和 $l_2$。因为各断面的渗流速度相等，故有：

$$k_1 i_1 = k_2 i_2$$

即

$$k_1 \frac{\Delta h}{l_1} = k_2 \frac{60 - \Delta h}{l_2}$$

$$\Delta h = \frac{60 k_2 l_1}{k_1 l_2 + k_2 l_1} = \frac{60 \times 1 \times 40}{2 \times 40 + 1 \times 40} = 20\text{cm}$$

（2）砂Ⅰ与砂Ⅱ界面处的单位渗流量 $q$ 为：

$$q = vA = k_1 i_1 A = k_1 \frac{\Delta h}{l_1} A = 0.2 \times \frac{20}{40} \times 200 = 20\text{cm}^3/\text{s}$$

**【例 2-2】**　定水头渗透试验中，已知渗透仪直径 $D = 75$mm，在 $L = 200$mm 渗流途径上的水头损失 $h = 83$mm，在 60s 时间内的渗水量 $Q = 71.6\text{cm}^3$，求土的渗透系数。

**【解】**

$$k = \frac{QL}{Aht} = \frac{71.6 \times 20}{\frac{3.14}{4} \times 7.5^2 \times 8.3 \times 60} = 6.5 \times 10^{-2}\text{cm/s}$$

**【例 2-3】**　设做变水头渗透试验的黏土试样的截面积为 $30\text{cm}^2$，厚度为 4cm，渗透仪细玻璃管的内径为 0.4cm，试验开始时的水位差为 145cm，经过 7min25s 观察得水位差为 100cm，试验时的水温为 20℃，试求试样的渗透系数。

**【解】**　因为试验时的温度为标准温度，故不作温度修正。

$$k = \frac{aL}{A(t_2 - t_1)} \ln \frac{h_1}{h_2} = \frac{\frac{3.14}{4} \times 0.4^2 \times 4}{30 \times (7 \times 60 + 25)} \ln \frac{145}{100} = 1.4 \times 10^{-5}\text{cm/s}$$

**【例 2-4】**　图 2-2 为一板桩打入透水土层后形成的流网。已知透水土层深 18.0m，渗透系数 $k = 3 \times 10^{-4}$mm/s，板桩打入土层表面以下 9.0m，板桩前后水深如图 2-2 所示。试求：（1）图中所示 $a$、$b$、$c$、$d$、$e$ 各点的孔隙水压力；（2）地基的单位渗水量。

**【解】**　（1）$a$、$e$ 点位于水面，故

$u_a = u_e = 0$

$b$、$d$ 点位于土层表面，其孔压分别为：

$$u_b = \gamma_w h_{ab} = 10 \times 9 = 90\text{kPa}$$

$$u_d = \gamma_w h_{ed} = 10 \times 1 = 10\text{kPa}$$

$c$ 点位于板桩底部，该点的水头损失为：

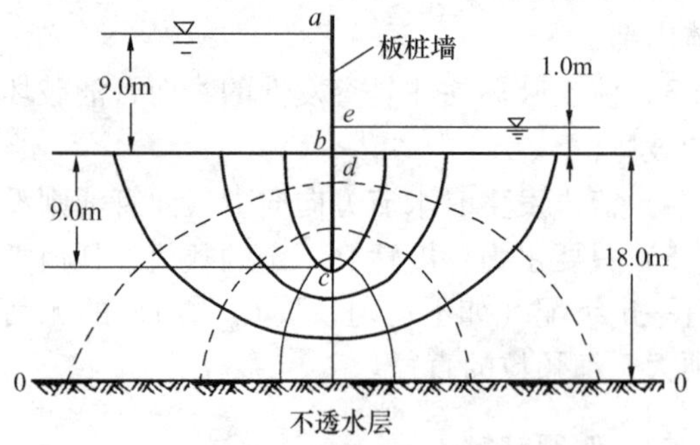

图 2-2　板桩墙下的渗流图

$$\Delta h = \frac{h}{N_d} \times 4 = \frac{9-1}{8} \times 4 = 4\text{m}$$

该点的孔压为：

$$u_c = \gamma_w (h_{ac} - \Delta h) = 10 \times (18 - 4) = 140 \text{ kPa}$$

（2）地基的单位渗水量

$$q = kh \frac{N_f}{N_d} = 3 \times 10^{-7} \times (9 - 1) \times \frac{4}{8} = 1.2 \times 10^{-6} \text{m}^3/\text{s}$$

**【例 2-5】** 某围堰基坑开挖情况如图 2-3 所示。水深为 2.5m，河床土为砂土，厚度为 8.25m，其下为不透水岩层。基坑开挖深度为 2.0m，开挖过程中保持抽水，使坑内水位与坑底一致。所采用的板桩围护结构的入土深度为 6.0m。已知抽水量为 $0.25\text{m}^3/\text{h}$，试求砂土层的渗透系数以及开挖面（基坑底面）下的水力坡降。

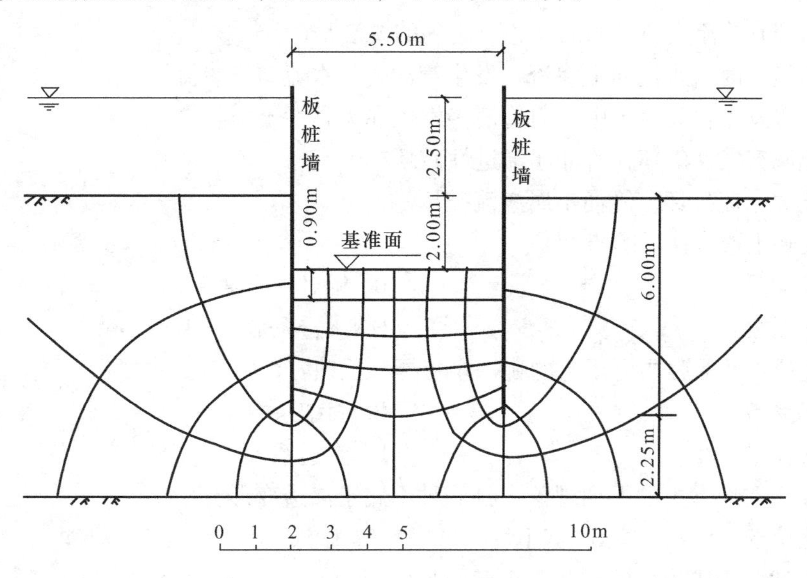


图 2-3 基坑剖面及流网图

**【解】** 基坑剖面及流网如图 2-3 所示。本流网共有 6 条流道，等势线间隔数为 10，总水头差为 4.5m。按式（2-13）计算砂土的渗透系数如下：

$$k = \frac{q}{h \frac{N_f}{N_d}} = \frac{0.25}{4.5 \times \frac{6}{10}} = 0.0926\text{m/h} = 2.6 \times 10^{-2}\text{mm/s}$$

从图 2-3 中量得最后两条等势线的距离为 0.9m，故所求的水力坡降为：

$$i = \frac{\Delta h}{\Delta l} = \frac{h}{N_d \Delta l} = \frac{4.5}{10 \times 0.9} = 0.5$$

**【例 2-6】** 如图 2-4 所示，在长为 10cm、面积 $8\text{cm}^2$ 的圆筒内装满砂土。经测定，粉砂的 $d_s = 2.65$，$e = 0.900$，筒下端与管相连，管内水位高出筒 5cm（固定不变），水流自下而上通过试样后可溢流出去。试求：（1）

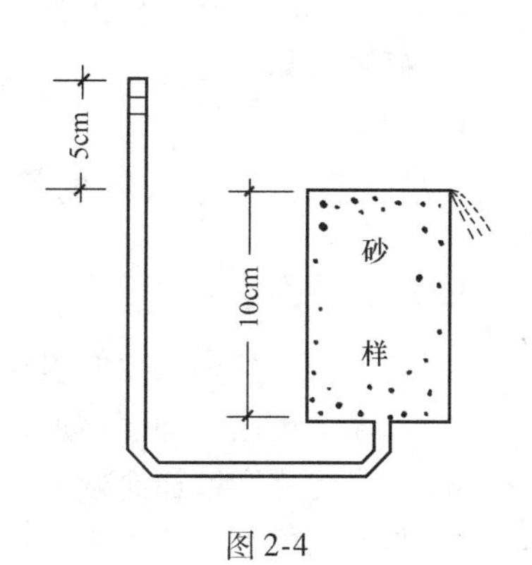


图 2-4

渗流力的大小，判断是否会产生流砂现象；(2) 临界水力梯度 $i_{cr}$ 值。

**【解】**

$$(1)\ \gamma' = \frac{d_s - 1}{1 + e}\gamma_w = \frac{2.65 - 1}{1 + 0.9} \times 10 = 8.7\text{kN/m}^3$$

$$J = \gamma_w i = \gamma_w \frac{\Delta h}{L} = 10 \times \frac{5}{10} = 5\text{kN/m}^3$$

因为 $J < \gamma'$，所以不会发生流砂。

(2) $i_{cr} = \gamma'/\gamma_w = 8.7/10 = 0.87$

## 三、习题

### 1. 选择题

2-1　下列有关流土与管涌的概念，正确的说法是(　　)。

A. 发生流土时，水流向上渗流；发生管涌时，水流向下渗流

B. 流土多发生在黏性土中，而管涌多发生在无黏性土中

C. 流土属突发性破坏，管涌属渐进性破坏

D. 流土属渗流破坏，管涌不属渗流破坏

2-2　反映土透水性质的指标是(　　)。

A. 不均匀系数　　B. 相对密实度

C. 压缩系数　　D. 渗透系数

2-3　土透水性的强弱可用土的哪一个指标来反映？(　　)

A. 压缩系数　　B. 固结系数

C. 压缩模量　　D. 渗透系数

2-4　发生在地基中的下列现象，哪一种不属于渗透变形？(　　)

A. 坑底隆起　　B. 流土　　C. 砂沸　　D. 流砂

2-5　下述关于渗流力的描述不正确的是(　　)。

A. 其数值与水力梯度成正比，其方向与渗流方向一致

B. 是一种体积力，其量纲与重度的量纲相同

C. 流网中等势线越密的区域，其渗流力也越大

D. 渗流力的存在对土体稳定总是不利的

2-6　下列哪一种土样更容易发生流砂？(　　)

A. 砾砂或粗砂　　B. 细砂或粉砂

C. 粉质黏土　　D. 黏土

2-7　成层土水平方向的等效渗透系数 $k_x$ 与垂直方向的等效渗透系数 $k_y$ 的关系是(　　)。

A. $k_x > k_y$　　B. $k_x = k_y$　　C. $k_x < k_y$

2-8　在渗流场中某点的渗流力（　　）。

A. 随水力梯度增加而增加

B. 随水力梯度增加而减少

C. 与水力梯度无关

2-9　评价下列说法的正误。(　　)

①土的渗透系数越大，土的透水性也越大，土中的水力梯度也越大；

②任何一种土，只要水力梯度足够大，就可能发生流土和管涌；

③土中一点渗流力的大小取决于该点孔隙水总水头的大小；

④渗流力的大小不仅取决于水力梯度，还与其方向有关。

A. ①对　　B. ②对　　C. ③和④对　　D. 全不对

2-10　土体渗流研究的主要问题不包括(　　)。

A. 渗流量问题　　B. 渗透变形问题

C. 渗流控制问题　　D. 地基承载力问题

2-11　下列描述正确的是(　　)。

A. 流网中网格越密处，其水力梯度越小

B. 位于同一条等势线上的两点，其孔隙水压力总是相同的

C. 同一流网中，任意两相邻等势线间的势能差相等

D. 渗透流速的方向为流线的法线方向

**2. 判断改错题**

2-12　绘制流网时必须满足的基本条件之一是流线和等势线必须正交。

2-13　达西定律中的渗透速度不是孔隙水的实际流速。

2-14　土的孔隙比愈大，其渗透系数也愈大。

2-15　在流网图中，流线愈密集的地方，水力坡降愈小。

2-16　发生流砂时，渗流力方向与重力方向相同。

2-17　细粒土的渗透系数测定通常采用“常水头”试验进行。

2-18　绘制流网时，每个网格的长宽比没有要求。

2-19　在流网中，任意两相邻流线间的渗流量相等。

2-20　管涌发生的部位在渗流逸出处，而流土发生的部位可以在渗流逸出处，也可以在土体内部。

**3. 计算题**

2-21　在降水头渗透试验中，初始水头由1.00m降至0.35m所需的时间为3h。已知玻璃管内径为5mm，土样的直径为100mm，高度为200mm。试求土样的渗透系数。

2-22　不透水基岩上有水平分布的三层土，厚度均为2m，渗透系数分别为3m/d，9m/d，1m/d，则等效的土层水平向和竖向渗透系数分别为多少？

2-23　已知土体的土粒相对密度 $d_s=2.68$，$e=0.85$，试求该土的临界水力梯度。

2-24　如图2-5所示有 $A$、$B$、$C$ 三种土，其渗透系数分别为 $k_A=1\times10^{-2}$mm/s，$k_B=3\times10^{-3}$mm/s，$k_C=5\times10^{-4}$mm/s，装在10cm×10cm的方管中。问：(1) 渗流经过 $A$ 土后的水头降落值 $\Delta h$ 为多少？(2) 若要保持上下水头差 $h=35$cm，需要每秒加多少水？

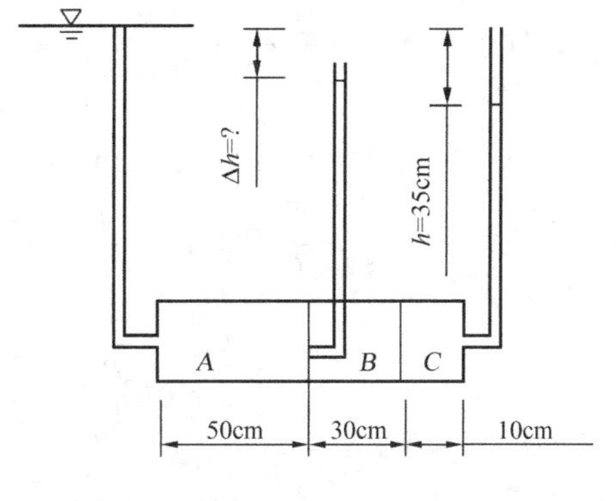


图2-5

2-25　某基坑开挖深度为5m，土体为细砂，饱和重度 $\gamma_{sat}=19.5\text{kN/m}^3$，地下水位在地表。基坑坑壁用不透水的板桩支撑，板桩打入坑底以下4m。若在坑底四周设置排水沟，问是否可能发生流砂现象？

2-26　在9m厚的黏土层上开挖基坑，黏土层下为砂层（图2-6）。砂层顶面具有7.5m高的水头（承压水）。问：开挖深度为6m时，基坑中水深 $h$ 至少多大才能防止发生流土现象？

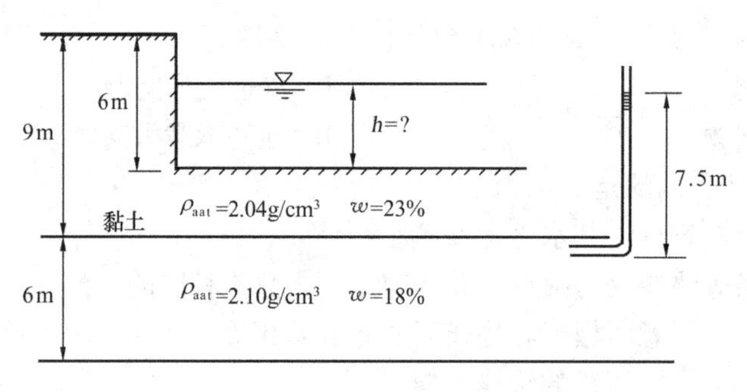


图2-6

**四、习题参考答案**

2-1 C　2-2 D　2-3 D　2-4 A　2-5 D　2-6 B　2-7 A　2-8 A　2-9 D　2-10 D

2-11　C

2-12　✓

2-13　✓

2-14　×，对黏性土不成正比。

2-15　×，改“愈小”为“愈大”。

2-16　×，改“相同”为“相反”。

2-17　×，改“常水头”为“降水头”或“变水头”。

2-18　×，每个网格的长宽比必须为定值。

2-19　✓

2-20　×，应将管涌与流土对调。

2-21　$$k=\frac{aL}{A(t_2-t_1)}\ln\frac{h_1}{h_2}=\frac{\frac{3.14}{4}\times 5^2\times 0.2}{\frac{3.14}{4}\times 100^2\times 3\times 3600}\ln\frac{1}{0.35}=4.86\times 10^{-8}\text{m/s}$$

2-22　土层总厚度 $H=2+2+2=6\text{m}$

$$k_x=\frac{1}{H}\Sigma k_{ix}H_i=\frac{1}{6}\times(3\times 2+9\times 2+1\times 2)=4.33\text{m/d}$$

$$k_y=\frac{H}{\Sigma\frac{H_i}{k_{iy}}}=\frac{6}{\frac{2}{3}+\frac{2}{9}+\frac{2}{1}}=2.08\text{m/d}$$

2-23　$$i_{cr}=\frac{\gamma'}{\gamma_w}=\frac{d_s-1}{1+e}=\frac{2.68-1}{1+0.85}=0.91$$

2-24　（1）设渗流经过 $A$ 土后的水头降落值为 $\Delta h$，渗流经过 $B$ 土后的水头降落值为 $\Delta h_{BC}$。根据各断面的渗流速度相等，有：

$$k_A \frac{\Delta h}{50} = k_B \frac{\Delta h_{BC} - \Delta h}{30} = k_C \frac{h - \Delta h_{BC}}{10}$$

由此可解得 $\Delta h = 5\text{cm}$。

（2）$i_A = \Delta h / L_A = 5/50 = 0.1$

$$Q = vA = k_A i_A A = 1 \times 10^{-2} \times 0.1 \times 10 \times 10 = 0.1\text{cm}^3/\text{s}$$

2-25　$i = \dfrac{\Delta h}{L} = \dfrac{5}{5 + 4 + 4} = 0.385$

安全系数　$K = \dfrac{i_{cr}}{i} = \dfrac{\gamma'}{i\gamma_w} = \dfrac{19.5 - 10}{0.385 \times 10} = 2.47 > 1$

故不会发生流砂现象。

2-26　令 $i = i_{cr}$，得

$$\frac{\Delta h}{L} = \frac{\rho'}{\rho_w}$$

即

$$\frac{7.5 - 3 - h}{3} = \frac{2.04 - 1}{1}$$

解得 $h = 1.38\text{m}$。

# 第3章　土中应力

## 一、学习要点

### 1. 概述

◆土中应力按其起因可分为自重应力和附加应力两种。

自重应力是指土体受到自身重力作用而产生的应力。对于成土年代久远的土，其在自重作用下已经完成压缩固结，故自重应力不再引起地基变形。对于成土年代不久的土，例如新近沉积土、近期人工填土，其在自身重力作用下尚未完成固结，因而将引起地基变形。

附加应力是指土体受外荷载及地下水渗流、地震等作用而在土体中产生的应力增量。它是引起地基变形的主要原因，也是导致土体强度破坏和失稳的重要原因。

◆土中应力按其作用原理或传递方式可分为有效应力和孔隙应力两种。

有效应力是指土粒所传递的粒间应力。只有通过土粒接触点传递的粒间应力，才能同时承担正应力和剪应力，并使土粒彼此挤紧，从而引起土体产生体积变化；粒间应力又是影响土体强度的一个重要因素，所以粒间应力又称为有效应力。

孔隙应力是指土中水和土中气所传递的应力，包括孔隙水压力和孔隙气压力。饱和土中只有孔隙水压力。

◆饱和土的有效应力原理

饱和土的有效应力原理表达形式为：

$$\sigma = \sigma' + u \tag{3-1}$$

式中　$\sigma$——总应力；

$\sigma'$——通过土颗粒传递的粒间应力，又称为有效应力；

$u$——孔隙水压力。

### 2. 土中自重应力计算

◆均质土中自重应力计算

计算土中自重应力时，假设天然地面为一无限大的水平面，此时任一竖直面和水平面上的剪应力均等于零。

对于天然重度为$\gamma$的均质土层，在天然地面下任意深度$z$处的竖向自重应力$\sigma_{cz}$和侧向自重应力$\sigma_{cx}$、$\sigma_{cy}$可分别按下述公式计算：

$$\sigma_{cz} = \gamma z \tag{3-2}$$

$$\sigma_{cx} = \sigma_{cy} = K_0\sigma_{cz} = K_0\gamma z \tag{3-3}$$

式中　$K_0$——土的静止侧压力（土压力）系数。

为了简化方便，将竖向自重应力$\sigma_{cz}$简称为自重应力，并改用符号$\sigma_c$表示。

◆成层土中自重应力计算

计算天然地面下成层土中任意深度$z$处的自重应力公式如下：

$$\sigma_c = \sum_{i=1}^{n} \gamma_i h_i \tag{3-4}$$

$$\sigma_{cx} = \sigma_{cy} = K_0 \sigma_{cz}$$

式中 $n$——深度 $z$ 范围内的土层总数，有地下水时，地下水位面也应作为分层的界面；

$\gamma_i$——第 $i$ 层土的天然重度，对地下水位以下的土层取浮重度 $\gamma_i'$（$kN/m^3$）；

$h_i$——第 $i$ 层土的厚度（m）。

在地下水位以下埋藏有不透水层时，不透水层顶面的自重应力值及其以下深度的自重应力值应按上覆土层的水土总重计算。

计算承压水层土的自重应力时，先按水土总重计算总应力 $\sigma$ 及按承压水头计算孔隙水压力 $u$，再按公式 $\sigma_c = \sigma - u$ 计算土的自重应力 $\sigma_c$。

上述计算公式中的竖向自重应力和侧向自重应力一般均指有效应力，因此，式（3-3）中的 $K_0$ 实为侧向与竖向的有效自重应力之比值。

◆地下水位下降时的自重应力计算

当地下水位发生下降时，按新水位计算的自重应力将比按原水位计算的自重应力来得大。由于自重应力增量是新产生的，因此其实质是附加应力，在其作用下土体将产生压缩变形，待土体变形稳定后，自重应力增量才全部转化为有效自重应力。

自重应力增量在水位变化部分呈三角形分布（对均质土），在新水位以下呈矩形分布（即为一常量）。

◆有大面积填土时的自重应力计算

设大面积填土的厚度为 $h$，重度为 $\gamma$，则填土在原地面下产生的应力增量为 $\gamma h$。应力增量在填土厚度内呈三角形分布，在原地面下呈矩形分布。

填土产生的自重应力增量属附加应力，只有在沉降稳定后，才全部转化为有效自重应力。

**3. 基底压力**

◆基本概念

通过基础底面传递至地基表面的压力称为基底压力，或称为接触应力、基底反力。

基底压力的分布与荷载的大小和分布、基础的刚度、基础的埋置深度以及地基土的性质等多种因素有关。在简化计算中，可假定基底压力呈直线或平面分布。

◆基底压力的简化计算

（1）中心荷载下的基底压力

在中心荷载作用下，荷载合力通过基底形心，基底压力假定为均匀分布，其数值按下式计算：

$$p = \frac{F + G}{A} \tag{3-5}$$

式中 $p$——基底平均压力（kPa）；

$F$——上部结构作用在基础上的竖向力（kN）；

$G$——基础自重及其上回填土重（kN）；$G = \gamma_G A d$，其中 $\gamma_G$ 为基础及回填土之平均重度，一般取 $20kN/m^3$，但地下水位以下部分应扣去浮力 $10kN/m^3$；$d$ 为基础埋深，必须从设计地面或室内外平均设计地面算起；

$A$——基底面积（$m^2$）；对矩形基础 $A = lb$，$l$ 和 $b$ 分别为矩形基底的长度和宽度。

当基础埋深范围内有地下水时，设基底至地下水位的距离为 $h_w$，则 $G = \gamma_G Ad - \gamma_w Ah_w = 20Ad - 10Ah_w$，代入式（3-5），得

$$p = \frac{F}{A} + 20d - 10h_w \tag{3-6}$$

对于荷载沿长度方向均匀分布的条形基础，可沿长度方向截取一单位长度（即取 $l =$ 1m）的截条进行计算，此时式（3-6）成为：

$$p = \frac{F}{b} + 20d - 10h_w \tag{3-7}$$

式中　$F$——基础截条内的相应荷载值（kN/m）。

（2）偏心荷载下的基底压力

对于单向偏心荷载下的矩形基础，设计时通常取基底长边方向与偏心方向一致，基底两边缘最大、最小压力 $p_{max}$、$p_{min}$ 按下式计算：

$$\left.\begin{matrix} p_{max} \\ p_{min} \end{matrix}\right\} = \frac{F + G}{A} \pm \frac{M}{W} \tag{3-8}$$

$$W = \frac{bl^2}{6}$$

式中　$M$——作用在矩形基础底面的力矩（kN·m）；

$W$——基础底面的抵抗矩（$m^3$）。

将式（3-5）、式（3-6）及偏心荷载的偏心距 $e = \dfrac{M}{F + G}$ 分别代入式（3-8），便得该式的其他表达形式：

$$\left.\begin{matrix} p_{max} \\ p_{min} \end{matrix}\right\} = \frac{F + G}{bl} \pm \frac{6M}{bl^2} = p \pm \frac{6M}{bl^2} = \frac{F}{bl} + 20d - 10h_w \pm \frac{6M}{bl^2} = p\left(1 \pm \frac{6e}{l}\right) \tag{3-9}$$

按荷载偏心距 $e$ 的大小，基底压力的分布可能出现以下三种情况：

1）当 $e < \dfrac{l}{6}$ 时，$p_{min} > 0$，基底压力呈梯形分布；

2）当 $e = \dfrac{l}{6}$ 时，$p_{min} = 0$，基底压力呈三角形分布；

3）当 $e > \dfrac{l}{6}$ 时，$p_{min} < 0$，此时基底将与地基局部脱开，式（3-8）不再适用，基底边缘最大压力 $p_{max}$ 改按下式计算：

$$p_{max} = \frac{2(F + G)}{3bk} \tag{3-10}$$

式中　$k$——单向偏心荷载作用点至具有最大压力的基底边缘的距离。

◆基底附加压力

从建筑物建造后的基底压力中扣除基底标高处原有土的自重应力后的数值，即是基底附加压力。基底附加压力将在地基中产生附加应力并引起地基沉降。计算公式如下：

$$p_0 = p - \sigma_{cd} = p - \gamma_m d \tag{3-11}$$

式中　$p_0$——基底平均附加压力（kPa）；

$p$——基底平均压力（kPa）；

$\sigma_{cd}$——基底处土的自重应力（不包括新填土所产生的自重应力增量）（kPa）；

$\gamma_m$——基底标高以上天然土层按厚度加权的平均重度（$kN/m^3$），$\gamma_m = \frac{\sigma_{cd}}{d}$；

$d$——基础埋深（m），必须从天然地面起算，新填土场地则应从老天然地面起算。

注意：计算 $p$ 和 $\sigma_{cd}$时，若存在新填土，则基础埋深 $d$ 的取法是不相同的。

**4. 地基附加应力**

◆由建筑物等荷载在地基中引起的应力增量称为地基附加应力。对建筑物来说，地基附加应力是由基底附加压力产生的。

计算地基附加应力时，通常假定地基土是均质的线性变形半空间（弹性半空间），将基底附加压力或其他外荷载作为柔性荷载作用在弹性半空间的表面上，然后采用弹性力学中关于弹性半空间的理论解答求解地基中的附加应力。

◆竖向集中力下的地基附加应力

在弹性半空间表面上作用一个竖向集中力 $P$ 时，半空间中任意点 $M$（$x$，$y$，$z$）的应力分量和位移分量，可按布辛奈斯克解答计算：

竖向应力
$$\sigma_z = \frac{3Pz^3}{2\pi R^5} \tag{3-12}$$

竖向位移
$$w = \frac{P(1+\mu)}{2\pi E}\left[\frac{z^2}{R^3} + 2(1-\mu)\frac{1}{R}\right] \tag{3-13}$$

式中　$x$、$y$、$z$——$M$ 点的坐标，$R = \sqrt{x^2 + y^2 + z^2}$；

$E$、$\mu$——分别为弹性模量和泊松比。

◆均布矩形荷载下的地基附加应力

（1）均布矩形荷载角点下的附加应力

均布矩形荷载角点下任意深度 $z$ 处的竖向附加应力可按下式计算：

$$\sigma_z = \alpha_c p_0 \tag{3-14}$$

式中　$p_0$——基底附加压力；

$\alpha_c$——均布矩形荷载角点下的竖向附加应力系数，简称角点应力系数，可按 $m = l/b$ 及 $n = z/b$ 由表 3-1 查得，$l$、$b$ 分别为矩形荷载面的长度和宽度。

**均布矩形荷载角点下的竖向附加应力系数**　　**表 3-1**

| $z/b$ | $l/b$ | | | | | | | | | | | |
|---|---|---|---|---|---|---|---|---|---|---|---|---|
| | 1.0 | 1.2 | 1.4 | 1.6 | 1.8 | 2.0 | 3.0 | 4.0 | 5.0 | 6.0 | 10.0 | 条形 |
| 0.0 | 0.250 | 0.250 | 0.250 | 0.250 | 0.250 | 0.250 | 0.250 | 0.250 | 0.250 | 0.250 | 0.250 | 0.250 |
| 0.2 | 0.249 | 0.249 | 0.249 | 0.249 | 0.249 | 0.249 | 0.249 | 0.249 | 0.249 | 0.249 | 0.249 | 0.249 |
| 0.4 | 0.240 | 0.242 | 0.243 | 0.243 | 0.244 | 0.244 | 0.244 | 0.244 | 0.244 | 0.244 | 0.244 | 0.244 |
| 0.6 | 0.223 | 0.228 | 0.230 | 0.232 | 0.232 | 0.233 | 0.234 | 0.234 | 0.234 | 0.234 | 0.234 | 0.234 |
| 0.8 | 0.200 | 0.207 | 0.212 | 0.215 | 0.216 | 0.218 | 0.220 | 0.220 | 0.220 | 0.220 | 0.220 | 0.220 |
| 1.0 | 0.175 | 0.185 | 0.191 | 0.195 | 0.198 | 0.200 | 0.203 | 0.204 | 0.204 | 0.204 | 0.205 | 0.205 |
| 1.2 | 0.152 | 0.163 | 0.171 | 0.176 | 0.179 | 0.182 | 0.187 | 0.188 | 0.189 | 0.189 | 0.189 | 0.189 |
| 1.4 | 0.131 | 0.142 | 0.151 | 0.157 | 0.161 | 0.164 | 0.171 | 0.173 | 0.174 | 0.174 | 0.174 | 0.174 |
| 1.6 | 0.112 | 0.124 | 0.133 | 0.140 | 0.145 | 0.148 | 0.157 | 0.159 | 0.160 | 0.160 | 0.160 | 0.160 |
| 1.8 | 0.097 | 0.108 | 0.117 | 0.124 | 0.129 | 0.133 | 0.143 | 0.146 | 0.147 | 0.148 | 0.148 | 0.148 |
| 2.0 | 0.084 | 0.095 | 0.103 | 0.110 | 0.116 | 0.120 | 0.131 | 0.135 | 0.136 | 0.137 | 0.137 | 0.137 |

续表

| z/b | l/b | | | | | | | | | | | |
|---|---|---|---|---|---|---|---|---|---|---|---|---|
| | 1.0 | 1.2 | 1.4 | 1.6 | 1.8 | 2.0 | 3.0 | 4.0 | 5.0 | 6.0 | 10.0 | 条形 |
| 2.2 | 0.073 | 0.083 | 0.092 | 0.098 | 0.104 | 0.108 | 0.121 | 0.125 | 0.126 | 0.127 | 0.128 | 0.128 |
| 2.4 | 0.064 | 0.073 | 0.081 | 0.088 | 0.093 | 0.098 | 0.111 | 0.116 | 0.118 | 0.118 | 0.119 | 0.119 |
| 2.6 | 0.057 | 0.065 | 0.072 | 0.079 | 0.084 | 0.089 | 0.102 | 0.107 | 0.110 | 0.111 | 0.112 | 0.112 |
| 2.8 | 0.050 | 0.058 | 0.065 | 0.071 | 0.076 | 0.080 | 0.094 | 0.100 | 0.102 | 0.104 | 0.105 | 0.105 |
| 3.0 | 0.045 | 0.052 | 0.058 | 0.064 | 0.069 | 0.073 | 0.087 | 0.093 | 0.096 | 0.097 | 0.099 | 0.099 |
| 3.2 | 0.040 | 0.047 | 0.053 | 0.058 | 0.063 | 0.067 | 0.081 | 0.087 | 0.090 | 0.092 | 0.093 | 0.094 |
| 3.4 | 0.036 | 0.042 | 0.048 | 0.053 | 0.057 | 0.061 | 0.075 | 0.081 | 0.085 | 0.086 | 0.088 | 0.089 |
| 3.6 | 0.033 | 0.038 | 0.043 | 0.048 | 0.052 | 0.056 | 0.069 | 0.076 | 0.080 | 0.082 | 0.084 | 0.084 |
| 3.8 | 0.030 | 0.035 | 0.040 | 0.044 | 0.048 | 0.052 | 0.065 | 0.072 | 0.075 | 0.077 | 0.080 | 0.080 |
| 4.0 | 0.027 | 0.032 | 0.036 | 0.040 | 0.044 | 0.048 | 0.060 | 0.067 | 0.071 | 0.073 | 0.076 | 0.076 |
| 4.2 | 0.025 | 0.029 | 0.033 | 0.037 | 0.041 | 0.044 | 0.056 | 0.063 | 0.067 | 0.070 | 0.072 | 0.073 |
| 4.4 | 0.023 | 0.027 | 0.031 | 0.034 | 0.038 | 0.041 | 0.053 | 0.060 | 0.064 | 0.066 | 0.069 | 0.070 |
| 4.6 | 0.021 | 0.025 | 0.028 | 0.032 | 0.035 | 0.038 | 0.049 | 0.056 | 0.061 | 0.063 | 0.066 | 0.067 |
| 4.8 | 0.019 | 0.023 | 0.026 | 0.029 | 0.032 | 0.035 | 0.046 | 0.053 | 0.058 | 0.060 | 0.064 | 0.064 |
| 5.0 | 0.018 | 0.021 | 0.024 | 0.027 | 0.030 | 0.033 | 0.043 | 0.050 | 0.055 | 0.057 | 0.061 | 0.062 |
| 6.0 | 0.013 | 0.015 | 0.017 | 0.020 | 0.022 | 0.024 | 0.033 | 0.039 | 0.043 | 0.046 | 0.051 | 0.052 |
| 7.0 | 0.009 | 0.011 | 0.013 | 0.015 | 0.016 | 0.018 | 0.025 | 0.031 | 0.035 | 0.038 | 0.043 | 0.045 |
| 8.0 | 0.007 | 0.009 | 0.010 | 0.011 | 0.013 | 0.014 | 0.020 | 0.025 | 0.028 | 0.031 | 0.037 | 0.039 |
| 9.0 | 0.006 | 0.007 | 0.008 | 0.009 | 0.010 | 0.011 | 0.016 | 0.020 | 0.024 | 0.026 | 0.032 | 0.035 |
| 10.0 | 0.005 | 0.006 | 0.007 | 0.007 | 0.008 | 0.009 | 0.013 | 0.017 | 0.020 | 0.022 | 0.028 | 0.032 |
| 12.0 | 0.003 | 0.004 | 0.005 | 0.005 | 0.006 | 0.006 | 0.009 | 0.012 | 0.014 | 0.017 | 0.022 | 0.026 |
| 14.0 | 0.002 | 0.003 | 0.004 | 0.004 | 0.004 | 0.005 | 0.007 | 0.009 | 0.011 | 0.013 | 0.018 | 0.023 |
| 16.0 | 0.002 | 0.002 | 0.003 | 0.003 | 0.003 | 0.004 | 0.005 | 0.007 | 0.009 | 0.010 | 0.014 | 0.020 |
| 18.0 | 0.001 | 0.002 | 0.002 | 0.002 | 0.003 | 0.003 | 0.004 | 0.006 | 0.007 | 0.008 | 0.012 | 0.018 |
| 20.0 | 0.001 | 0.001 | 0.002 | 0.002 | 0.002 | 0.002 | 0.004 | 0.005 | 0.006 | 0.007 | 0.010 | 0.016 |
| 25.0 | 0.001 | 0.001 | 0.001 | 0.001 | 0.001 | 0.002 | 0.002 | 0.003 | 0.004 | 0.004 | 0.007 | 0.013 |
| 30.0 | 0.001 | 0.001 | 0.001 | 0.001 | 0.001 | 0.001 | 0.002 | 0.002 | 0.003 | 0.003 | 0.005 | 0.011 |
| 35.0 | 0.000 | 0.000 | 0.001 | 0.001 | 0.001 | 0.001 | 0.001 | 0.002 | 0.002 | 0.002 | 0.004 | 0.009 |
| 40.0 | 0.000 | 0.000 | 0.000 | 0.000 | 0.001 | 0.001 | 0.001 | 0.001 | 0.001 | 0.002 | 0.003 | 0.008 |

（2）以角点法计算均布矩形荷载下的地基附加应力

对于均布矩形荷载附加应力计算点不位于角点下的情况，可以通过作辅助线把荷载面分成若干个矩形面积，使计算点正好位于这些矩形面积的公共角点之下，然后以叠加原理按式（3-14）分别计算每个矩形角点下同一深度 $z$ 处的附加应力 $\sigma_z$，并求其代数和。这种方法称为角点法。

下面分四种情况（图 3-1，计算点在图中 $o$ 点下任意深度处）说明角点法的具体应用。

（1）$o$ 点在荷载面边缘

过 $o$ 点作辅助线 $oe$，将荷载面分成Ⅰ、Ⅱ两块，由叠加原理，有

$$\sigma_z = (\alpha_{c\mathrm{I}} + \alpha_{c\mathrm{II}})p_0$$

式中 $\alpha_{c\mathrm{I}}$ 和 $\alpha_{c\mathrm{II}}$ 是分别按两块小矩形面积Ⅰ和Ⅱ，由（$l_{\mathrm{I}}/b_{\mathrm{I}}$，$z/b_{\mathrm{I}}$）、（$l_{\mathrm{II}}/b_{\mathrm{II}}$，$z/b_{\mathrm{II}}$）查得的角点应力系数。注意：$l_{\mathrm{I}}$、$b_{\mathrm{I}}$ 及 $l_{\mathrm{II}}$、$b_{\mathrm{II}}$ 分别是小矩形面积Ⅰ、Ⅱ的长度和宽度。

（2）$o$ 点在荷载面内

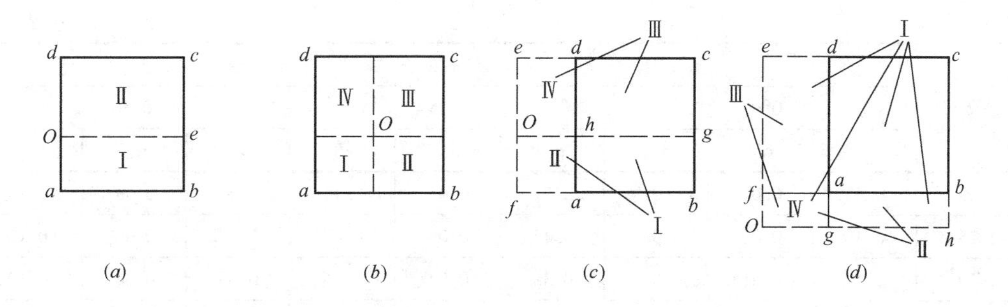


图 3-1　以角点法计算均布矩形荷载面 o 点下的地基附加应力

作两条辅助线将荷载面分成Ⅰ、Ⅱ、Ⅲ和Ⅳ共四块面积，于是

$$\sigma_z = (\alpha_{c\,\mathrm{I}} + \alpha_{c\,\mathrm{II}} + \alpha_{c\,\mathrm{III}} + \alpha_{c\,\mathrm{IV}})p_0$$

如果 $o$ 点在荷载面中心，则 $\alpha_{c\,\mathrm{I}} = \alpha_{c\,\mathrm{II}} = \alpha_{c\,\mathrm{III}} = \alpha_{c\,\mathrm{IV}}$，可得 $\sigma_z = 4\alpha_{c\,\mathrm{I}}p_0$，此即为利用角点法求基底中心点下 $\sigma_z$的计算公式。

（3）$o$ 点在荷载面边缘外侧

此时荷载面可看成Ⅰ－Ⅱ＋Ⅲ－Ⅳ，故有

$$\sigma_z = (\alpha_{c\,\mathrm{I}} - \alpha_{c\,\mathrm{II}} + \alpha_{c\,\mathrm{III}} - \alpha_{c\,\mathrm{IV}})p_0$$

（4）$o$ 点在荷载面角点外侧

把荷载面看成Ⅰ－Ⅱ－Ⅲ＋Ⅳ，则

$$\sigma_z = (\alpha_{c\,\mathrm{I}} - \alpha_{c\,\mathrm{II}} - \alpha_{c\,\mathrm{III}} + \alpha_{c\,\mathrm{IV}})p_0$$

◆均布条形荷载下的地基附加应力

取条形荷载的中点为坐标原点，则地基中任意点 $M(x, z)$（图 3-2）的三个附加应力分量可按下式计算：

$$\sigma_z = \alpha_{sz}p_0 \tag{3-15}$$

$$\sigma_x = \alpha_{sx}p_0 \tag{3-16}$$

$$\tau_{xz} = \tau_{zx} = \alpha_{sxz}p_0 \tag{3-17}$$

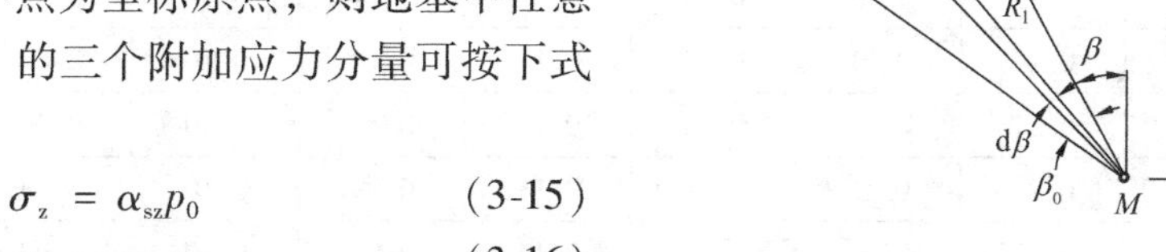


图 3-2　均布条形荷载下的地基附加应力

式中附加应力系数 $\alpha_{sz}$、$\alpha_{sx}$和 $\alpha_{sxz}$都是 $x/b$ 和 $z/b$ 的函数，可查表 3-2 得到。

$M$ 点的大、小主应力计算公式如下：

$$\left.\begin{matrix}\sigma_1\\ \sigma_3\end{matrix}\right\} = \frac{\sigma_z + \sigma_x}{2} \pm \sqrt{\left(\frac{\sigma_z - \sigma_x}{2}\right)^2 + \tau_{xz}^2} = \frac{p_0}{\pi}(\beta_0 \pm \sin\beta_0) \tag{3-18}$$

**均布条形荷载下的附加应力系数**　　**表 3-2**

| $z/b$ | $x/b$ | | | | | | | | |
|---|---|---|---|---|---|---|---|---|---|
| | 0.00 | | | 0.25 | | | 0.50 | | |
| | $\alpha_{sz}$ | $\alpha_{sx}$ | $\alpha_{sxz}$ | $\alpha_{sz}$ | $\alpha_{sx}$ | $\alpha_{sxz}$ | $\alpha_{sz}$ | $\alpha_{sx}$ | $\alpha_{sxz}$ |
| 0.00 | 1.00 | 1.00 | 0 | 1.00 | 1.00 | 0 | 0.50 | 0.50 | 0.32 |
| 0.25 | 0.96 | 0.45 | 0 | 0.90 | 0.39 | 0.13 | 0.50 | 0.35 | 0.30 |
| 0.50 | 0.82 | 0.18 | 0 | 0.74 | 0.19 | 0.16 | 0.48 | 0.23 | 0.26 |
| 0.75 | 0.67 | 0.08 | 0 | 0.61 | 0.10 | 0.13 | 0.45 | 0.14 | 0.20 |

续表

| z/b | x/b | | | | | | | | |
|---|---|---|---|---|---|---|---|---|---|
| | 0.00 | | | 0.25 | | | 0.50 | | |
| | $\alpha_{sz}$ | $\alpha_{sx}$ | $\alpha_{sxz}$ | $\alpha_{sz}$ | $\alpha_{sx}$ | $\alpha_{sxz}$ | $\alpha_{sz}$ | $\alpha_{sx}$ | $\alpha_{sxz}$ |
| 1.00 | 0.55 | 0.04 | 0 | 0.51 | 0.05 | 0.10 | 0.41 | 0.09 | 0.16 |
| 1.25 | 0.46 | 0.02 | 0 | 0.44 | 0.03 | 0.07 | 0.37 | 0.06 | 0.12 |
| 1.50 | 0.40 | 0.01 | 0 | 0.38 | 0.02 | 0.06 | 0.33 | 0.04 | 0.10 |
| 1.75 | 0.35 | — | 0 | 0.34 | 0.01 | 0.04 | 0.30 | 0.03 | 0.08 |
| 2.00 | 0.31 | — | 0 | 0.31 | — | 0.03 | 0.28 | 0.02 | 0.06 |
| 3.00 | 0.21 | — | 0 | 0.21 | — | 0.02 | 0.20 | 0.01 | 0.03 |
| 4.00 | 0.16 | — | 0 | 0.16 | — | 0.01 | 0.15 | — | 0.02 |
| 5.00 | 0.13 | — | 0 | 0.13 | — | — | 0.12 | — | — |
| 6.00 | 0.11 | — | 0 | 0.10 | — | — | 0.10 | — | — |

| z/b | x/b | | | | | | | | |
|---|---|---|---|---|---|---|---|---|---|
| | 1.00 | | | 1.50 | | | 2.00 | | |
| | $\alpha_{sz}$ | $\alpha_{sx}$ | $\alpha_{sxz}$ | $\alpha_{sz}$ | $\alpha_{sx}$ | $\alpha_{sxz}$ | $\alpha_{sz}$ | $\alpha_{sx}$ | $\alpha_{sxz}$ |
| 0.00 | 0 | 0 | 0 | 0 | 0 | 0 | 0 | 0 | 0 |
| 0.25 | 0.02 | 0.17 | 0.05 | 0.00 | 0.07 | 0.01 | 0 | 0.04 | 0 |
| 0.50 | 0.08 | 0.21 | 0.13 | 0.02 | 0.12 | 0.04 | 0 | 0.07 | 0.02 |
| 0.75 | 0.15 | 0.22 | 0.16 | 0.04 | 0.14 | 0.07 | 0.02 | 0.10 | 0.04 |
| 1.00 | 0.19 | 0.15 | 0.16 | 0.07 | 0.14 | 0.10 | 0.03 | 0.13 | 0.05 |
| 1.25 | 0.20 | 0.11 | 0.14 | 0.10 | 0.12 | 0.10 | 0.04 | 0.11 | 0.07 |
| 1.50 | 0.21 | 0.08 | 0.13 | 0.11 | 0.10 | 0.10 | 0.06 | 0.10 | 0.07 |
| 1.75 | 0.21 | 0.06 | 0.11 | 0.13 | 0.09 | 0.10 | 0.07 | 0.09 | 0.08 |
| 2.00 | 0.20 | 0.05 | 0.10 | 0.14 | 0.07 | 0.10 | 0.08 | 0.08 | 0.08 |
| 3.00 | 0.17 | 0.02 | 0.06 | 0.13 | 0.03 | 0.07 | 0.10 | 0.04 | 0.07 |
| 4.00 | 0.14 | 0.01 | 0.03 | 0.12 | 0.02 | 0.05 | 0.10 | 0.03 | 0.05 |
| 5.00 | 0.12 | — | — | 0.11 | — | — | 0.09 | — | — |
| 6.00 | 0.10 | — | — | 0.10 | — | — | — | — | — |

◆计算竖向附加应力时叠加原理的运用

地基中某点的竖向附加应力 $\sigma_z$ 值仅与荷载的大小、面积及该点至荷载作用位置的水平距离有关，而与荷载所处的前后左右位置无关。因此，按弹性力学的叠加原理计算 $\sigma_z$ 时，不仅可将荷载的平面形状任意切割，以便于用角点法计算，而且还可以将某些非均布的荷载按均布荷载处理。例如，当计算三角形分布矩形荷载或梯形分布矩形荷载中心点下任意点的竖向附加应力时，均可按均布的矩形荷载计算。又如，在图 3-3（*a*）所示的均布 L 形荷载作用下，*o* 点下的竖向附加应力可按图 3-3（*b*）所示的均布条形荷载计算。

◆地基附加应力的分布规律（图 3-4）

地基中的竖向附加应力 $\sigma_z$ 具有如下的分布规律：

1）$\sigma_z$ 不仅发生在荷载面积之下，而且还分布在荷载面积以外相当大的范围之下，这

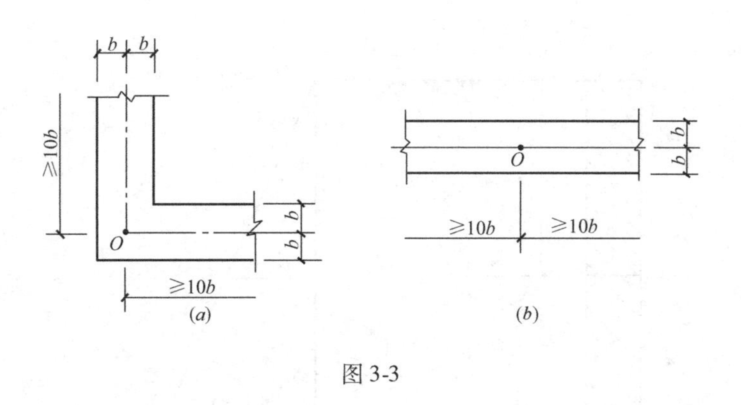


图 3-3

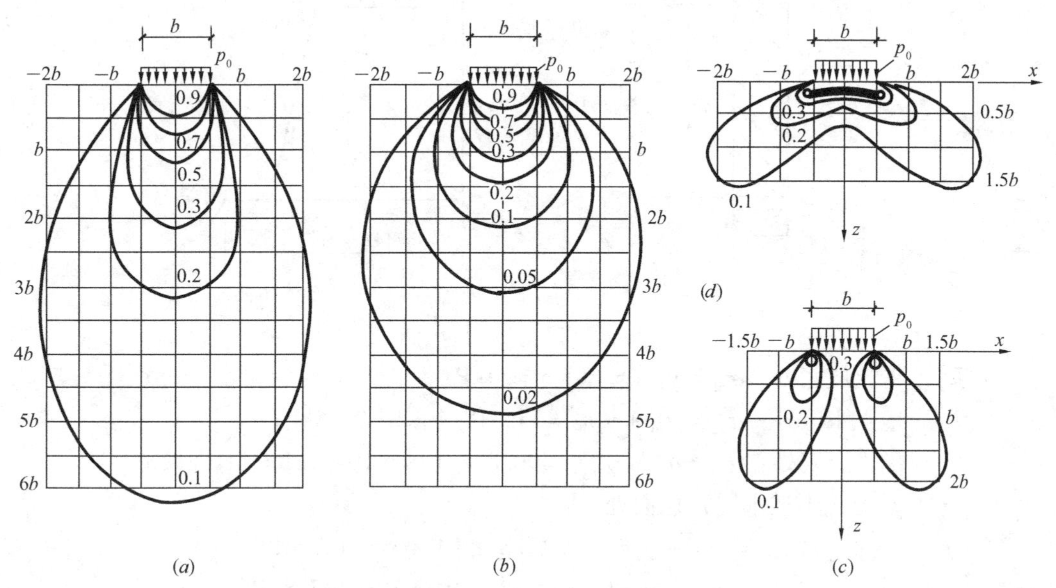


图 3-4 地基附加应力等值线

就是所谓的附加应力扩散现象。

2）在离基础底面（地基表面）不同深度 $z$ 处的各个水平面上，以基底中心点下轴线处的 $\sigma_z$ 为最大；离开中心轴线愈远的点，$\sigma_z$ 愈小。

3）在荷载分布范围内之下任意点沿垂线的 $\sigma_z$ 值，随深度愈向下愈小。

4）方形荷载所引起的 $\sigma_z$，其影响深度要比条形荷载小得多。附加应力在地基中的影响深度约为（2 ~6）$b$（前者针对方形荷载，后者针对条形荷载），地基主要受力层深度约为（1.5 ~3）$b$（$b$ 为基础宽度）。

5）当两个或多个荷载距离较近时，扩散到同一区域的竖向附加应力会彼此叠加起来，使该区域的附加应力比单个荷载作用时明显增大。这就是所谓的附加应力叠加现象。

侧向附加应力 $\sigma_x$ 的影响深度较浅，因此基础下地基土的侧向变形主要发生于浅层；剪应力 $\tau_{xz}$ 的最大值出现于荷载边缘，所以位于基础边缘下的土容易发生剪切破坏。

## 二、例题精解

**【例 3-1】** 试计算图 3-5 中各土层界面处及地下水位处土的自重应力 $\sigma_c$，并绘出 $\sigma_c$ 沿深度的分布图。

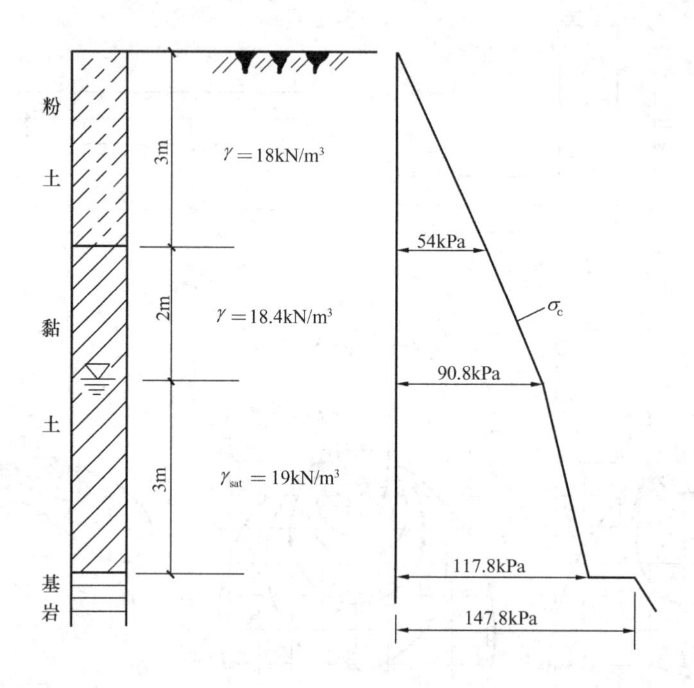


图 3-5　例 3-1 图

【解】 粉土层底处：$\sigma_{c1}=\gamma_1 h_1=18\times3=54\text{kPa}$

地下水位处：$\sigma_{c2}=\sigma_{c1}+\gamma_2 h_2=54+18.4\times2=90.8\text{kPa}$

黏土层底处：$\sigma_{c3}=\sigma_{c2}+\gamma'_3 h_3=90.8+(19-10)\times3=117.8\text{kPa}$

基岩（不透水层）层面处：

$$\sigma_c=\sigma_{c3}+\gamma_w h_w=117.8+10\times3=147.8\text{kPa}$$

或
$$\sigma_c=\sigma_{c2}+\gamma_{sat3} h_3=90.8+19\times3=147.8\text{kPa}$$

【例 3-2】 在上题中，设黏土层的静止侧压力系数 $K_0=0.3$，试求地下水位下 1m 深处土的侧向自重应力 $\sigma_{cx}$。

【解】 地下水位下 1m 深处：

$$\sigma_{cz}=18\times3+18.4\times2+(19-10)\times1=99.8\text{kPa}$$

$$\sigma_{cx}=K_0\sigma_{cz}=0.3\times99.8=29.9\text{kPa}$$

【例 3-3】 某建筑场地的地质柱状图和土的有关指标列于图 3-6 中。试计算并绘出总应力 $\sigma$、孔隙水压力 $u$ 及自重应力 $\sigma_c$ 沿深度的分布图。

【解】 细砂层底处：$u=0$，$\sigma=\sigma_c=18\times1.3=23.4\text{kPa}$

粉质黏土层底处：该层为潜水层，故

$$u=\gamma_w h_w=10\times1.8=18\text{kPa}$$

$$\sigma=23.4+19\times1.8=57.6\text{kPa}$$

$$\sigma_c=23.4+(19-10)\times1.8=39.6\text{kPa}$$

黏土层面处：该层为隔水层，故

$$u=0$$

$$\sigma_c=\sigma=57.6\text{kPa}$$

黏土层底处：

$$u=0$$

$$\sigma_c=\sigma=57.6+19.5\times2=96.6\text{kPa}$$

粗砂层面处：该层为承压水层，由测压管水位可知 $h_w=2+1.8+1.3+1=6.1\text{m}$，故

$$u=\gamma_w h_w=10\times6.1=61\text{kPa}$$

$$\sigma=96.6\text{kPa}$$

$$\sigma_c=\sigma-u=96.6-61=35.6\text{kPa}$$

粗砂层底处：

$$u=10\times(6.1+1.7)=78\text{kPa}$$

$$\sigma=96.6+20\times1.7=130.6\text{kPa}$$

$$\sigma_c=\sigma-u=130.6-78=52.6\text{kPa}$$

基岩面处：

$$u=0$$

$$\sigma_c=\sigma=130.6\text{kPa}$$

绘 $\sigma$、$\sigma_c$和 $u$ 的分布图如图 3-6 所示。

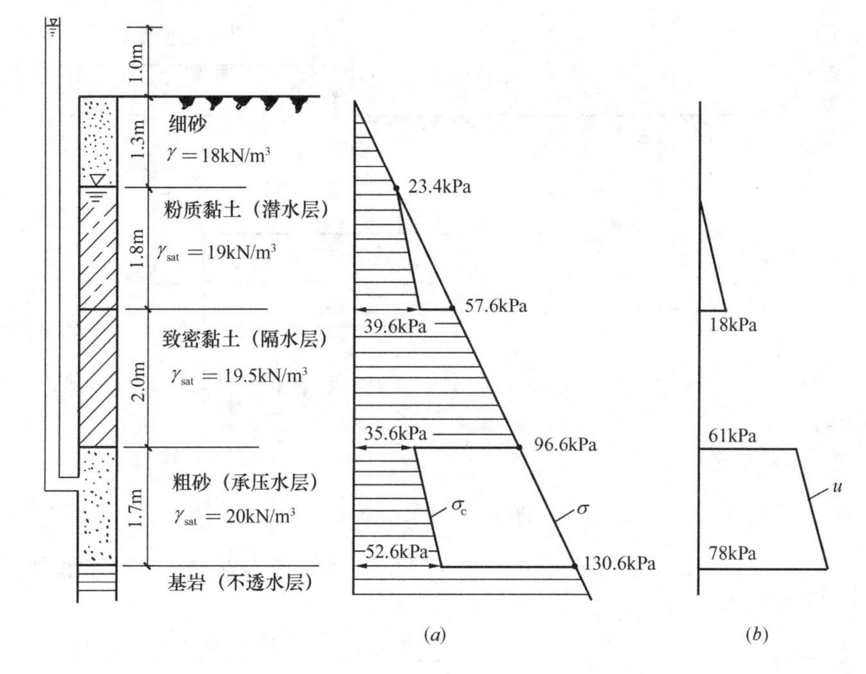


图 3-6 例 3-3 图

（$a$）$\sigma$、$\sigma_c$分布图；（$b$）$u$ 分布图

**【例 3-4】** 一墙下条形基础底宽 1m，埋深 1m，承重墙传来的竖向荷载为 150kN/m，试求基底压力 $p$。

**【解】**

$$p=\frac{F+G}{A}=\frac{150+20\times1\times1\times1}{1\times1}=170\text{kPa}$$

或

$$p=\frac{F}{b}+20d=\frac{150}{1}+20\times1=170\text{kPa}$$

**【例 3-5】** 图 3-7 中的柱下独立基础底面尺寸为 3m×2m，柱传给基础的竖向力 $F=1000\text{kN}$，弯矩 $M=180\text{kN}\cdot\text{m}$，试按图中所给资料计算 $p$、$p_{max}$、$p_{min}$、$p_0$，并画出基底反力

的分布图。

**【解】** $p = \frac{F}{A} + 20d - 10h_w = \frac{1000}{2 \times 3} + 20 \times \frac{1}{2} \times (2 + 2.6) - 10 \times 1.1 = 201.7\text{kPa}$

$$p_{max} = p + \frac{6M}{bl^2} = 201.7 + \frac{6 \times 180}{2 \times 3^2} = 261.7\text{kPa}$$

$$p_{min} = p - \frac{6M}{bl^2} = 201.7 - \frac{6 \times 180}{2 \times 3^2} = 141.7\text{kPa}$$

$$\sigma_{cd} = 18 \times 0.9 + (19 - 10) \times 1.1 = 26.1\text{kPa}$$

$$p_0 = p - \sigma_{cd} = 201.7 - 26.1 = 175.6\text{kPa}$$

或

$$\gamma_m = \frac{\sigma_{cd}}{d} = \frac{26.1}{2} = 13.05\text{kN/m}^3$$

$$p_0 = p - \gamma_m d = 201.7 - 13.05 \times 2 = 175.6\text{kPa}$$

基底反力分布图绘于图 3-7 中。

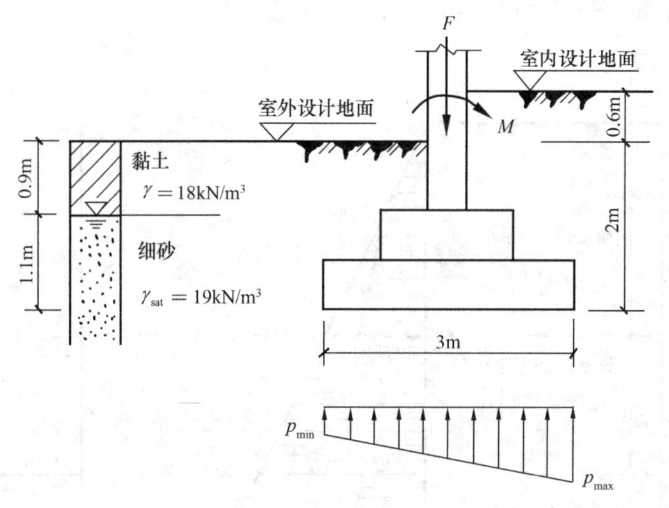


图 3-7　例 3-5 图

注意：本题在计算基底压力 $p$ 时，埋深 $d$ 取室内外的平均埋深；计算基底处土的自重应力 $\sigma_{cd}$时，埋深 $d$ 从室外地面算起。

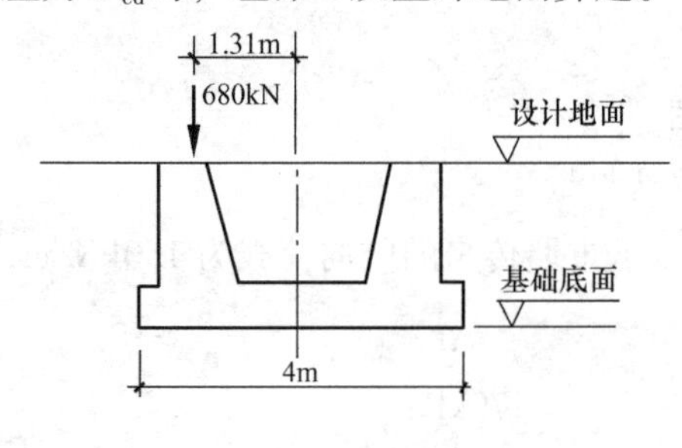


图 3-8　例 3-6 图

**【例 3-6】** 某构筑物基础如图 3-8 所示，在设计地面标高处作用有偏心荷载 680kN，偏心距 1.31m，基础埋深为 2m，底面尺寸为 4m × 2m。试求基底平均压力 $p$ 和边缘最大压力 $p_{max}$，并确定基底沿偏心方向与地基脱开部分的边长。

**【解】** 荷载因偏心而在基底引起的弯矩为：

$M = F \cdot e_0 = 680 \times 1.31 = 890.8\text{kN} \cdot \text{m}$

基础及回填土自重：

$$G = \gamma_G A d = 20 \times 4 \times 2 \times 2 = 320\text{kN}$$

偏心距：　$e = \frac{M}{F + G} = \frac{890.8}{680 + 320} = 0.891\text{m} > \frac{l}{6} = \frac{4}{6} = 0.67\text{m}$

因 $e > l/6$，说明基底与地基之间部分脱开，故应按式（3-10）计算 $p_{\max}$：

$$k = \frac{l}{2} - e = \frac{4}{2} - 0.891 = 1.109\text{m}$$

$$p_{\max} = \frac{2(F+G)}{3bk} = \frac{2\times(680+320)}{3\times2\times1.109} = 300.6\text{kPa}$$

$$p = \frac{p_{\max}}{2} = \frac{300.6}{2} = 150.3\text{kPa}$$

基底沿偏心方向与地基脱开部分的边长为：

$$l - 3k = 4 - 3\times1.109 = 0.673\text{m}$$

**【例 3-7】** 如图 3-9 所示，某矩形基础的底面尺寸为 4m×2.4m，设计地面下埋深为 1.2m（高于天然地面 0.2m），设计地面以上的荷载为 1200kN，基底标高处原有土的加权平均重度为 18kN/m$^3$。试求基底水平面 1 点及 2 点下各 3.6m 深度 $M_1$ 点及 $M_2$ 点处的地基附加应力 $\sigma_z$ 值。

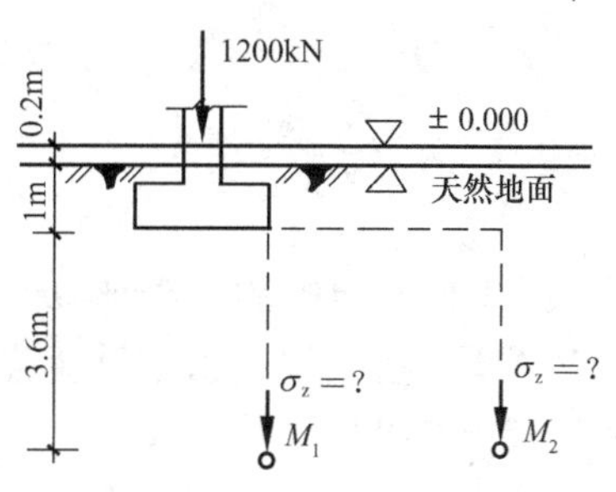

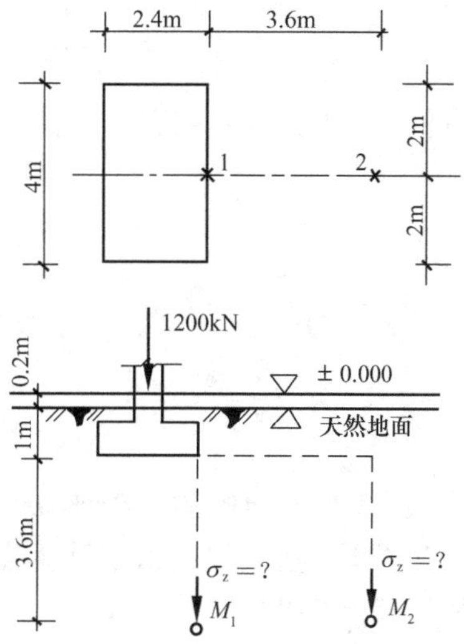

图 3-9 例 3-7 图 1

**【解】** 基底附加应力：

$$p_0 = p - \sigma_{cd} = \frac{1200}{4\times2.4} + 20\times1.2 - 18\times1 = 131\text{kPa}$$

点 $M_1$：过 1 点将基底分为相同的两块，每块尺寸为 2.4m×2m，故 $l/b = 2.4/2 = 1.2$，$z/b = 3.6/2 = 1.8$，查表 3-1，得 $\alpha_c = 0.108$，于是

$$\sigma_z = 2\alpha_c p_0 = 2\times0.108\times131 = 28.3\text{kPa}$$

点 $M_2$：过 2 点作如图 3-10 所示的矩形，对矩形 $ac2d$，$l_1/b_1 = 6/2 = 3$，$z/b_1 = 3.6/2 = 1.8$，查表 3-1 得 $\alpha_{c1} = 0.143$；对矩形 $bc21$，$l_2/b_2 = 3.6/2 = 1.8$，$z/b_2 = 3.6/2 = 1.8$，查表 3-1 得 $\alpha_{c2} = 0.129$，于是

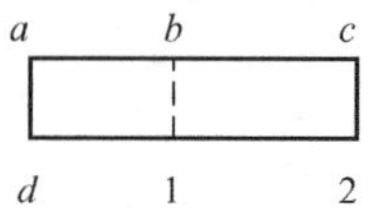

$$\sigma_z = 2(\alpha_{c1} - \alpha_{c2})p_0 = 2\times(0.143 - 0.129)\times131 = 3.7\text{kPa}$$

a b c

d 1 2

图 3-10 例 3-7 图 2

**【例 3-8】** 某条形基础的宽度为 2m，在梯形分布的条形荷载（基底附加压力）下，边缘 $(p_0)_{\max} = 200\text{kPa}$，$(p_0)_{\min} = 100\text{kPa}$。试求基底宽度中点下 3m 及 6m 深度处的 $\sigma_z$ 值。

**【解】** 由于计算点在基底中点下，根据叠加原理，荷载可按均布的条形荷载计算，荷载平均值为 $p_0 = (200+100)/2 = 150\text{kPa}$。

对中点下 3m 深度处：$x/b = 0$，$z/b = 3/2 = 1.5$，查表 3-2 得 $\alpha_{sz} = 0.4$，于是

$$\sigma_z = \alpha_{sz} p_0 = 0.4\times150 = 60\text{kPa}$$

对中点下 6m 深度处：$x/b = 0$，$z/b = 6/2 = 3$，查表 3-2 得 $\alpha_{sz} = 0.21$，于是

$$\sigma_z = \alpha_{sz} p_0 = 0.21\times150 = 31.5\text{kPa}$$

**【例 3-9】** 选择一种最简便的方法以计算图 3-11 中所示的荷载作用下 $o$ 点下深度 $0.5b$ 处的竖向附加应力。

**【解】** 对图中上一种情况可按角点法计算。将荷载面划分为两块相同的矩形，并使 $o$

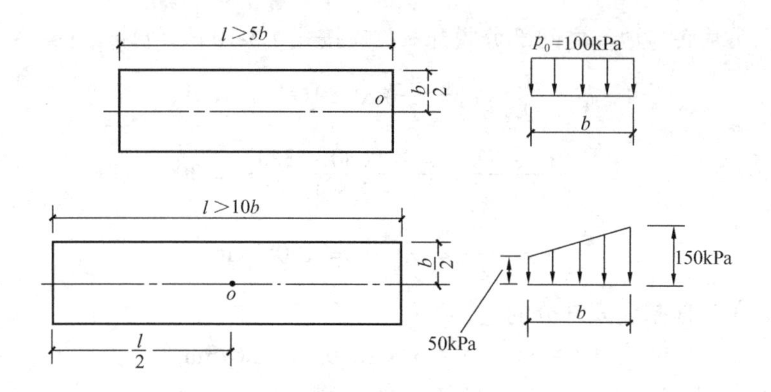


图 3-11 例 3-9 图

点处于公共角点，则有

$$\frac{l_1}{b_1} = \frac{l}{\frac{b}{2}} > \frac{5b}{\frac{b}{2}} = 10$$

$$\frac{z}{b_1} = \frac{0.5b}{\frac{b}{2}} = 1$$

查表 3-1 得 $\alpha_c = 0.205$，于是 $\sigma_z = 2\alpha_c p_0 = 2 \times 0.205 \times 100 = 41\text{kPa}$。

对下一种情况，由于计算点在荷载面中心点下，故荷载可视为均布，$p_0 = (150 + 50)/2 = 100\text{kPa}$。从荷载面看，上一种情况正好是下一种情况的一半，故下一种情况的附加应力应是上一种情况的二倍，即 $\sigma_z = 2 \times 41 = 82\text{kPa}$。

## 三、习题

第一部分

**1. 选择题**

3-1 建筑物基础作用于地基表面的压力，称为（ ）。

A. 基底压力　　B. 基底附加压力

C. 基底净反力　　D. 附加应力

3-2 在隔水层中计算土的自重应力 $\sigma_c$ 时，存在有如下关系（ ）。

A. $\sigma_c$ = 静水压力

B. $\sigma_c$ = 总应力，且静水压力为零

C. $\sigma_c$ = 总应力，但静水压力大于零

D. $\sigma_c$ = 总应力 - 静水压力，且静水压力大于零

3-3 当各土层中仅存在潜水而不存在毛细水和承压水时，在潜水位以下的土中自重应力为（ ）。

A. 静水压力

B. 总应力

C. 有效应力，但不等于总应力

D. 有效应力，但等于总应力

3-4　地下水位长时间下降，会使（　　）。

A. 地基中原水位以下的自重应力增加

B. 地基中原水位以上的自重应力增加

C. 地基土的抗剪强度减小

D. 土中孔隙水压力增大

3-5　通过土粒承受和传递的应力称为（　　）。

A. 有效应力　　B. 总应力

C. 附加应力　　D. 孔隙水压力

3-6　某场地表层为4m厚的粉质黏土，天然重度$\gamma=18kN/m^3$，其下为饱和重度$\gamma_{sat}=19kN/m^3$的很厚的黏土层，地下水位在地表下4m处，经计算地表以下2m处土的竖向自重应力为（　　）。

A. 72kPa　　B. 36kPa

C. 16kPa　　D. 38kPa

3-7　同上题，地表以下5m处土的竖向自重应力为（　　）。

A. 91kPa　　B. 81kPa

C. 72kPa　　D. 41kPa

3-8　某柱作用于基础顶面的荷载为800kN，从室外地面算起的基础埋深为1.5m，室内地面比室外地面高0.3m，基础底面积为$4m^2$，地基土的重度为$17kN/m^3$，则基底压力为（　　）。

A. 229.7kPa　　B. 230kPa

C. 233kPa　　D. 236kPa。

3-9　由建筑物的荷载在地基内所产生的应力称为（　　）。

A. 自重应力　　B. 附加应力

C. 有效应力　　D. 附加压力

3-10　已知地基中某点的竖向自重应力为100kPa，静水压力为20kPa，土的静止侧压力系数为0.25，则该点的侧向自重应力为（　　）。

A. 60kPa　　B. 50kPa

C. 30kPa　　D. 25kPa

3-11　由于建筑物的建造而在基础底面处所产生的压力增量称为（　　）。

A. 基底压力　　B. 基底反力

C. 基底附加压力　　D. 基底净反力

3-12　计算基础及其上回填土的总重量时，其平均重度一般取（　　）。

A. $17kN/m^3$　　B. $18kN/m^3$

C. $20kN/m^3$　　D. $22kN/m^3$

3-13　在单向偏心荷载作用下，若基底反力呈梯形分布，则偏心距与矩形基础长度的关系为（　　）。

A. $e<l/6$　　B. $e\leq l/6$

C. $e=l/6$　　D. $e>l/6$

3-14　设 $b$ 为基础底面宽度，则条形基础的地基主要受力层深度为（　　）。

A. $3b$　　B. $4b$

C. $5b$　　D. $6b$

3-15　设 $b$ 为基础底面宽度，则方形基础的地基主要受力层深度为（　　）。

A. $1.5b$　　B. $2b$

C. $2.5b$　　D. $3b$

3-16　已知两矩形基础，一宽为2m，长为4m，另一宽为4m，长为8m。若两基础的基底附加压力相等，则两基础角点下竖向附加应力之间的关系是（　　）。

A. 两基础基底下 $z$ 深度处竖向应力分布相同

B. 小尺寸基础角点下 $z$ 深度处应力与大尺寸基础角点下 $2z$ 深度处应力相等

C. 大尺寸基础角点下 $z$ 深度处应力与小尺寸基础角点下 $2z$ 深度处应力相等

3-17　当地下水位突然从地表下降至基底平面处，对基底附加压力的影响是（　　）。

A. 没有影响

B. 基底附加压力增加

C. 基底附加压力减小

3-18　当地基中附加应力曲线为矩形时，则地面荷载形式为（　　）。

A. 圆形均布荷载　　B. 矩形均布荷载

C. 条形均布荷载　　D. 无穷均布荷载

3-19　计算土中自重应力时，地下水位以下的土层应采用（　　）。

A. 湿重度　　B. 饱和重度

C. 浮重度　　D. 天然重度

3-20　在基底附加压力的计算公式 $p_0=p-\gamma_m d$ 中，$d$ 为（　　）。

A. 基础平均埋深

B. 从室内地面算起的埋深

C. 从室外地面算起的埋深

D. 从天然地面算起的埋深，对于新填土场地应从老天然地面起算。

**2. 判断改错题**

3-21　在均质地基中，竖向自重应力随深度线性增加，而侧向自重应力则呈非线性增加。

3-22　由于土中自重应力属于有效应力，因而与地下水位的升降无关。

3-23　若地表为一无限大的水平面，则土的重力在土中任一竖直面上所产生的剪应力等于零。

3-24　在基底附加压力的计算公式中，对于新填土场地，基底处土的自重应力应从填土面算起。

3-25　增大柱下独立基础的埋深，可以减小基底的平均附加压力。

3-26　柱下独立基础埋置深度的大小对基底附加压力影响不大。

3-27　由于土的自重应力属于有效应力，因此在建筑物建造后，自重应力仍会继续使土体产生变形。

3-28　土的静止侧压力系数 $K_0$ 为土的侧向与竖向总自重应力之比。

3-29　在弱透水土层中，若地下水位短时间下降，则土的自重应力不会明显增大。

3-30　基底附加压力在数值上等于上部结构荷载在基底所产生的压力增量。

3-31　竖向附加应力的分布范围相当大，它不仅分布在荷载面积之下，而且还分布到荷载面积以外，这就是所谓的附加应力集中现象。

**3. 计算题及综合题**

3-32　某建筑场地的地层分布均匀，第一层杂填土厚1.5m，$\gamma=17\text{kN/m}^3$；第二层粉质黏土厚4m，$\gamma=19\text{kN/m}^3$，$d_s=2.73$，$w=31\%$，地下水位在地面下2m深处；第三层淤泥质黏土厚8m，$\gamma=18.2\text{kN/m}^3$，$d_s=2.74$，$w=41\%$；第四层粉土厚3m，$\gamma=19.5\text{kN/m}^3$，$d_s=2.72$，$w=27\%$；第五层砂岩未钻穿。试计算各层交界处及地下水位处的竖向自重应力 $\sigma_c$。

3-33　按图3-12中给出的资料，计算地基中各土层分界处的自重应力。如地下水位因某种原因骤然下降至▽35.0高程，细砂层的重度变为 $\gamma=18.2\text{kN/m}^3$，问此时地基中的自重应力有何改变？

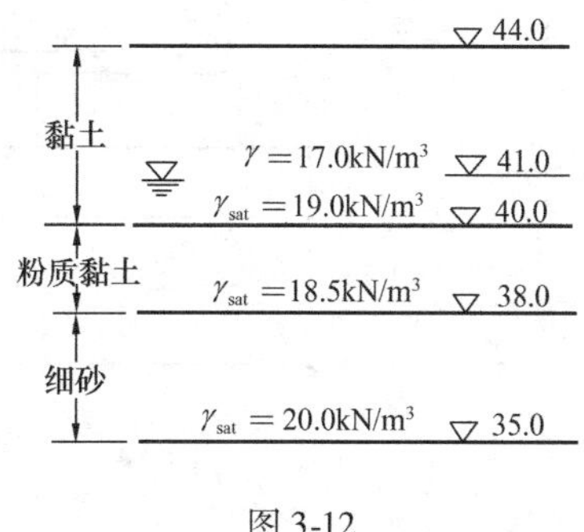


图3-12

3-34　某场地自上而下的土层分布为：杂填土，厚度1m，$\gamma=16\text{kN/m}^3$；粉质黏土，厚度5m，$\gamma=19\text{kN/m}^3$，$\gamma'=10\text{kN/m}^3$，$K_0=0.32$；砂土。地下水位在地表下2m深处。试求地表下4m深处土的竖向和侧向有效自重应力、竖向和侧向总应力。

3-35　某外墙下条形基础底面宽度 $b=1.5\text{m}$，基础底面标高为 $-1.50\text{m}$，室内地面标高为 $\pm0.000$，室外地面标高为 $-0.60\text{m}$，墙体作用在基础顶面的竖向荷载 $F=230\text{kN/m}$，试求基底压力 $p$。

3-36　某场地地表0.5m为新填土，$\gamma=16\text{kN/m}^3$，填土下为黏土，$\gamma=18.5\text{kN/m}^3$，$w=20\%$，$d_s=2.71$，地下水位在地表下1m。现设计一柱下独立基础，已知基底面积 $A=5\text{m}^2$，埋深 $d=1.2\text{m}$，上部结构传给基础的轴心荷载为 $F=1000\text{kN}$。试计算基底附加压力 $p_0$。

3-37　某柱下方形基础边长为4m，基底压力为300kPa，基础埋深为1.5m，地基土重度为 $18\text{kN/m}^3$，试求基底中心点下4m深处的竖向附加应力。已知边长为2m的均布方形荷载角点和中心点下4m深处的竖向附加应力系数分别为0.084和0.108。

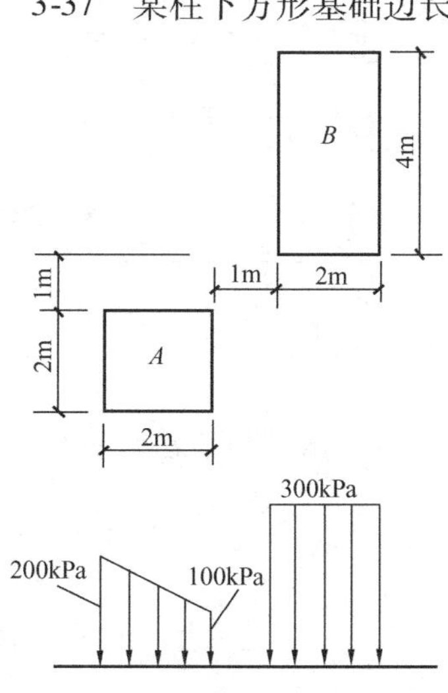


图3-13

3-38　已知条形均布荷载 $p_0=200\text{kPa}$，荷载面宽度 $b=2\text{m}$，试按均布矩形荷载下的附加应力计算公式计算条形荷载面中心点下2m深处的竖向附加应力。

3-39　某框架柱传给基础的荷载为：轴心荷载 $F=1100\text{kN}$，弯矩 $M=320\text{kN}\cdot\text{m}$（沿基础长边方向作用），基础埋深为1.5m，基底尺寸为 $3\text{m}\times2\text{m}$。地基土为粉土，重度为 $18\text{kN/m}^3$。试求基底中心点下2m深处的竖向附加应力。

3-40　有相邻两荷载面积A和B，其尺寸、相应位置及所受荷载如图3-13所示。若考虑相邻荷载B的影响，试求 $A$ 荷载中心点以下深度 $z=2\text{m}$ 处的竖向附加应力 $\sigma_z$。

第二部分

3-41　某场地土层分布自上而下依次为：砂土，厚度 4m，为潜水层，潜水位在地面下 2m 深处，$\gamma=17\text{kN/m}^3$，$\gamma_{sat}=19\text{kN/m}^3$；黏土，厚度 5m，为隔水层，$\gamma_{sat}=20\text{kN/m}^3$；砂土，厚度 4m，为承压水层，承压水位高出地面 2m，$\gamma_{sat}=18\text{kN/m}^3$。试计算并绘出土的竖向总应力 $\sigma$、孔隙水压力 $u$、竖向自重应力 $\sigma_c$ 沿深度的分布图。

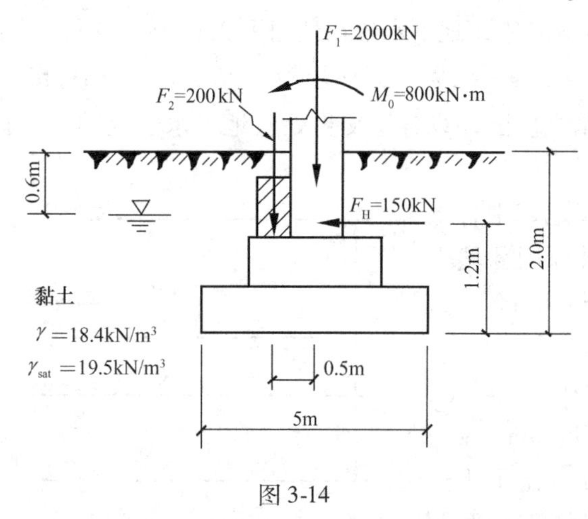

图 3-14

3-42　某地基地表至 4.5m 深度为砂土层，4.5～9.0m 为黏土层，其下为不透水页岩。地下水位距地表 2.0m。已知水位以上砂土的平均孔隙比为 0.52，平均饱和度为 37%，黏土的含水量为 42%，砂土和黏土的相对密度均为 2.65。试计算地表至黏土层底面范围内的竖向总应力、有效应力和孔隙水压力，并绘制相应的应力分布图。（取 $\gamma_w=9.81\text{kN/m}^3$）

3-43　图 3-14 中所示的柱下独立基础底面尺寸为 5m×2.5m，试根据图中所给资料计算基底压力 $p$、$p_{max}$、$p_{min}$ 及基底中心点下 2.7m 深处的竖向附加应力 $\sigma_z$。

3-44　在砂土地基上施加一无限均布的填土，填土厚 3m，重度为 $17\text{kN/m}^3$，砂土的饱和重度为 $19\text{kN/m}^3$，地下水位在地表处，则 4m 深度处作用在骨架上的竖向应力为多少？

3-45　在黏性土地基上施加一无限均布的填土，填土厚 3m，重度为 $17\text{kN/m}^3$，黏性土的饱和重度为 $19\text{kN/m}^3$，地下水位在地表处，试问加载瞬间地表下 4m 深度处作用在骨架上的竖向应力为多少？

3-46　已知一条形基础底面尺寸为 60m×4m，设基底压力均匀分布，基底中心点下 2m 深度处的竖向附加应力为 $\sigma_z$，问基底角点下 4m 深度处的竖向附加应力为多少？

3-47　若作用在地基上的荷载强度不变，示意地画出荷载面积由矩形（$A\times B$）增大到条形（$A=\infty$、$B$）直至大面积荷载（$A=\infty$、$B=\infty$）时，地基中附加应力 $\sigma_z$ 沿深度的变化曲线。

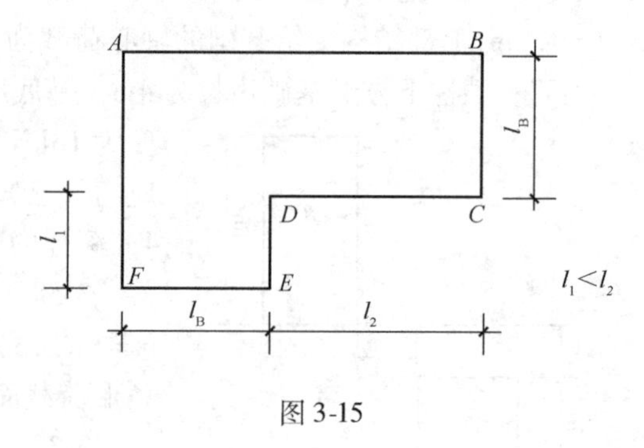

图 3-15

3-48　图 3-15 所示为一座平面是 L 形的建筑物的筏形基础，试按角点法计算地基附加应力的概念分析建筑物上各点 $A\sim F$ 中，哪一点的沉降最大？为什么？

## 四、习题参考答案

第一部分

3-1　A　　3-2　B　　3-3　C　　3-4　A　　3-5　A　　3-6　B　　3-7　B

3-8　C　　3-9　B　　3-10　D　　3-11　C　　3-12　C　　3-13　A　　3-14　A

3-15　A　　3-16　B　　3-17　A　　3-18　D　　3-19　C　　3-20　D

3-21　×，均呈线性增长。

3-22　×，改“无关”为“有关”。

3-23　✓

3-24　×，应从老天然地面起算。

3-25　×，从计算公式 $p_0 = p - \sigma_{cd} = \frac{F}{A} + 20d - 10h_w - \gamma_m d$ 可以看出，由于 $\gamma_m$ 一般略小于 $20kN/m^3$，故增大埋深 $d$ 反而会使 $p_0$ 略有增加。

3-26　✓

3-27　×，土的自重应力引起的土体变形在建造房屋前已经完成，只有新填土或地下水位下降等才会继续引起变形。

3-28　×，应为侧向与竖向有效自重应力之比。

3-29　✓，因为有效应力的增长在弱透水土层中需较长的时间。

3-30　×，还应包括基础及其上回填土的重量在基底所产生的压力增量。

3-31　×，改“集中”为“扩散”。

3-32　第一层底：$\sigma_c = \gamma_1 h_1 = 17 \times 1.5 = 25.5kPa$

第二层土：$e = \frac{d_s(1+w)\gamma_w}{\gamma} - 1 = \frac{2.73 \times (1+0.31) \times 10}{19} - 1 = 0.882$

$$\gamma' = \frac{d_s - 1}{1+e}\gamma_w = \frac{2.73 - 1}{1 + 0.882} \times 10 = 9.2kN/m^3$$

地下水位处：$\sigma_c = 25.5 + \gamma_2 h'_2 = 25.5 + 19 \times 0.5 = 35.0kPa$

层底：$\sigma_c = 35.0 + \gamma'_2 h''_2 = 35.0 + 9.2 \times 3.5 = 67.2kPa$

第三层底：$e = \frac{2.74 \times (1+0.41) \times 10}{18.2} - 1 = 1.123$

$$\gamma' = \frac{2.74 - 1}{1 + 1.123} \times 10 = 8.2kN/m^3$$

$$\sigma_c = 67.2 + \gamma'_3 h_3 = 67.2 + 8.2 \times 8 = 132.8kPa$$

第四层底：$e = \frac{2.72 \times (1+0.27) \times 10}{19.5} - 1 = 0.771$

$$\gamma' = \frac{2.72 - 1}{1 + 0.771} \times 10 = 9.7kN/m^3$$

$$\sigma_c = 132.8 + \gamma'_4 h_4 = 132.8 + 9.7 \times 3 = 161.9kPa$$

第五层顶：$\sigma_c = 161.9 + \gamma_w h_w = 161.9 + 10 \times (3.5 + 8 + 3) = 306.9kPa$

3-33　地下水位处：$\sigma_c = 17 \times 3 = 51kPa$

黏土层底：$\sigma_c = 51 + (19 - 10) \times 1 = 60kPa$

粉质黏土层底：$\sigma_c = 60 + (18.5 - 10) \times 2 = 77kPa$

细砂层底：$\sigma_c = 77 + (20 - 10) \times 3 = 107kPa$

地下水位骤然下降至▽35.0高程时：

黏土和粉质黏土层因渗透性小，土体还来不及排水固结，孔隙水压力没有明显下降，含水量不变，故自重应力没有什么变化。

细砂层渗透性大，排水固结快，因水位下降而产生的应力增量很快就转化为有效自重应力，故细砂层底的自重应力为：

$$\sigma_c = 17 \times 3 + 19 \times 1 + 18.5 \times 2 + 18.2 \times 3 = 161.6\text{kPa}$$

3-34
$$\sigma_{cz} = 16 \times 1 + 19 \times 1 + 10 \times 2 = 55\text{kPa}$$
$$\sigma_{cx} = K_0 \sigma_{cz} = 0.32 \times 55 = 17.6\text{kPa}$$

静水压力：

$$u = 10 \times 2 = 20\text{kPa}$$

竖向总应力：

$$\sigma_{cz} + u = 55 + 20 = 75\text{kPa}$$

侧向总应力：

$$\sigma_{cx} + u = 17.6 + 20 = 37.6\text{kPa}$$

3-35
$$d = \frac{1}{2} \times (1.5 + 0.9) = 1.2\text{m}$$
$$p = \frac{F}{b} + 20d = \frac{230}{1.5} + 20 \times 1.2 = 177.3\text{kPa}$$

3-36 先计算黏土层的有效重度：

$$e = \frac{d_s(1+w)\gamma_w}{\gamma} - 1 = \frac{2.71 \times (1 + 0.2) \times 10}{18.5} - 1 = 0.758$$
$$\gamma' = \frac{(d_s - 1)\gamma_w}{1 + e} = \frac{(2.71 - 1) \times 10}{1 + 0.758} = 9.7\text{kN/m}^3$$

基底压力：

$$p = \frac{F}{A} + 20d - 10h_w = \frac{1000}{5} + 20 \times 1.2 - 10 \times 0.2 = 222\text{kPa}$$

基底处土的自重应力（从黏土层算起）：

$$\sigma_{cd} = 18.5 \times 0.5 + 9.7 \times 0.2 = 11.2\text{kPa}$$

基底附加压力：

$$p_0 = p - \sigma_{cd} = 222 - 11.2 = 210.8\text{kPa}$$

3-37
$$p_0 = 300 - 18 \times 1.5 = 273\text{kPa}$$
$$\sigma_z = 4\alpha_c p_0 = 4 \times 0.084 \times 273 = 91.7\text{kPa}$$

3-38 过中点将荷载面分成对称的4块。对每一小块，$b_1 = 1\text{m}$，$\frac{l_1}{b_1} = \infty$，$\frac{z}{b_1} = \frac{2}{1} = 2$，由于计算点正好位于该小块面积的角点之下，故查表3-1得 $\alpha_c = 0.1375$，于是有

$$\sigma_z = 4\alpha_c p_0 = 4 \times 0.1375 \times 200 = 110\text{kPa}$$

3-39
$$p = \frac{F}{A} + 20d = \frac{1100}{2 \times 3} + 20 \times 1.5 = 213.3\text{kPa}$$
$$p_0 = p - \sigma_{cd} = 213.3 - 18 \times 1.5 = 186.3\text{kPa}$$

由 $l/b = 1.5/1 = 1.5$，$z/b = 2/1 = 2$，查表3-1得 $\alpha_c = 0.1065$

$$\sigma_z = 4\alpha_c p_0 = 4 \times 0.1065 \times 186.3 = 79.4\text{kPa}$$

3-40 $A$ 荷载产生的附加应力：荷载可按均布计算，$p_{0A} = (200 + 100)/2 = 150\text{kPa}$。

由 $l/b = 1/1 = 1$，$z/b = 2/1 = 2$，查表3-1得 $\alpha_c = 0.084$，

$$\sigma_{zA} = 4\alpha_c p_0 = 4 \times 0.084 \times 150 = 50.4\text{kPa}$$

$B$ 荷载产生的附加应力：

由 $l_{\text{I}}/b_{\text{I}} = 6/4 = 1.5$，$z/b_{\text{I}} = 2/4 = 0.5$，查表 3－1 得 $\alpha_{c\text{I}} = 0.237$；

由 $l_{\text{II}}/b_{\text{II}} = 4/2 = 2$，$z/b_{\text{II}} = 2/2 = 1$，查表 3-1 得 $\alpha_{c\text{II}} = 0.200$；

由 $l_{\text{III}}/b_{\text{III}} = 6/2 = 3$，$z/b_{\text{III}} = 2/2 = 1$，查表 3-1 得 $\alpha_{c\text{III}} = 0.203$；

由 $l_{\text{IV}}/b_{\text{IV}} = 2/2 = 1$，$z/b_{\text{IV}} = 2/2 = 1$，查表 3-1 得 $\alpha_{c\text{IV}} = 0.175$，于是

$$\sigma_{zB} = (\alpha_{c\text{I}} - \alpha_{c\text{II}} - \alpha_{c\text{III}} + \alpha_{c\text{IV}})\ p_{0B} = (0.237 - 0.200 - 0.203 + 0.175) \times 300 = 2.7\text{kPa}$$

$$\sigma_z = \sigma_{zA} + \sigma_{zB} = 50.4 + 2.7 = 53.1\text{kPa}$$

第二部分

3-41

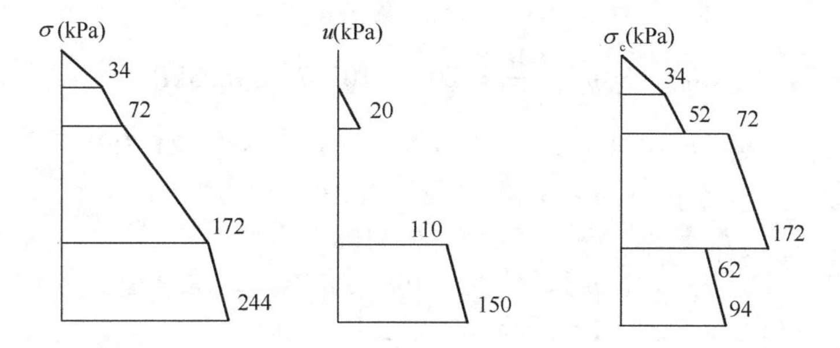


3-42　砂土层水位以上：

$$w = \frac{S_r e}{d_s} = \frac{0.37 \times 0.52}{2.65} = 7.3\%$$

$$\gamma = \frac{d_s(1 + w)\gamma_w}{1 + e} = \frac{2.65 \times (1 + 0.073) \times 9.81}{1 + 0.52} = 18.4\text{kN/m}^3$$

砂土层水位以下：

$$\gamma_{sat} = \frac{d_s + e}{1 + e}\gamma_w = \frac{2.65 + 0.52}{1 + 0.52} \times 9.81 = 20.5\text{kN/m}^3$$

黏土层：

$$e = \frac{wd_s}{S_r} = \frac{0.42 \times 2.65}{1} = 1.113$$

$$\gamma_{sat} = \frac{d_s + e}{1 + e}\gamma_w = \frac{2.65 + 1.113}{1 + 1.113} \times 9.81 = 17.5\text{kN/m}^3$$

地下水位处：

$$\sigma = 18.4 \times 2 = 36.8\text{kPa}$$

$$u = 0$$

$$\sigma_c = \sigma - u = 36.8\text{kPa}$$

砂土层底：

$$\sigma = 36.8 + 20.5 \times 2.5 = 88.1\text{kPa}$$

$$u = 9.81 \times 2.5 = 24.5\text{kPa}$$

$$\sigma_c = 88.1 - 24.5 = 63.6\text{kPa}$$

黏土层底：

$$\sigma = 88.1 + 17.5 \times 4.5 = 166.9\text{kPa}$$

$$u = 9.81 \times 7 = 68.7\text{kPa}$$

$$\sigma_c = 166.9 - 68.7 = 98.2\text{kPa}$$

3-43

$$p = \frac{F}{A} + 20d - 10h_w$$

$$= \frac{2000 + 200}{2.5 \times 5} + 20 \times 2 - 10 \times 1.4 = 202\text{kPa}$$

$$p_{\max} = p + \frac{6M}{bl^2}$$

$$= 202 + \frac{6 \times (800 + 150 \times 1.2 + 200 \times 0.5)}{2.5 \times 5^2}$$

$$= 202 + 103.7 = 305.7\text{kPa}$$

$$p_{\min} = p - \frac{6M}{bl^2} = 202 - 103.7 = 98.3\text{kPa}$$

$$\sigma_{cd} = 18.4 \times 0.6 + (19.5 - 10) \times 1.4 = 24.3\text{kPa}$$

$$p_0 = p - \sigma_{cd} = 202 - 24.3 = 177.7\text{kPa}$$

$$\alpha_c = 0.1108$$

$$\sigma_z = 4\alpha_c p_0 = 4 \times 0.1108 \times 177.7 = 78.8\text{kPa}$$

3-44　$\sigma_c = 17 \times 3 + (19 - 10) \times 4 = 87\text{kPa}$

3-45　$\sigma_c = (19 - 10) \times 4 = 36\text{kPa}$

3-46　采用角点法计算时，对基底中心点下 2m 深处：应将基底面积分为 4 块，每块的 $l/b = 30/2 > 10$，$z/b = 2/2 = 1$；对基底角点下 4m 深处：基底面积为 1 块，$l/b = 60/4 > 10$，$z/b = 4/4 = 1$，可见两者的附加应力系数相同，但荷载块数后者是前者的 1/4，故角点下 4m 深处的竖向附加应力为 $0.25\sigma_z$。

3-47　略。

3-48　$D$ 点沉降最大。

# 第 4 章　土的压缩性及固结理论

## 一、学习要点

### 1. 概述

◆土的压缩性是指土体在压力作用下体积缩小的特性。土的压缩是由于土中一部分孔隙水和气体被挤出，土中孔隙体积减小的缘故。饱和土体完成压缩过程所需的时间与土的透水性有很大的关系。土的透水性愈强，完成压缩变形所需的时间就愈短。饱和土的压缩随时间而增长的过程，称为土的固结。

◆土的压缩性指标可以采用室内试验或原位测试来测定。室内试验常用固结试验（又称为室内压缩试验），原位测试常用现场载荷试验。

### 2. 土的压缩性

◆固结试验及压缩性指标

（1）固结试验的主要特点

1）土样处于完全侧限状态，即土样在压力作用下只能发生竖向压缩，而无侧向变形（土样横截面积不变）；

2）土样的排水条件为双面排水，即土样上下表面均可排水。

（2）压缩曲线的绘制方法

压缩曲线有两种绘制方法：$e$-$p$ 曲线（图 4-1）和 $e$-lg$p$ 曲线（图 4-2）。前者可用来确定土的压缩系数 $a$ 和压缩模量 $E_s$ 等压缩性指标，后者可用来确定土的压缩指数 $C_c$ 等压缩性指标。

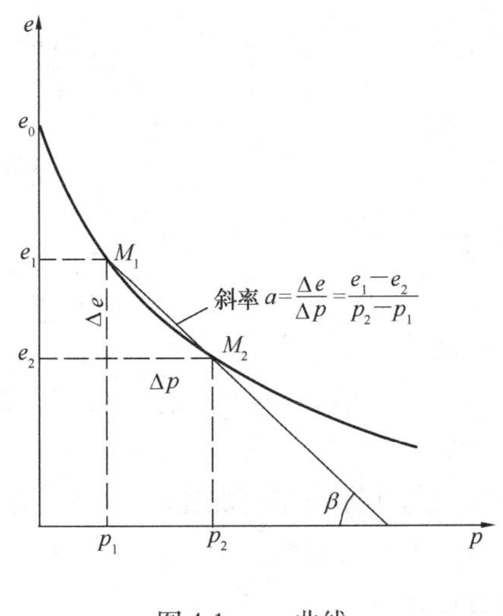


图 4-1　$e$-$p$ 曲线

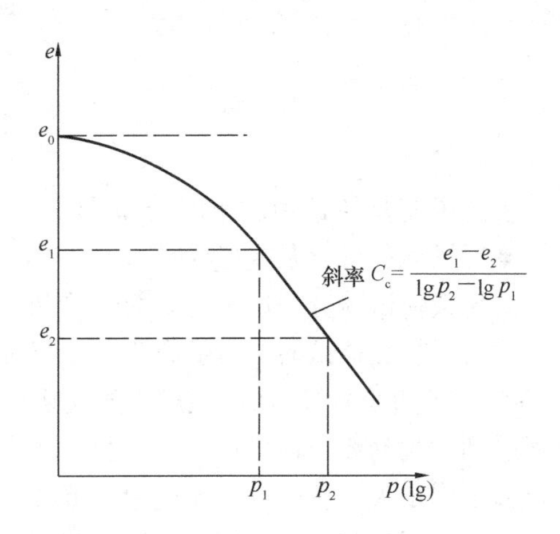


图 4－2　$e$-lg$p$ 曲线

土的压缩曲线愈陡，说明随着压力的增加，土孔隙比的减小愈显著，因而土的压缩性愈高。

（3）土的压缩系数和压缩指数

土的压缩系数 $a$（$MPa^{-1}$）和压缩指数 $C_c$ 可按下式计算：

$$a = \frac{e_1 - e_2}{p_2 - p_1} \tag{4-1}$$

$$C_c = \frac{e_1 - e_2}{\lg p_2 - \lg p_1} = \frac{e_1 - e_2}{\lg \frac{p_2}{p_1}} \tag{4-2}$$

式中 $p_1$——一般取地基计算深度处土的自重应力 $\sigma_c$；

$p_2$——地基计算深度处的总应力，即自重应力 $\sigma_c$ 与附加应力 $\sigma_z$ 之和；

$e_1$、$e_2$——分别为 $e$-$p$ 曲线（或 $e$-$\lg p$ 曲线）上相应于 $p_1$、$p_2$ 的孔隙比。

压缩系数（或压缩指数）越大，土的压缩性越高。

《建筑地基基础设计规范》GB 50007—2011 采用压缩系数 $a_{1\text{-}2}$ 来评价土的压缩性：

当 $a_{1\text{-}2} < 0.1MPa^{-1}$ 时，为低压缩性土

$0.1 \leqslant a_{1\text{-}2} < 0.5MPa^{-1}$ 时，为中压缩性土

$a_{1\text{-}2} \geqslant 0.5MPa^{-1}$ 时，为高压缩性土

$a_{1\text{-}2}$（单位采用 $MPa^{-1}$）可按下式计算：

$$a_{1\text{-}2} = \frac{e_1 - e_2}{p_2 - p_1} = \frac{e_1 - e_2}{200 - 100} \times 1000 = \frac{e_1 - e_2}{0.2 - 0.1} \tag{4-3}$$

式中 $e_1$、$e_2$——分别为 $e$-$p$ 曲线上相应于 $p_1 = 100kPa$、$p_2 = 200kPa$ 的孔隙比。

（4）土的压缩模量和体积压缩系数

土的压缩模量 $E_s$（MPa）的定义是：土体在侧限条件下竖向附加应力与竖向应变的比值。计算公式如下：

$$E_s = \frac{1 + e_1}{a} \tag{4-4}$$

体积压缩系数 $m_v$ 的表达式为：

$$m_v = \frac{1}{E_s} = \frac{a}{1 + e_1} \tag{4-5}$$

土的压缩模量 $E_s$ 值越小（或 $m_v$ 越大），土的压缩性越高。

◆现场载荷试验及变形模量

现场载荷试验分浅层平板载荷试验和深层平板载荷试验。

浅层平板载荷试验一般适合于在浅层进行。其优点是压力的影响深度可达（1.5 ~ 2）$b$（$b$ 为压板边长），因而试验成果能反映较大一部分土体的压缩性；比钻孔取样在室内测试所受到的扰动要小得多；土中应力状态在承压板较大时与实际地基情况比较接近。缺点是试验工作量大、费时久，所规定的沉降稳定标准带有较大的近似性。

深层平板载荷试验可用于测试地基深部土层及大直径桩桩端土层。

根据载荷试验的观测数据，可绘制荷载 $p$ 与稳定沉降 $s$ 的关系曲线，即 $p$-$s$ 曲线，必要时还可绘制各级荷载下的沉降与时间的关系曲线，即 $s$-$t$ 曲线。

由于 $p\text{-}s$ 曲线的开始部分往往接近于直线，因而可以利用地基沉降的弹性力学公式来反求地基土的变形模量，其计算公式如下：

$$E_0 = \omega(1-\mu^2)bp_1/s_1 \tag{4-6}$$

式中 $E_0$——土的变形模量，是指土体在侧向自由变形条件下竖向压应力与竖向总应变的比值；

$\omega$——沉降影响系数，对刚性方形压板 $\omega=0.88$；对刚性圆形压板 $\omega=0.79$；

$\mu$——土的泊松比；

$b$——承压板的边长或直径；

$p_1$——所取定的比例界限荷载；

$s_1$——与 $p_1$ 相对应的沉降。

变形模量 $E_0$ 能比较综合地反映土体在天然状态下的压缩性。

◆变形模量与压缩模量的关系

变形模量 $E_0$ 与压缩模量 $E_s$ 的理论关系如下：

$$E_0 = \beta E_s = \left(1-\frac{2\mu^2}{1-\mu}\right)E_s \tag{4-7}$$

式（4-7）仅仅是 $E_0$ 与 $E_s$ 之间的理论关系。由于各种无法考虑到的因素，$E_0$ 值可能是 $\beta E_s$ 值的几倍，一般说来，土愈坚硬则倍数愈大，而软土的 $E_0$ 值与 $\beta E_s$ 值比较接近。

**3. 土的单向固结理论**

◆饱和土的渗透固结

饱和土的固结包括渗透固结（主固结）和次固结两部分。前者由土孔隙中自由水的排出速度所决定，后者由土骨架的蠕变速度所决定。

饱和土在附加压力作用下，孔隙中的一部分自由水将随时间而逐渐被挤出，同时孔隙体积也随着缩小，这个过程称为饱和土的渗透固结。

根据饱和土的有效应力原理，在饱和土的固结过程中任一时间 $t$，有效应力 $\sigma'$ 与孔隙水压力 $u$ 之和总是等于作用在土中的附加应力 $\sigma_z$，即

$$\sigma' + u = \sigma_z \tag{4-8}$$

由式（4-8）可知，在加压的那一瞬间，由于孔隙水还来不及排出，所以 $u=\sigma_z$，$\sigma'=0$；随着时间的延长，土中孔隙水压力不断消散，有效应力相应增长；当土体固结变形完全稳定时，孔隙水压力完全消散并全部转化成有效应力，即 $u=0$，$\sigma'=\sigma_z$。可以说，饱和土的固结就是孔隙水压力的消散和有效应力相应增长的过程。

◆太沙基一维固结理论

（1）基本假设

1）土是均质、各向同性和完全饱和的；

2）土粒和土中水都是不可压缩的；

3）土中附加应力沿水平面是无限均匀分布的，因此土层的压缩和渗流都是竖向的；

4）土中水的渗流服从于达西定律；

5）在渗透固结中，土的渗透系数 $k$ 和压缩系数 $a$ 都是不变的常数；

6）外荷是一次骤然施加的，在固结过程中保持不变；

7）土体变形完全是孔隙水压力消散引起的。

（2）一维固结微分方程

饱和土的一维固结微分方程为：

$$C_v \frac{\partial^2 u}{\partial z^2} = \frac{\partial u}{\partial t} \tag{4-9}$$

$$C_v = \frac{k(1+e_1)}{a\gamma_w} \tag{4-10}$$

式中 $C_v$——土的竖向固结系数；

$u$——经过时间 $t$ 时深度 $z$ 处的孔隙水压力值；

$k$——渗透系数；

$e_1$——渗透固结前初始孔隙比；

$a$——压缩系数；

$\gamma_w$——水的重度。

（3）微分方程的解析解

初始条件和边界条件如下：

当 $t=0$ 和 $0\leqslant z\leqslant H$ 时，$u=\sigma_z$；

$0<t<\infty$ 和　　$z=0$ 时，$u=0$；

$0<t<\infty$ 和　　$z=H$ 时，$\partial u/\partial z=0$；

$t=\infty$ 和 $0\leqslant z\leqslant H$ 时，$u=0$。

式（4-9）的特解为：

$$u_{z,t} = \frac{4}{\pi}\sigma_z \sum_{m=1}^{m=\infty} \frac{1}{m}\sin\frac{m\pi z}{2H}\exp\left(-\frac{m^2\pi^2}{4}T_v\right) \tag{4-11}$$

$$T_v = C_v t/H^2 \tag{4-12}$$

式中 $m$——正奇数（1、3、5…）；

exp——指数函数；

$H$——压缩土层最远的排水距离，当土层为单面（上面或下面）排水时，$H$ 取土层厚度；双面排水时，由土层中心分别向上下两方向排水，$H$ 应取土层厚度之半；

$T_v$——竖向固结时间因数，按式（4-12）计算；

$C_v$——竖向固结系数；

$t$——固结历时。

◆影响土体固结时间的主要因素

1）渗透系数 $k$，$k$ 越大，孔隙水压力消散越快，土体固结越快；

2）排水方式（单面或双面排水），由式（4-12）可知，当土层厚度相同且起始孔隙水压力分布图为矩形时，要达到相同的固结度，单面排水所需的时间是双面排水的 4 倍；

3）土层厚度，土体固结时间与土层厚度的平方成正比（单面排水时）。

## 二、例题精解

【例 4-1】 从一黏土层中取样做固结试验，试验成果列于表 4-1 中。试计算该黏土的压缩系数 $a_{1-2}$及相应的压缩模量 $E_{s,1-2}$，并评价其压缩性。

黏土固结试验成果　　表 4-1

| $p$（kPa） | 0 | 50 | 100 | 200 | 400 |
|---|---|---|---|---|---|
| $e$ | 0.852 | 0.731 | 0.690 | 0.631 | 0.620 |

【解】 由 $p_1=100\text{kPa}$、$p_2=200\text{kPa}$ 查表 4-1，得 $e_1=0.690$，$e_2=0.631$，代入式（4-3），得

$$a_{1\text{-}2}=\frac{e_1-e_2}{p_2-p_1}=\frac{0.690-0.631}{0.2-0.1}=0.59\text{MPa}^{-1}$$

$$E_{s,1\text{-}2}=\frac{1+e_1}{a_{1\text{-}2}}=\frac{1+0.690}{0.59}=2.86\text{MPa}$$

因为 $a_{1-2}=0.59>0.5\text{MPa}^{-1}$，故该土属高压缩性土。

【例 4-2】 在上例中，设黏土层所受的平均自重应力和附加应力分别为 36kPa 和 144kPa，试根据表 4-1 的资料计算压缩系数 $a$ 和压缩模量 $E_s$。

【解】 由 $p_1=\sigma_c=36\text{kPa}$ 查表 4-1，得

$$e_1=0.852+\frac{36-0}{50-0}(0.731-0.852)=0.765$$

由 $p_2=\sigma_c+\sigma_z=36+144=180\text{kPa}$ 查表 4-1，得

$$e_2=0.690+\frac{180-100}{200-100}(0.631-0.690)=0.643$$

代入式（4-1）、式（4-4），得

$$a=\frac{e_1-e_2}{p_2-p_1}=\frac{0.765-0.643}{180-36}\times1000=0.847\text{MPa}^{-1}$$

$$E_s=\frac{1+e_1}{a}=\frac{1+0.765}{0.847}=2.08\text{MPa}$$

【例 4-3】 在一黏土层上进行载荷试验，从绘制的 $p$-$s$ 曲线上得到比例界限荷载 $p_1$ 及相应的沉降值 $s_1$ 为：$p_1=180\text{kPa}$，$s_1=20\text{mm}$。已知刚性圆形压板的直径为 0.6m，土的泊松比 $\mu=0.3$，试确定地基土的变形模量 $E_0$。

【解】 根据公式（4-6），得

$$E_0=\frac{\omega(1-\mu^2)bp_1}{s_1}=\frac{0.79\times(1-0.3^2)\times0.6\times0.18}{0.02}=3.88\text{MPa}$$

【例 4-4】 某黏土土样高 20mm，其室内压缩试验结果如表 4-2 所示，试验时土样上下两面排水。

（1）试求压缩系数 $a_{1\text{-}2}$ 及相应的压缩模量并评定其压缩性。

（2）试求土样在原有压力强度 $p_1=100\text{kPa}$ 的基础上增加压力强度 $\Delta p=150\text{kPa}$，土样的垂直变形。

（3）若试验时，土样仅从上面排水，下面不排水，试问对上述变形计算有何影响？

**某土样室内压缩试验结果** **表 4-2**

| 压力强度 $p$（kPa） | 0 | 50 | 100 | 200 | 300 | 400 |
|---|---|---|---|---|---|---|
| 孔隙比 $e$ | 1.310 | 1.171 | 1.062 | 0.951 | 0.892 | 0.850 |

**【解】**（1）
$$a_{1\text{-}2}=\frac{e_1-e_2}{p_2-p_1}=\frac{1.062-0.951}{0.2-0.1}=1.11\text{MPa}^{-1}$$

$$E_{s,1\text{-}2}=\frac{1+e_1}{a_{1\text{-}2}}=\frac{1+1.062}{1.11}=1.86\text{MPa}$$

因为 $a_{1\text{-}2}=1.11>0.5\text{MPa}^{-1}$，故该土属高压缩性土。

（2）因为试验过程中土样横截面积不变，即 $\frac{1+e_0}{h_0}=\frac{1+e_1}{h_1}$，故有

$$h_1=\frac{1+e_1}{1+e_0}h_0=\frac{1+1.062}{1+1.310}\times 20=17.85\text{mm}$$

与压力 $p_2=p_1+\Delta p=100+150=250\text{kPa}$ 对应的孔隙比为：

$$e_2=\frac{1}{2}\times(0.951+0.892)=0.922$$

又由 $\frac{\Delta h}{h_1}=\frac{e_1-e_2}{1+e_1}$，得

$$\Delta h=\frac{e_1-e_2}{1+e_1}h_1=\frac{1.062-0.922}{1+1.062}\times 17.85=1.21\text{mm}$$

（3）没有影响。因为排水条件只影响固结时间，而对固结变形量没有影响。

**【例 4-5】** 一饱和黏性土样的原始高度为 20mm，试样面积为 $3\times10^3\text{mm}^2$，在固结仪中做压缩试验。土样与环刀的总重为 $175.6\times10^{-2}\text{N}$，环刀重 $58.6\times10^{-2}\text{N}$。当压力由 $p_1=100\text{kPa}$ 增加到 $p_2=200\text{kPa}$ 时，土样变形稳定后的高度相应地由 19.31mm 减小为 18.76mm。试验结束后烘干土样，称得干土重为 $94.8\times10^{-2}\text{N}$。试计算及回答：

（1）与 $p_1$ 及 $p_2$ 相对应的孔隙比 $e_1$ 及 $e_2$；

（2）该土的压缩系数 $a_{1-2}$；

（3）评价该土的压缩性。

**【解】**（1）试验前土样重量：$(175.6-58.6)\times10^{-2}=117\times10^{-2}\text{N}$

土的干重度和含水量：

$$\gamma_d=\frac{94.8\times10^{-2}\times10^{-3}}{3\times10^3\times20\times10^{-9}}=15.8\text{kN/m}^3$$

$$w=\frac{(117-94.8)\times10^{-2}}{94.8\times10^{-2}}=23.4\%$$

压缩试验通常采用饱和试样，故饱和度 $S_r=1$。由

$$S_r e = w d_s$$

及
$$\gamma_d = \frac{d_s \gamma_w}{1+e}$$

得初始孔隙比
$$e_0 = \frac{\gamma_d}{\frac{\gamma_w S_r}{w} - \gamma_w} = \frac{15.8}{\frac{10 \times 1}{0.234} - 15.8} = 0.587$$

由 $\frac{1+e_0}{h_0} = \frac{1+e_1}{h_1}$ 可得与压力 $p_1$ 对应的孔隙比 $e_1$ 为：

$$e_1 = \frac{h_1}{h_0}(1+e_0) - 1 = \frac{19.31}{20} \times (1+0.587) - 1 = 0.532$$

同理，与压力 $p_2$ 对应的孔隙比 $e_2$ 为：

$$e_2 = \frac{h_2}{h_0}(1+e_0) - 1 = \frac{18.76}{20} \times (1+0.587) - 1 = 0.489$$

（2）
$$a_{1-2} = \frac{e_1 - e_2}{p_2 - p_1} = \frac{0.532 - 0.489}{0.2 - 0.1} = 0.43\text{MPa}^{-1}$$

（3）因为 $0.1 < a_{1-2} = 0.43 < 0.5\text{MPa}^{-1}$，故该土属中压缩性土。

## 三、习题

### 1. 选择题

4-1　评价地基土压缩性高低的指标是（　　）。

A. 压缩系数　　B. 固结系数

C. 沉降影响系数　　D. 渗透系数

4-2　若土的压缩曲线（$e$-$p$ 曲线）较陡，则表明（　　）。

A. 土的压缩性较大　　B. 土的压缩性较小

C. 土的密实度较大　　D. 土的孔隙比较小

4-3　固结试验的排水条件为（　　）。

A. 单面排水　　B. 双面排水

C. 不排水　　D. 先固结，后不排水

4-4　在饱和土的排水固结过程中，若外荷载不变，则随着土中有效应力 $\sigma'$ 的增加，（　　）。

A. 孔隙水压力 $u$ 相应增加

B. 孔隙水压力 $u$ 相应减少

C. 总应力 $\sigma$ 相应增加

D. 总应力 $\sigma$ 相应减少

4-5　无黏性土无论是否饱和，其变形达到稳定所需的时间都比透水性小的饱和黏性土（　　）。

A. 长得多　　B. 短得多

C. 差不多　　D. 有时更长，有时更短

4-6　在饱和土的排水固结过程中，通常孔隙水压力 $u$ 与有效应力 $\sigma'$将发生如下的变化：（　　）。

A. $u$ 不断减小，$\sigma'$不断增加

B. $u$ 不断增加，$\sigma'$不断减小

C. $u$ 与 $\sigma'$均不断减小

D. $u$ 与 $\sigma'$均不断增加

4-7　土体产生压缩时，（　　）。

A. 土中孔隙体积减小，土粒体积不变

B. 孔隙体积和土粒体积均明显减小

C. 土粒和水的压缩量均较大

D. 孔隙体积不变

4-8　土的变形模量可通过（　　）试验来测定。

A. 压缩　　B. 载荷

C. 渗透　　D. 剪切

4-9　土的 $e$-$p$ 曲线愈平缓，说明（　　）。

A. 压缩模量愈小　　B. 压缩系数愈大

C. 土的压缩性愈低　　D. 土的变形愈大

4-10　若土的压缩系数 $a_{1-2}=0.1\text{MPa}^{-1}$，则该土属于（　　）。

A. 低压缩性土　　B. 中压缩性土

C. 高压缩性土　　D. 低灵敏土

4-11　已知土中某点的总应力 $\sigma=100\text{kPa}$，孔隙水压力 $u=-20\text{kPa}$，则有效应力 $\sigma'$等于（　　）。

A. 20kPa　　B. 80kPa

C. 100kPa　　D. 120kPa

4-12　下列说法中，错误的是（　　）。

A. 土在压力作用下体积会缩小

B. 土的压缩主要是土中孔隙体积的减小

C. 土的压缩所需时间与土的透水性有关

D. 土的固结压缩量与土的透水性有关

4-13　土的压缩性指标包括（　　）。

A. $a$，$C_c$，$E_s$，$E_0$　　B. $a$，$C_c$，$E_s$，$e$

C. $a$，$C_c$，$E_0$，$e$　　D. $a$，$E_s$，$E_0$，$S_t$

4-14　土的压缩模量越大，表示（　　）。

A. 土的压缩性越高　　B. 土的压缩性越低

C. $e$-$p$ 曲线越陡　　D. $e$-$\lg p$ 曲线越陡

4-15　下列说法中，错误的是（　　）。

A. 压缩试验的排水条件为双面排水

B. 压缩试验不允许土样产生侧向变形

C. 载荷试验允许土体排水

D. 载荷试验不允许土体产生侧向变形

4-16 在压缩曲线中，压力 $p$ 为（　　）。

A. 自重应力　　B. 有效应力

C. 总应力　　D. 孔隙水压力

4-17 使土体体积减小的主要因素是（　　）。

A. 土中孔隙体积的减小　　B. 土粒的压缩

C. 土中密闭气体的压缩　　D. 土中水的压缩

4-18 土的一维固结微分方程表示了（　　）。

A. 土的压缩性大小与固结快慢

B. 固结度与时间和深度的关系

C. 孔隙水压力与时间和深度的关系

D. 孔隙水压力与时间的关系

4-19 土的压缩变形主要是由于土中哪一部分应力引起的?（　　）

A. 总应力　　B. 有效应力

C. 孔隙应力

4-20 所谓土的固结，主要是指（　　）。

A. 总应力引起超孔隙水压力增长的过程

B. 超孔隙水压力消散，有效应力增长的过程

C. 总应力不断增加的过程

D. 总应力和有效应力不断增加的过程

4-21 在时间因数表达式 $T_v = C_v t/H^2$ 中，$H$ 表示的意思是（　　）。

A. 最大排水距离　　B. 土层的厚度

C. 土层厚度的一半　　D. 土层厚度的 2 倍

**2. 判断改错题**

4-22 在室内压缩试验过程中，土样在产生竖向压缩的同时也将产生侧向膨胀。

4-23 当起始孔隙水压力分布图为矩形时，饱和黏土层在单面排水条件下的固结时间为双面排水时的 2 倍。

4-24 土的压缩性指标可通过现场原位试验获得。

4-25 土的压缩性指标只能通过室内压缩试验求得。

4-26 在饱和土的排水固结过程中，孔隙水压力消散的速率与有效应力增长的速率应该是相同的。

4-27 饱和黏性土地基在外荷载作用下所产生的起始孔隙水压力的分布图与附加应力的分布图是相同的。

4-28 $e-p$ 曲线中的压力 $p$ 是有效应力。

4-29 $a_{1-2} \geqslant 1.0\mathrm{MPa}^{-1}$ 的土属超高压缩性土。

4-30 土体的固结时间与其透水性无关。

4-31 在饱和土的固结过程中，孔隙水压力不断消散，总应力和有效应力不断增长。

4-32 孔隙水压力在其数值较大时会使土粒水平移动，从而引起土体体积缩小。

4-33 随着土中有效应力的增加，土粒彼此进一步挤紧，土体产生压缩变形，土体强

度随之提高。

**3. 计算题**

4-34　某工程钻孔 3 号土样 3-1 粉质黏土和 3-2 淤泥质黏土的压缩试验数据列于表 4-3，试计算压缩系数 $a_{1\text{-}2}$ 并评价其压缩性。

**压缩试验数据**　　**表 4-3**

| 垂直压力（kPa） | | 0 | 50 | 100 | 200 | 300 | 400 |
|---|---|---|---|---|---|---|---|
| 孔隙比 | 土样 3-1 | 0.866 | 0.799 | 0.770 | 0.736 | 0.721 | 0.714 |
| | 土样 3-2 | 1.085 | 0.960 | 0.890 | 0.803 | 0.748 | 0.707 |

4-35　对一黏性土试样进行侧限压缩试验，测得当 $p_1 = 100\text{kPa}$ 和 $p_2 = 200\text{kPa}$ 时土样相应的孔隙比分别为 $e_1 = 0.932$ 和 $e_2 = 0.885$，试计算 $a_{1\text{-}2}$ 和 $E_{s,1\text{-}2}$，并评价该土的压缩性。

4-36　在粉质黏土层上进行载荷试验，从绘制的 $p$-$s$ 曲线上得到比例界限荷载 $p_1$ 及相应的沉降值 $s_1$ 为：$p_1 = 150\text{kPa}$，$s_1 = 16\text{mm}$。已知刚性方形压板的边长为 0.5m，土的泊松比 $\mu = 0.25$，试确定地基土的变形模量 $E_0$。

## 四、习题参考答案

4-1　A　　4-2　A　　4-3　B　　4-4　B　　4-5　B　　4-6　A　　4-7　A

4-8　B　　4-9　C　　4-10　B　　4-11　D　　4-12　D　　4-13　A　　4-14　B

4-15　D　　4-16　B　　4-17　A　　4-18　C　　4-19　B　　4-20　B　　4-21　A

4-22　×，由于是完全侧限条件，故不会产生侧向膨胀。

4-23　×，应为 4 倍。

4-24　✓，一般可由现场载荷试验获得变形模量 $E_0$。

4-25　×，变形模量 $E_0$ 可由现场载荷试验求得。

4-26　✓

4-27　✓，由 $\sigma_z = \sigma' + u$ 可知，当时间 $t = 0$ 时，$\sigma' = 0$，$u = \sigma_z$，即二者的分布图是相同的。

4-28　✓，因为压缩试验是固结试验，在各级压力 $p$ 作用下土样均需完全固结。

4-29　×，规范无此分类，应为高压缩性土。

4-30　×，透水性越小的土，固结时间越长。

4-31　×，在外荷载不变的情况下，土中总应力是不变的。

4-32　×，孔隙水压力无论其数值大小均不能使土粒产生移动，故不会使土体体积缩小。

4-33　✓

4-34　土样 3-1：

$$a_{1\text{-}2} = \frac{e_1 - e_2}{p_2 - p_1} = \frac{0.770 - 0.736}{0.2 - 0.1} = 0.34\text{MPa}^{-1}$$

因为 $0.1 < a_{1\text{-}2} = 0.34 < 0.5\text{MPa}^{-1}$，故该土属中压缩性土。

土样 3-2：

$$a_{1\text{-}2}=\frac{e_1-e_2}{p_2-p_1}=\frac{0.890-0.803}{0.2-0.1}=0.87\text{MPa}^{-1}$$

因为 $a_{1\text{-}2}=0.87>0.5\text{MPa}^{-1}$，故该土属高压缩性土。

4-35
$$a_{1\text{-}2}=\frac{e_1-e_2}{p_2-p_1}=\frac{0.932-0.885}{0.2-0.1}=0.47\text{MPa}^{-1}$$

$$E_{s,1\text{-}2}=\frac{1+e_1}{a_{1\text{-}2}}=\frac{1+0.932}{0.47}=4.11\text{MPa}$$

该土属中压缩性土。

4-36 $$E_0=\frac{\omega(1-\mu^2)bp_1}{s_1}=\frac{0.88\times(1-0.25^2)\times0.5\times0.15}{0.016}=3.87\text{MPa}$$

# 第5章 地 基 沉 降

## 一、学习要点

### 1. 计算地基最终沉降量的分层总和法

◆地基（基础）最终沉降量是指地基在建筑物荷载作用下，地基表面的最终稳定沉降量。对偏心荷载作用下的基础，则以基底中心沉降作为其平均沉降。

◆计算时通常假定地基土压缩时不发生侧向变形，即采用侧限条件下的压缩性指标，并取基底中心点下的附加应力值进行计算。

◆分层总和法计算步骤如下：

1）按分层厚度 $h_i \leqslant 0.4b$（$b$ 为基础宽度）或 1～2m 将基础下的土层分成若干薄层，成层土的层面和地下水面是当然的分层面。

2）计算基底中心点下各分层界面处的自重应力 $\sigma_c$ 和附加应力 $\sigma_z$。当有相邻荷载影响时，$\sigma_z$ 应包含此影响。

3）确定地基沉降计算深度。在该深度处应符合 $\sigma_z \leqslant 0.2\sigma_c$，若其下方还存在高压缩性土，则要求 $\sigma_z \leqslant 0.1\sigma_c$。

4）计算各分层的自重应力平均值 $p_{1i} = \dfrac{\sigma_{ci} + \sigma_{c(i-1)}}{2}$ 和附加应力平均值 $\Delta p_i = \dfrac{\sigma_{zi} + \sigma_{z(i-1)}}{2}$，且取 $p_{2i} = p_{1i} + \Delta p_i$。

5）从相应土层的 $e$-$p$ 曲线上查得与 $p_{1i}$、$p_{2i}$ 相对应的孔隙比 $e_{1i}$、$e_{2i}$。

6）计算各分层土在侧限条件下的压缩量。计算公式为：

$$\Delta s_i = \frac{e_{1i} - e_{2i}}{1 + e_{1i}} H_i \tag{5-1}$$

或

$$\Delta s_i = \frac{a_i \Delta p_i}{1 + e_{1i}} H_i \tag{5-2}$$

或

$$\Delta s_i = \frac{\Delta p_i}{E_{si}} H_i \tag{5-3}$$

式中 $H_i$、$a_i$、$E_{si}$——分别为第 $i$ 分层土的厚度、压缩系数和压缩模量。

7）计算地基的最终沉降量

$$s = \sum_{i=1}^{n} \Delta s_i \tag{5-4}$$

式中 $n$——地基沉降计算深度范围内所划分的土层数。

### 2. 计算地基最终沉降量的规范公式（应力面积法）

◆《建筑地基基础设计规范》GB 50007—2011 所推荐的地基最终沉降量计算方法是另一种形式的分层总和法，它与前述的分层总和法的不同之处主要有以下几点：

1）分层的标准不同，规范公式可按天然土层分层，使计算工作得以简化；

2）确定地基沉降计算深度 $z_n$ 的标准不同；

3）各分层土沉降量的计算公式在形式上不同，规范公式采用了平均附加应力面积的概念，二者在本质上是相同的；

4）按规范公式计算出的地基沉降值，还应乘上一个沉降计算经验系数，以便与沉降实测值更为接近。

◆计算步骤如下：

1）按天然土层分层，地下水位面亦按分层面处理。

2）计算各分层中心点处的自重应力 $\sigma_{ci}$ 和附加应力 $\sigma_{zi}$。

3）以各分层中心点处的应力作为该分层的平均应力，即取 $p_{1i}=\sigma_{ci}$，$p_{2i}=\sigma_{ci}+\sigma_{zi}$，并从相应土层的 $e$-$p$ 曲线上查得与 $p_{1i}$、$p_{2i}$ 相对应的孔隙比 $e_{1i}$、$e_{2i}$。

4）计算各分层土的压缩模量

$$E_{si}=\frac{\Delta p_i}{e_{1i}-e_{2i}}(1+e_{1i})=\frac{\sigma_{zi}}{e_{1i}-e_{2i}}(1+e_{1i}) \tag{5-5}$$

5）按角点法查表5-1确定平均附加应力系数 $\overline{\alpha}_i$。

6）计算各分层土的压缩量 $\Delta s'_i$：

$$\Delta s'_i=\frac{p_0}{E_{si}}(z_i\overline{\alpha}_i-z_{i-1}\overline{\alpha}_{i-1}) \tag{5-6}$$

7）计算修正前的地基总沉降量 $s'$：

$$s'=\sum_{i=1}^{n}\Delta s'_i \tag{5-7}$$

8）确定沉降计算深度 $z_n$，要求：

$$\Delta s'_n\leqslant 0.025s' \tag{5-8}$$

式中，$\Delta s'_n$ 为由计算深度处向上取厚度为 $\Delta z$（见表5-2）的土层的计算压缩量。当无相邻荷载影响时，$z_n$ 可按下列简化公式计算：

$$z_n=b(2.5-0.4\ln b) \tag{5-9}$$

式中　$b$——基础宽度。

在沉降计算深度范围内存在基岩时，$z_n$ 可取至基岩表面；当存在较厚的坚硬黏性土层，其孔隙比小于0.5、压缩模量大于50MPa，或存在较厚的密实砂卵石层，其压缩模量大于80MPa时，$z_n$ 可取至该层土表面。

9）查表确定沉降计算经验系数 $\psi_s$（见表5-3），按下式计算地基最终沉降量：

$$s=\psi_s s'=\psi_s\sum_{i=1}^{n}\frac{p_0}{E_{si}}(z_i\overline{\alpha}_i-z_{i-1}\overline{\alpha}_{i-1}) \tag{5-10}$$

$$\overline{E}_s=A_n/s'=p_0 z_n\overline{\alpha}_n/s' \tag{5-11}$$

式中　$s$——地基最终沉降量；

$s'$——按分层总和法计算的地基沉降量；

$\psi_s$——沉降计算经验系数，根据地区沉降观测资料及经验确定，也可采用表5-3中的数值（表中 $f_{ak}$ 为地基承载力特征值），表中 $\overline{E}_s$ 为沉降计算深度范围内压缩模量的当量值，应按式（5-11）计算；

$n$——地基沉降计算深度范围内所划分的土层数，一般可按天然土层分层，地下水位面应是分层面；

$p_0$——基底平均附加压力；

$E_{si}$——基础底面下第 $i$ 层土的压缩模量，按实际应力段范围取值；

$z_i$、$z_{i-1}$——基础底面至第 $i$ 层土、第 $i$-1 层土底面的距离；

$\overline{\alpha}_i$、$\overline{\alpha}_{i-1}$、$\overline{\alpha}_n$——基础底面计算点至第 $i$ 层土、第 $i$-1 层土和第 $n$ 层土底面范围内的平均附加应力系数，可按表 5-1 查用；

$A_n$——深度 $z_n$ 范围内的附加应力分布图形面积。

**均布的矩形荷载角点下竖向平均附加应力系数 $\overline{\alpha}$** **表 5-1**

| $z/b$ \ $l/b$ | 1.0 | 1.2 | 1.4 | 1.6 | 1.8 | 2.0 | 2.4 | 2.8 | 3.2 | 3.6 | 4.0 | 5.0 | 10.0 |
|---|---|---|---|---|---|---|---|---|---|---|---|---|---|
| 0.0 | 0.2500 | 0.2500 | 0.2500 | 0.2500 | 0.2500 | 0.2500 | 0.2500 | 0.2500 | 0.2500 | 0.2500 | 0.2500 | 0.2500 | 0.2500 |
| 0.2 | 0.2496 | 0.2497 | 0.2497 | 0.2498 | 0.2498 | 0.2498 | 0.2498 | 0.2498 | 0.2498 | 0.2498 | 0.2498 | 0.2498 | 0.2498 |
| 0.4 | 0.2474 | 0.2479 | 0.2481 | 0.2483 | 0.2483 | 0.2484 | 0.2485 | 0.2485 | 0.2485 | 0.2485 | 0.2485 | 0.2485 | 0.2485 |
| 0.6 | 0.2423 | 0.2437 | 0.2444 | 0.2448 | 0.2451 | 0.2452 | 0.2454 | 0.2455 | 0.2455 | 0.2455 | 0.2455 | 0.2455 | 0.2456 |
| 0.8 | 0.2346 | 0.2372 | 0.2387 | 0.2395 | 0.2400 | 0.2403 | 0.2407 | 0.2408 | 0.2409 | 0.2409 | 0.2410 | 0.2410 | 0.2410 |
| 1.0 | 0.2252 | 0.2291 | 0.2313 | 0.2326 | 0.2335 | 0.2340 | 0.2346 | 0.2349 | 0.2351 | 0.2352 | 0.2352 | 0.2353 | 0.2353 |
| 1.2 | 0.2419 | 0.2199 | 0.2229 | 0.2248 | 0.2260 | 0.2268 | 0.2278 | 0.2282 | 0.2285 | 0.2286 | 0.2287 | 0.2288 | 0.2289 |
| 1.4 | 0.2043 | 0.2102 | 0.2140 | 0.2164 | 0.2180 | 0.2191 | 0.2204 | 0.2211 | 0.2215 | 0.2217 | 0.2218 | 0.2220 | 0.2221 |
| 1.6 | 0.1939 | 0.2006 | 0.2049 | 0.2079 | 0.2099 | 0.2113 | 0.2130 | 0.2138 | 0.2143 | 0.2146 | 0.2148 | 0.2150 | 0.2152 |
| 1.8 | 0.1840 | 0.1912 | 0.1960 | 0.1994 | 0.2018 | 0.2034 | 0.2055 | 0.2066 | 0.2073 | 0.2077 | 0.2079 | 0.2082 | 0.2084 |
| 2.0 | 0.1746 | 0.1822 | 0.1875 | 0.1912 | 0.1938 | 0.1958 | 0.1982 | 0.1996 | 0.2004 | 0.2009 | 0.2012 | 0.2015 | 0.2018 |
| 2.2 | 0.1659 | 0.1737 | 0.1793 | 0.1833 | 0.1862 | 0.1883 | 0.1911 | 0.1927 | 0.1937 | 0.1943 | 0.1947 | 0.1952 | 0.1955 |
| 2.4 | 0.1578 | 0.1657 | 0.1715 | 0.1757 | 0.1789 | 0.1812 | 0.1843 | 0.1862 | 0.1873 | 0.1880 | 0.1885 | 0.1890 | 0.1895 |
| 2.6 | 0.1503 | 0.1583 | 0.1642 | 0.1686 | 0.1719 | 0.1745 | 0.1779 | 0.1799 | 0.1812 | 0.1820 | 0.1825 | 0.1832 | 0.1838 |
| 2.8 | 0.1433 | 0.1514 | 0.1574 | 0.1619 | 0.1654 | 0.1680 | 0.1717 | 0.1739 | 0.1753 | 0.1763 | 0.1769 | 0.1777 | 0.1784 |
| 3.0 | 0.1369 | 0.1449 | 0.1510 | 0.1556 | 0.1592 | 0.1619 | 0.1658 | 0.1682 | 0.1698 | 0.1708 | 0.1715 | 0.1725 | 0.1733 |
| 3.2 | 0.1310 | 0.1390 | 0.1450 | 0.1497 | 0.1533 | 0.1562 | 0.1602 | 0.1628 | 0.1645 | 0.1657 | 0.1664 | 0.1675 | 0.1685 |
| 3.4 | 0.1256 | 0.1334 | 0.1394 | 0.1441 | 0.1478 | 0.1508 | 0.1550 | 0.1577 | 0.1595 | 0.1607 | 0.1616 | 0.1628 | 0.1639 |
| 3.6 | 0.1205 | 0.1282 | 0.1342 | 0.1389 | 0.1427 | 0.1456 | 0.1500 | 0.1528 | 0.1548 | 0.1561 | 0.1570 | 0.1583 | 0.1595 |
| 3.8 | 0.1158 | 0.1234 | 0.1293 | 0.1340 | 0.1378 | 0.1408 | 0.1452 | 0.1482 | 0.1502 | 0.1516 | 0.1526 | 0.1541 | 0.1554 |
| 4.0 | 0.1114 | 0.1189 | 0.1248 | 0.1294 | 0.1332 | 0.1362 | 0.1408 | 0.1438 | 0.1459 | 0.1474 | 0.1485 | 0.1500 | 0.1516 |
| 4.2 | 0.1073 | 0.1147 | 0.1205 | 0.1251 | 0.1289 | 0.1319 | 0.1365 | 0.1396 | 0.1418 | 0.1434 | 0.1445 | 0.1462 | 0.1479 |
| 4.4 | 0.1035 | 0.1107 | 0.1164 | 0.1210 | 0.1248 | 0.1279 | 0.1325 | 0.1357 | 0.1379 | 0.1396 | 0.1407 | 0.1425 | 0.1444 |
| 4.6 | 0.1000 | 0.1070 | 0.1127 | 0.1172 | 0.1209 | 0.1240 | 0.1287 | 0.1319 | 0.1342 | 0.1359 | 0.1371 | 0.1390 | 0.1410 |
| 4.8 | 0.0967 | 0.1036 | 0.1091 | 0.1136 | 0.1173 | 0.1204 | 0.1250 | 0.1283 | 0.1307 | 0.1324 | 0.1337 | 0.1357 | 0.1379 |
| 5.0 | 0.0935 | 0.1003 | 0.1057 | 0.1102 | 0.1139 | 0.1169 | 0.1216 | 0.1249 | 0.1273 | 0.1291 | 0.1304 | 0.1325 | 0.1348 |
| 5.2 | 0.0906 | 0.0972 | 0.1026 | 0.1070 | 0.1106 | 0.1136 | 0.1183 | 0.1217 | 0.1241 | 0.1259 | 0.1273 | 0.1295 | 0.1320 |
| 5.4 | 0.0878 | 0.0943 | 0.0996 | 0.1039 | 0.1075 | 0.1105 | 0.1152 | 0.1186 | 0.1211 | 0.1229 | 0.1243 | 0.1265 | 0.1292 |
| 5.6 | 0.0852 | 0.0916 | 0.0968 | 0.1010 | 0.1046 | 0.1076 | 0.1122 | 0.1156 | 0.1181 | 0.1200 | 0.1215 | 0.1238 | 0.1266 |
| 5.8 | 0.0828 | 0.0890 | 0.0941 | 0.0983 | 0.1018 | 0.1047 | 0.1094 | 0.1128 | 0.1153 | 0.1172 | 0.1187 | 0.1211 | 0.1240 |
| 6.0 | 0.0805 | 0.0866 | 0.0916 | 0.0957 | 0.0991 | 0.1021 | 0.1067 | 0.1101 | 0.1126 | 0.1146 | 0.1161 | 0.1185 | 0.1216 |
| 6.2 | 0.0783 | 0.0842 | 0.0891 | 0.0932 | 0.0966 | 0.0995 | 0.1041 | 0.1075 | 0.1101 | 0.1120 | 0.1136 | 0.1161 | 0.1193 |

续表

| $l/b$ <br> $z/b$ | 1.0 | 1.2 | 1.4 | 1.6 | 1.8 | 2.0 | 2.4 | 2.8 | 3.2 | 3.6 | 4.0 | 5.0 | 10.0 |
|---|---|---|---|---|---|---|---|---|---|---|---|---|---|
| 6.4 | 0.0762 | 0.0820 | 0.0869 | 0.0909 | 0.0942 | 0.0971 | 0.1016 | 0.1050 | 0.1076 | 0.1096 | 0.1111 | 0.1137 | 0.1171 |
| 6.6 | 0.0742 | 0.0799 | 0.0847 | 0.0886 | 0.0919 | 0.0948 | 0.0993 | 0.1027 | 0.1053 | 0.1073 | 0.1088 | 0.1114 | 0.1149 |
| 6.8 | 0.0723 | 0.0779 | 0.0826 | 0.0865 | 0.0898 | 0.0926 | 0.0970 | 0.1004 | 0.1030 | 0.1050 | 0.1066 | 0.1092 | 0.1129 |
| 7.0 | 0.0705 | 0.0761 | 0.0806 | 0.0844 | 0.0877 | 0.0904 | 0.0949 | 0.0982 | 0.1008 | 0.1028 | 0.1044 | 0.1071 | 0.1109 |
| 7.2 | 0.0688 | 0.0742 | 0.0787 | 0.0825 | 0.0857 | 0.0884 | 0.0928 | 0.0962 | 0.0987 | 0.1008 | 0.1023 | 0.1051 | 0.1090 |
| 7.4 | 0.0672 | 0.0725 | 0.0769 | 0.0806 | 0.0838 | 0.0865 | 0.0908 | 0.0942 | 0.0967 | 0.0988 | 0.1004 | 0.1031 | 0.1071 |
| 7.6 | 0.0656 | 0.0709 | 0.0752 | 0.0789 | 0.0820 | 0.0846 | 0.0889 | 0.0922 | 0.0948 | 0.0968 | 0.0984 | 0.1012 | 0.1054 |
| 7.8 | 0.0642 | 0.0693 | 0.0736 | 0.0771 | 0.0802 | 0.0828 | 0.0871 | 0.0904 | 0.0929 | 0.0950 | 0.0966 | 0.0994 | 0.1036 |
| 8.0 | 0.0627 | 0.0678 | 0.0720 | 0.0755 | 0.0785 | 0.0811 | 0.0853 | 0.0886 | 0.0912 | 0.0932 | 0.0948 | 0.0976 | 0.1020 |
| 8.2 | 0.0614 | 0.0663 | 0.0705 | 0.0739 | 0.0769 | 0.0795 | 0.0837 | 0.0869 | 0.0894 | 0.0914 | 0.0931 | 0.0959 | 0.1004 |
| 8.4 | 0.0601 | 0.0649 | 0.0690 | 0.0724 | 0.0754 | 0.0779 | 0.0820 | 0.0852 | 0.0878 | 0.0898 | 0.0914 | 0.0943 | 0.0988 |
| 8.6 | 0.0588 | 0.0636 | 0.0676 | 0.0710 | 0.0739 | 0.0764 | 0.0805 | 0.0836 | 0.0862 | 0.0882 | 0.0898 | 0.0927 | 0.0973 |
| 8.8 | 0.0576 | 0.0623 | 0.0663 | 0.0696 | 0.0724 | 0.0749 | 0.0790 | 0.0821 | 0.0846 | 0.0866 | 0.0882 | 0.0912 | 0.0959 |
| 9.2 | 0.0554 | 0.0599 | 0.0637 | 0.0670 | 0.0697 | 0.0721 | 0.0761 | 0.0792 | 0.0817 | 0.0837 | 0.0853 | 0.0882 | 0.0931 |
| 9.6 | 0.0533 | 0.0577 | 0.0614 | 0.0645 | 0.0672 | 0.0696 | 0.0734 | 0.0765 | 0.0789 | 0.0809 | 0.0825 | 0.0855 | 0.0905 |
| 10.0 | 0.0514 | 0.0556 | 0.0592 | 0.0622 | 0.0649 | 0.0672 | 0.0710 | 0.0739 | 0.0763 | 0.0783 | 0.0799 | 0.0829 | 0.0880 |
| 10.4 | 0.0496 | 0.0537 | 0.0572 | 0.0601 | 0.0627 | 0.0649 | 0.0686 | 0.0716 | 0.0739 | 0.0759 | 0.0775 | 0.0804 | 0.0857 |
| 10.8 | 0.0479 | 0.0519 | 0.0553 | 0.0581 | 0.0606 | 0.0628 | 0.0664 | 0.0693 | 0.0717 | 0.0736 | 0.0751 | 0.0781 | 0.0834 |
| 11.2 | 0.0463 | 0.0502 | 0.0535 | 0.0563 | 0.0587 | 0.0609 | 0.0644 | 0.0672 | 0.0695 | 0.0714 | 0.0730 | 0.0759 | 0.0813 |
| 11.6 | 0.0448 | 0.0486 | 0.0518 | 0.0545 | 0.0569 | 0.0590 | 0.0625 | 0.0652 | 0.0675 | 0.0694 | 0.0709 | 0.0738 | 0.0793 |
| 12.0 | 0.0435 | 0.0471 | 0.0502 | 0.0529 | 0.0552 | 0.0573 | 0.0606 | 0.0634 | 0.0656 | 0.0674 | 0.0690 | 0.0719 | 0.0774 |
| 12.8 | 0.0409 | 0.0444 | 0.0474 | 0.0499 | 0.0521 | 0.0541 | 0.0573 | 0.0599 | 0.0621 | 0.0639 | 0.0654 | 0.0682 | 0.0739 |
| 13.6 | 0.0387 | 0.0420 | 0.0448 | 0.0472 | 0.0493 | 0.0512 | 0.0543 | 0.0568 | 0.0589 | 0.0607 | 0.0621 | 0.0649 | 0.0707 |
| 14.4 | 0.0367 | 0.0398 | 0.0425 | 0.0448 | 0.0468 | 0.0486 | 0.0516 | 0.0540 | 0.0561 | 0.0577 | 0.0592 | 0.0619 | 0.0677 |
| 15.2 | 0.0349 | 0.0379 | 0.0404 | 0.0426 | 0.0446 | 0.0463 | 0.0492 | 0.0515 | 0.0535 | 0.0551 | 0.0565 | 0.0592 | 0.0650 |
| 16.0 | 0.0332 | 0.0361 | 0.0385 | 0.0407 | 0.0425 | 0.0442 | 0.0469 | 0.0492 | 0.0511 | 0.0527 | 0.0540 | 0.0567 | 0.0625 |
| 18.0 | 0.0297 | 0.0323 | 0.0345 | 0.0364 | 0.0381 | 0.0396 | 0.0422 | 0.0442 | 0.0460 | 0.0475 | 0.0487 | 0.0512 | 0.0570 |
| 20.0 | 0.0269 | 0.0292 | 0.0312 | 0.0330 | 0.0345 | 0.0359 | 0.0383 | 0.0402 | 0.0418 | 0.0432 | 0.0444 | 0.0468 | 0.0524 |

**计算厚度 $\Delta z$ 值** **表 5-2**

| $b$（m） | ≤2 | $2<b\leq4$ | $4<b\leq8$ | $b>8$ |
|---|---|---|---|---|
| $\Delta z$（m） | 0.3 | 0.6 | 0.8 | 1.0 |

**沉降计算经验系数 $_s$** **表 5-3**

| $\overline{E}_s$（MPa） <br> 地基附加应力 | 2.5 | 4.0 | 7.0 | 15.0 | 20.0 |
|---|---|---|---|---|---|
| $p_0\geq f_{ak}$ | 1.4 | 1.3 | 1.0 | 0.4 | 0.2 |
| $p_0\leq0.75f_{ak}$ | 1.1 | 1.0 | 0.7 | 0.4 | 0.2 |

### 3. 计算地基最终沉降量的弹性力学公式

◆地基沉降的弹性力学公式的一般形式为：

$$s=\frac{1-\mu^2}{E_0}\omega bp_0 \tag{5-12}$$

式中　$s$——地基最终沉降量；

$\mu$——地基土的泊松比；

$E_0$——地基土的变形模量（或弹性模量 $E$）；

$\omega$——沉降影响系数，按基础的刚度、底面形状及计算点位置而定，由表5-4查得；

$b$——矩形荷载（基础）的宽度或圆形荷载（基础）的直径；

$p_0$——基底附加压力。

**沉降影响系数 $\omega$ 值**　　**表 5-4**

| 计算点位置 \ 荷载面形状 | | 圆形 | 方形 | 矩形（$l/b$） | | | | | | | | | | |
|---|---|---|---|---|---|---|---|---|---|---|---|---|---|---|
| | | | | 1.5 | 2.0 | 3.0 | 4.0 | 5.0 | 6.0 | 7.0 | 8.0 | 9.0 | 10.0 | 100.0 |
| 柔性基础 | $\omega_c$ | 0.64 | 0.56 | 0.68 | 0.77 | 0.89 | 0.98 | 1.05 | 1.11 | 1.16 | 1.20 | 1.24 | 1.27 | 2.00 |
| | $\omega_o$ | 1.00 | 1.12 | 1.36 | 1.53 | 1.78 | 1.96 | 2.10 | 2.22 | 2.32 | 2.40 | 2.48 | 2.54 | 4.01 |
| | $\omega_m$ | 0.85 | 0.95 | 1.15 | 1.30 | 1.52 | 1.70 | 1.83 | 1.96 | 2.04 | 2.12 | 2.19 | 2.25 | 3.70 |
| 刚性基础 | $\omega_r$ | 0.79 | 0.88 | 1.08 | 1.22 | 1.44 | 1.61 | 1.72 | — | — | — | — | 2.12 | 3.40 |

◆当地基土质均匀时，利用弹性力学公式估算基础的最终沉降和倾斜是很简便的，但计算结果往往偏大。这是因为弹性力学公式是按均质的线性变形半空间的假设得到的，而实际上地基常常是非均质的成层土，即使是均质的土层，其变形模量 $E_0$ 一般也是随深度变深而增大。为能反映地基变形的真实情况，变形模量 $E_0$ 最好能从已有建筑物的沉降观测资料，以弹性力学公式反算求得。

◆弹性力学公式还可用来计算短暂荷载（例如风力）作用下地基的沉降和倾斜，此时认为地基土不产生体积变形，式（5-12）中的 $E_0$ 改取弹性模量 $E$，并以土的泊松比 $\mu=0.5$ 代入计算。

**4. 三种特殊情况下的地基沉降计算**

◆在下述三种情况下，地基附加应力 $\sigma_z$ 均随深度呈线性分布，因此，地基的分层一般可按天然土层划分，并以分层中心点的应力作为平均应力，按式（5-1）~式（5-3）之一计算各分层土的压缩量，式中 $\Delta p_i=\sigma_{zi}$。

◆薄压缩层地基

当基础底面以下可压缩土层的厚度 $H$ 小于或等于基底宽度 $b$ 的1/2时，称该地基为薄压缩层地基。此时，可认为基底中心点下的附加应力不扩散，即取 $\sigma_z=p_0$（$p_0$ 为基底附加压力）。

◆地下水位下降

可将因地下水位下降而引起的自重应力增量视为附加应力 $\sigma_z$。在原水位与新水位之间，$\sigma_z$ 呈三角形分布；在新水位以下，$\sigma_z$ 为一常量。在求得各土层的压缩量后，求其总和即为地面的下沉量。

◆大面积地面填土（堆载）

设填土厚度为 $H$，重度为 $\gamma$，则作用于天然地面上的堆土荷载为 $p_0=\gamma H$。在天然地面以下，堆土荷载产生附加应力 $\sigma_z=p_0$；在填土层本身，$\sigma_z$ 呈三角形分布。

**5. 地基沉降发展三分量**

◆饱和黏性土地基的最终沉降量 $s$ 按其变形特征可分成三部分：

$$s = s_d + s_c + s_s \tag{5-13}$$

式中 $s_d$——瞬时沉降（初始沉降、不排水沉降、畸变沉降）；

$s_c$——固结沉降（主固结沉降）；

$s_s$——次固结沉降（次压缩沉降、蠕变沉降）。

◆瞬时沉降 $s_d$

瞬时沉降是指加荷后地基瞬时发生的沉降。对于饱和或接近饱和的黏性土，加荷后短时间内土中水还来不及排出，土的体积还来不及变化，因此，此时土体的变形特征是，由于剪应变所引起的侧向变形造成了地基的瞬时沉降。

瞬时沉降一般采用弹性力学公式［式（5-12）］计算，式中 $E_0$ 取弹性模量 $E$，泊松比 $\mu = 0.5$。

◆固结沉降

固结沉降是指饱和黏性土地基在荷载作用下，随着孔隙水的逐渐挤出，孔隙体积相应减小（土骨架产生变形）所造成的沉降（固结压密过程）。固结沉降速率取决于孔隙水的排出速率，当施荷引起的初始孔隙压力完全消散时，固结过程才终止。固结沉降通常是地基沉降的主要分量。

◆次固结沉降

次固结沉降是指在孔隙水压力已消散、有效应力基本不变之后仍随时间而缓慢增长的沉降。次固结沉降的速率与孔隙水排出的速率无关，而主要取决于土骨架本身的蠕变性质。

**6. 沉积土层的应力历史**

◆先（前）期固结压力

天然土层在历史上所经受过的最大固结压力称为先（前）期固结压力，用符号 $p_c$ 表示。

◆超固结比

先期固结压力 $p_c$ 与现有覆盖土重 $p_1$ 的比值称为超固结比，用符号 OCR 表示。根据超固结比，可将沉积土层分为正常固结土（OCR = 1）、超固结土（OCR > 1）和欠固结土（OCR < 1）。

超固结土常受流水、冰川、人为开挖等的剥蚀作用或堆载预压而形成。与正常固结土相比，超固结土的强度较高、压缩性较低、静止侧压力系数较大（可大于 1）。

欠固结土主要有新近沉积黏性土、人工填土及地下水位下降后原水位以下的黏性土。这类土层在自重作用下还没有完全固结，其沉降还未稳定。

**7. 地基沉降与时间的关系**

◆地基固结度

地基在固结过程中任一时刻的沉降量 $s_{ct}$ 与地基的最终固结沉降 $s_c$ 之比称为地基在时刻 $t$ 的固结度，用符号 $U$ 表示，即：

$$U = \frac{s_{ct}}{s_c} \tag{5-14}$$

地基固结度的实质是反映地基中孔隙水压力 $u$ 的消散程度或有效应力 $\sigma'$ 的增长程度。

在外荷载施加的瞬间，孔隙水压力还来不及消散，$u=\sigma_z$（$\sigma_z$为附加应力），$\sigma'=0$，故 $U=0$；在地基固结过程中，$0<U<1$；当地基固结完成后，$u=0$，$\sigma'=\sigma_z$，$U=1$。

◆地基固结度与时间的关系

对于竖向排水情况，若附加应力或起始孔隙水压力为均匀分布（矩形分布），或土层为双面排水，则地基平均固结度 $U_z$与固结时间 $t$ 的关系式为：

$$U_z = 1 - \frac{8}{\pi^2}\sum_{m=1,3}^{\infty}\frac{1}{m^2}\exp\left(-\frac{m^2\pi^2}{4}T_v\right) \tag{5-15}$$

式中 $T_v$为竖向固结时间因数，$T_v=C_v t/H^2$，其中 $C_v$为竖向固结系数，$H$ 为压缩土层最远的排水距离，当土层为单面（上面或下面）排水时，$H$ 取土层厚度；双面排水时，由土层中心分别向上下两方向排水，$H$ 应取土层厚度之半。

根据式（5-15），可以求出某一固结时间 $t$ 所对应的固结度，进而计算出相应的固结沉降 $s_t$；也可以按照某一固结度（相应的沉降为 $s_t$），推算出所需的时间 $t$。

为便于应用，可将式（5-15）绘制成 $U_z$-$T_v$曲线（图 5-1 中 $\alpha=1$ 的曲线），或简化为如下的近似公式：

1）当固结度 $U_z<0.6$ 时

$$T_v = \frac{\pi}{4}U_z^2 \tag{5-16}$$

或

$$U_z = 1.128\sqrt{T_v} \tag{5-17}$$

2）当固结度 $U_z\geqslant 0.6$ 时

$$U_z = 1 - \frac{8}{\pi^2}\exp\left(-\frac{\pi^2}{4}T_v\right) \tag{5-18}$$

或

$$T_v = -\frac{4}{\pi^2}\ln\left[\frac{\pi^2}{8}(1-U_z)\right] \tag{5-19}$$

对于单面排水的其他情况（图 5-1 中的情况 2 至情况 5），可根据附加应力分布图的情况计算 $\alpha$ 值，再查取图 5-1 中相应的曲线。

在起始孔隙水压力分布及排水条件相同的情况下，两个土质相同（即 $C_v$相同）而厚度不同的土层，在达到相同的固结度时，其时间因数也应相等，即

$$T_v = C_v t_1/H_{21} = C_v t_2/H_{22}$$

$$t_1/t_2 = H_{21}/H_{22} \tag{5-20}$$

式（5-20）表明，土质相同而厚度不同的两层土，当起始孔隙水压力分布和排水条件都相同时，达到同一固结度所需的时间之比等于两土层最大排水距离的平方之比。因而对于同一地基情况，当起始孔隙水压力为矩形分布时，若单面排水改为双面排水，要达到相同的固结度，所需时间仅为原来的 1/4。

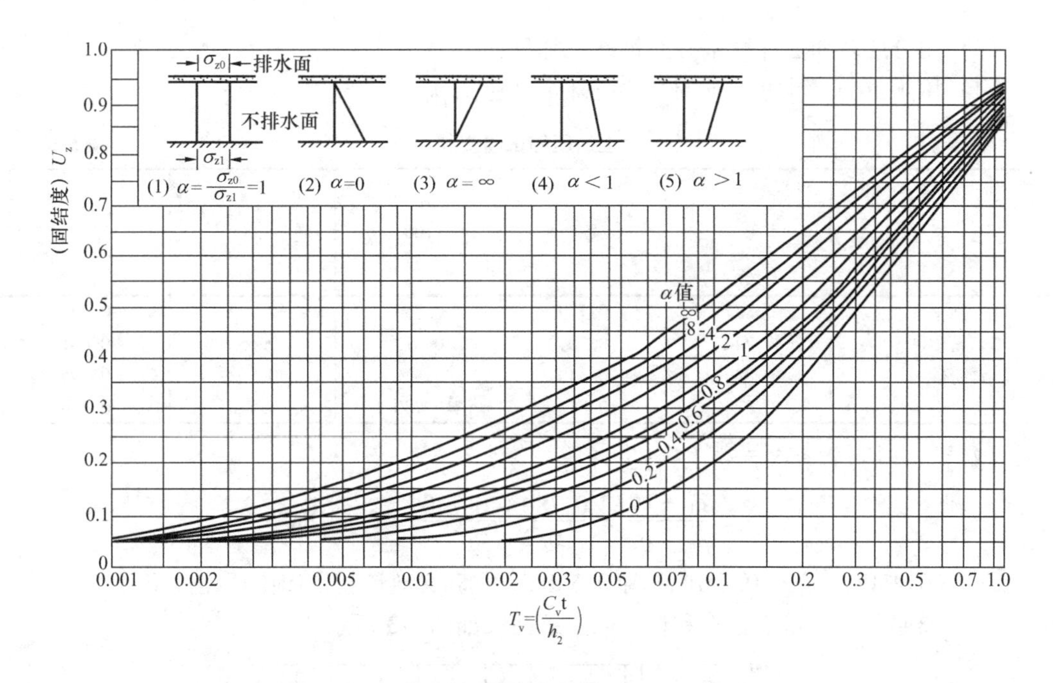


图 5-1　$U_z$-$T_v$ 曲线

## 二、例题精解

**【例 5-1】** 某矩形基础底面尺寸为 4.0m×2.5m，上部结构传到基础表面的竖向荷载 $F=1500$kN。土层厚度、地下水位等如图 5-2 所示，各土层的压缩试验数据见表 5-5。要求：

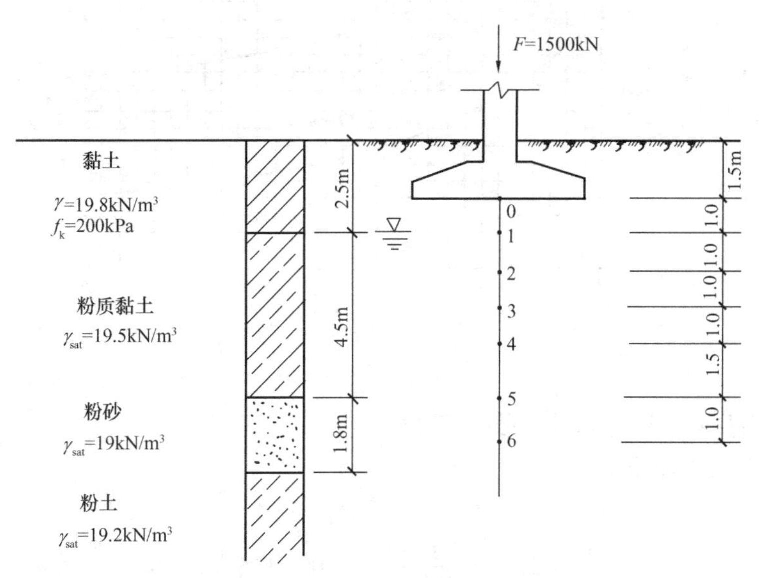


图 5-2

（1）计算粉土的压缩系数 $a_{1\text{-}2}$ 并评定其压缩性；

（2）绘制黏土、粉质黏土和粉砂的压缩曲线；

（3）用分层总和法计算基础的最终沉降量；

（4）用规范公式计算基础的最终沉降量（已知 $p_0 < 0.75f_{ak}$）。

土的压缩试验资料　　表 5-5

| 土层 \ e \ p（kPa） | 0 | 50 | 100 | 200 | 300 |
|---|---|---|---|---|---|
| （1）黏土 | 0.827 | 0.779 | 0.750 | 0.722 | 0.708 |
| （2）粉质黏土 | 0.744 | 0.704 | 0.679 | 0.653 | 0.641 |
| （3）粉砂 | 0.889 | 0.850 | 0.826 | 0.803 | 0.794 |
| （4）粉土 | 0.875 | 0.813 | 0.780 | 0.740 | 0.726 |

**【解】**　（1）查表 5-5 粉土一栏，得：

$$a_{1\text{-}2} = \frac{e_1 - e_2}{p_2 - p_1} = \frac{0.780 - 0.740}{0.2 - 0.1} = 0.4\text{MPa}^{-1}$$

因为 $a_{1\text{-}2} = 0.4\text{MPa}^{-1}$ 介于 $0.1\text{MPa}^{-1}$ 和 $0.5\text{MPa}^{-1}$ 之间，故该粉土属中压缩性土。

（2）绘制黏土、粉质黏土和粉砂的压缩曲线如图 5-3 所示。

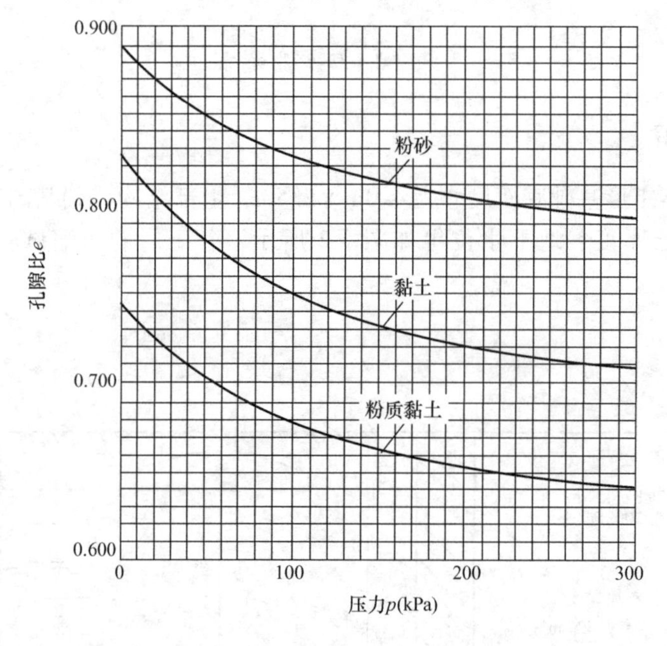


图 5-3

（3）用分层总和法计算基础最终沉降量。

1）计算基底附加压力

基底压力：

$$p = \frac{F}{A} + 20d = \frac{1500}{2.5 \times 4} + 20 \times 1.5 = 180\text{kPa}$$

基底处土的自重应力：

$$\sigma_{cd} = \gamma_m d = 19.8 \times 1.5 = 29.7\text{kPa}$$

基底附加压力：

$$p_0 = p - \sigma_{cd} = 180 - 29.7 = 150.3\text{kPa}$$

2）对地基分层，分层情况见图 5-2 和表 5-6。

3）计算各分层层面处土的自重应力 $\sigma_c$：

0 点 $$\sigma_c = \sigma_{cd} = 29.7\text{kPa}$$

1 点 $$\sigma_c = 29.7 + 19.8 \times 1 = 49.5\text{kPa}$$

2 点 $$\sigma_c = 49.5 + (19.5 - 10) \times 1 = 59.0\text{kPa}$$

其余各点的 $\sigma_c$ 计算结果见表 5-6。

4）计算基底中心点下各分层层面处的附加应力 $\sigma_z$。基底中心点可看成是四个相等的小矩形面积的公共角点，其长宽比 $l/b = 2/1.25 = 1.6$，用角点法得到的 $\sigma_z$ 计算结果列于表 5-6。

5）计算各分层的自重应力平均值 $p_{1i}$ 和附加应力平均值 $\Delta p_i$，以及 $p_{2i} = p_{1i} + \Delta p_i$。例如，对 0-1 分层：$p_{1i} = \dfrac{\sigma_{c(i-1)} + \sigma_{ci}}{2} = \dfrac{29.7 + 49.5}{2} = 39.6\text{kPa}$，$\Delta p_i = \dfrac{\sigma_{z(i-1)} + \sigma_{zi}}{2} = \dfrac{150.3 + 129.1}{2} = 139.7\text{kPa}$，$p_{2i} = p_{1i} + \Delta p_i = 39.6 + 139.7 = 179.3\text{kPa}$。

6）确定地基沉降计算深度 $z_n$。对粉土层，已知其为中压缩性土（见前面的计算），因此，在深度 $z_n$ 处，要求 $\sigma_z/\sigma_c \leq 0.2$。在 5.5m 深处（点 5），$\sigma_z/\sigma_c = 20.6/92.3 = 0.22 > 0.2$（不行），在 6.5m 深处（点 6），$\sigma_z/\sigma_c = 15.5/101.3 = 0.15 < 0.2$（可以）。

7）确定各分层受压前后的孔隙比 $e_{1i}$ 和 $e_{2i}$。例如，对 0-1 分层，按 $p_{1i} = 39.6\text{kPa}$ 从黏土的压缩曲线上查得 $e_{1i} = 0.787$，按 $p_{2i} = 179.3\text{kPa}$ 查得 $e_{2i} = 0.725$。其余各分层孔隙比的确定结果列于表 5-6。

**用分层总和法计算基础的最终沉降量** **表 5-6**

| 点 | 自基底算起的深度 $z$（m） | 自重应力 $\sigma_c$（kPa） | 角点法求附加应力 $l/b$ | $z/b$ | $\alpha_c$ | $\sigma_z = 4\alpha_c p_0$（kPa） | $\sigma_z/\sigma_c$ | 分层 | 层厚 $h_i$（m） | $\sigma_c$ 平均值 $p_{1i} = \dfrac{\sigma_{c,i-1} + \sigma_{ci}}{2}$（kPa） | $\sigma_z$ 平均值 $\Delta p_i = \dfrac{\sigma_{z,i-1} + \sigma_{zi}}{2}$（kPa） | $p_{2i} = p_{1i} + \Delta p_i$（kPa） | 压缩曲线 | 受压前孔隙比 $e_{1i}$ | 受压后孔隙比 $e_{2i}$ | 压缩量 $\Delta s_i = \dfrac{e_{1i} - e_{2i}}{1 + e_{1i}} h_i$（mm） |
|---|---|---|---|---|---|---|---|---|---|---|---|---|---|---|---|---|
| 0 | 0 | 29.7 | 2/1.25 = 1.6 | 0 | 0.2500 | 150.3 | | 0-1 | 1.0 | 39.6 | 139.7 | 179.3 | 黏土 | 0.787 | 0.725 | 34.7 |
| 1 | 1.0 | 49.5 | | 0.8 | 0.2147 | 129.1 | | 1-2 | 1.0 | 54.3 | 106.5 | 160.8 | 粉质黏土 | 0.700 | 0.661 | 22.9 |
| 2 | 2.0 | 59.0 | | 1.6 | 0.1396 | 83.9 | | 2-3 | 1.0 | 63.8 | 68.4 | 132.2 | | 0.695 | 0.668 | 15.9 |
| 3 | 3.0 | 68.5 | | 2.4 | 0.0879 | 52.8 | | 3-4 | 1.0 | 73.3 | 43.9 | 117.2 | | 0.690 | 0.672 | 10.7 |
| 4 | 4.0 | 78.0 | | 3.2 | 0.0580 | 34.9 | | 4-5 | 1.5 | 85.2 | 27.8 | 113.0 | | 0.685 | 0.674 | 9.8 |
| 5 | 5.5 | 92.3 | | 4.4 | 0.0343 | 20.6 | 0.22 | 5-6 | 1.0 | 96.8 | 18.1 | 114.9 | 粉砂 | 0.827 | 0.820 | 3.8 |
| 6 | 6.5 | 101.3 | | 5.2 | 0.0258 | 15.5 | 0.15 < 0.2 | | | | | | | | | |

8）计算各分层土的压缩量 $\Delta s_i$。例如，对 0-1 分层，$\Delta s_i = \dfrac{e_{1i} - e_{2i}}{1 + e_{1i}} H_i = \dfrac{0.787 - 0.725}{1 + 0.787} \times 1000 = 34.7\text{mm}$。

9）计算基础的最终沉降量：

$$s = \sum_{i=1}^{n} \Delta s_i = 34.7 + 22.9 + 15.9 + 10.7 + 9.8 + 3.8 = 97.8\text{mm}$$

（4）用规范公式计算基础的最终沉降量

1）确定 $z_n$ 及分层厚度

由于无相邻荷载影响，$z_n$ 可按式（5-9）计算，即

$$z_n = b(2.5 - 0.4\ln b) = 2.5 \times (2.5 - 0.4\ln 2.5) = 5.3\text{m}$$

这样，$z_n$ 范围内地基共分为两层：第一层为黏土，厚度 1m；第二层为粉质黏土，厚度 4.3m。

2）计算各分层中点处的自重应力 $\sigma_{ci}$

第一层中点（编号为 1，距地面 2m）：

$$\sigma_{c1} = 19.8 \times 2 = 39.6\text{kPa}$$

第二层中点（编号为 2，距地面 4.65m）：

$$\sigma_{c2} = 19.8 \times 2.5 + (19.5 - 10) \times 2.15 = 69.6\text{kPa}$$

3）计算基底中心点下各分层中点处的附加应力 $\sigma_{zi}$

1 点：$l/b = 2/1.25 = 1.6$，$z/b = 0.5/1.25 = 0.4$，$\alpha_c = 0.2434$

$$\sigma_{z1} = 4\alpha_c p_0 = 4 \times 0.2434 \times 150.3 = 146.3\text{kPa}$$

2 点：$l/b = 1.6$，$z/b = 3.15/1.25 = 2.52$，$\alpha_c = 0.0824$

$$\sigma_{z2} = 4 \times 0.0824 \times 150.3 = 49.5\text{kPa}$$

4）计算各分层土的压缩模量 $E_{si}$

第一层

由 $p_1 = \sigma_{c1} = 39.6\text{kPa}$，$p_2 = \sigma_{c1} + \sigma_{z1} = 39.6 + 146.3 = 185.9\text{kPa}$，查图 5-3 中黏土的压缩曲线，得 $e_1 = 0.786$，$e_2 = 0.724$，于是

$$E_{s1} = \frac{1 + e_1}{e_1 - e_2}\Delta p_1 = \frac{1 + 0.786}{0.786 - 0.724} \times 146.3 \times 10^{-3} = 4.21\text{MPa}$$

第二层

$p_1 = 69.9\text{kPa}$，$p_2 = 69.6 + 49.5 = 119.4\text{kPa}$，查粉质黏土的压缩曲线，得 $e_1 = 0.693$，$e_2 = 0.672$，于是

$$E_{s2} = \frac{1 + 0.693}{0.693 - 0.672} \times 49.5 \times 10^{-3} = 3.99\text{MPa}$$

5）计算 $\bar{\alpha}_i$（按角点法查表 5-1）

$z_0 = 0$：

$$\frac{l}{b} = \frac{2}{1.25} = 1.6, \frac{z_0}{b} = 0, \bar{\alpha}_0 = 4 \times 0.2500 = 1.0000$$

$z_1 = 1\text{m}$：

$$\frac{l}{b} = 1.6, \frac{z_1}{b} = \frac{1}{1.25} = 0.8, \bar{\alpha}_1 = 4 \times 0.2395 = 0.9580$$

$z_2 = 5.3\text{m}$：

$$\frac{l}{b} = 1.6, \frac{z_2}{b} = \frac{5.3}{1.25} = 4.24, \bar{\alpha}_2 = 4 \times 0.1243 = 0.4972$$

6）计算 $\Delta s'_i$ 和 $s'$

由式（5-6），得

$$\Delta s'_i=\frac{p_0}{E_{s1}}(z_1\overline{\alpha}_1-z_0\overline{\alpha}_0)$$

$$=\frac{150.3}{4.21}\times(1\times0.9580-0)=34.2\text{mm}$$

$$\Delta s'_2=\frac{p_0}{E_{s2}}(z_2\overline{\alpha}_2-z_1\overline{\alpha}_1)$$

$$=\frac{150.3}{3.99}\times(5.3\times0.4972-1\times0.9580)=63.2\text{mm}$$

$$s'=\sum\Delta s'_i=34.2+63.2=97.4\text{mm}$$

7）计算基础最终沉降量 $s$

先按式（5-11）计算土的压缩模量当量值：

$$\overline{E}_s=\frac{p_0z_2\overline{\alpha}_2}{s'}=150.3\times5.3\times\frac{0.4972}{97.4}=4.07\text{MPa}$$

由 $\overline{E}_s=4.07$ MPa 及 $p_0<0.75f_{ak}$，查表 5-3，得 $\psi_s=0.993$，于是

$$s=\psi_s s'=0.993\times97.4=96.7\text{mm}$$

**【例 5-2】** 在天然地面上填筑大面积填土，厚度为 3m，重度 $\gamma=18\text{kN/m}^3$。天然土层为两层，第一层为粗砂，第二层为黏土，地下水位在天然地面下 1.0m 深处（图 5-4）。试根据所给黏土层的压缩试验资料（表 5-7），计算：（1）在填土压力作用下黏土层的沉降量是多少？（2）当上述沉降稳定后，地下水位突然下降到黏土层顶面，试问由此而产生的黏土层附加沉降是多少？

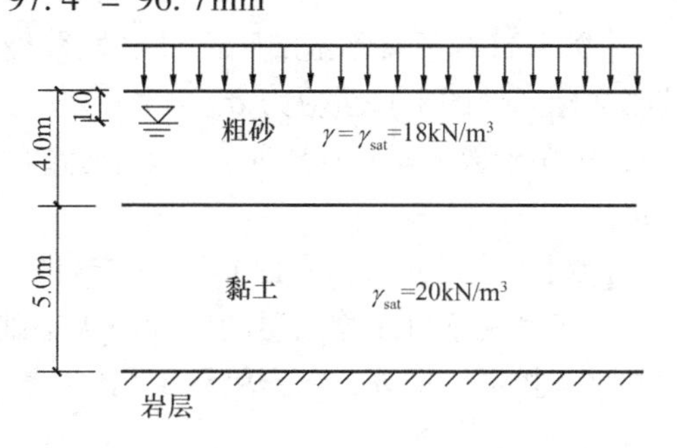


图 5-4　土层分布

**黏土层压缩试验资料**　　**表 5-7**

| $p$（kPa） | 0 | 50 | 100 | 200 | 400 |
|---|---|---|---|---|---|
| $e$ | 0.852 | 0.758 | 0.711 | 0.651 | 0.635 |

**【解】**　（1）填土压力：

$$p_0=\gamma h=18\times3=54\text{kPa}$$

黏土层自重应力平均值（以黏土层中点为计算点）：

$$p_1=\sigma_c=\Sigma\gamma_ih_i=18\times1+(18-10)\times3+(20-10)\times2.5=67\text{kPa}$$

黏土层附加应力平均值：

$$\Delta p=\sigma_z=p_0=54\text{kPa}$$

由 $p_1=67\text{kPa}$，$p_2=p_1+\Delta p=121\text{kPa}$，查表 5-7，得相应的孔隙比为：

$$e_1=0.758+\frac{67-50}{100-50}(0.711-0.758)=0.742$$

$$e_2=0.711+\frac{121-100}{200-100}(0.651-0.711)=0.698$$

黏土层的沉降量为：

$$s = \frac{e_1 - e_2}{1 + e_1}H = \frac{0.742 - 0.698}{1 + 0.742} \times 5000 = 126\text{mm}$$

（2）当上述沉降稳定后，填土压力所引起的附加应力已全部转化为土的有效自重应力。因此，水位下降前黏土层的自重应力平均值为：

$$p_1 = \sigma_c = 121\text{kPa}$$

水位下降到黏土层顶面时，黏土层的自重应力平均值 $p_2$ 为（$p_2$ 与 $p_1$ 之差即为新增加的自重应力）：

$$p_2 = 18 \times 3 + 18 \times 4 + (20 - 10) \times 2.5 = 151\text{kPa}$$

与 $p_1$、$p_2$ 相应的孔隙比为：

$$e_1 = 0.698$$

$$e_2 = 0.711 + \frac{151 - 100}{200 - 100} \times (0.651 - 0.711) = 0.680$$

黏土层的附加沉降为：

$$s = \frac{e_1 - e_2}{1 + e_1}H = \frac{0.698 - 0.680}{1 + 0.698} \times (5000 - 126) = 51.7\text{mm}$$

**【例 5-3】** 某设备基础底面尺寸为 8m×5m，经计算，基底平均压力为 $p = 130\text{kPa}$，基础底面标高处的土自重应力 $\sigma_{cd} = 35\text{kPa}$。基底下为厚度 2.2m 的粉质黏土层，孔隙比 $e_1 = 0.9$，压缩系数 $a = 0.41\text{MPa}^{-1}$，其下为岩层（可视为不可压缩层）。试计算该基础的沉降量。

**【解】** $p_0 = p - \sigma_{cd} = 130 - 35 = 95\text{kPa}$

由于基底下可压缩土层的厚度小于基础宽度的 1/2，故可认为基底中心点下的附加应力几乎不扩散，即 $\sigma_z \approx p_0 = 95\text{kPa}$，该地基属薄压缩层地基，基础的沉降量为：

$$s = \frac{a\sigma_z}{1 + e_1}H = \frac{0.41 \times 0.095}{1 + 0.9} \times 2200 = 45.1\text{mm}$$

**【例 5-4】** 某场地土层自上而下依次为黏土，$\gamma_1 = 17.9\text{kN/m}^3$，$E_{s1} = 9\text{MPa}$，厚度 $H_1 = 5.5\text{m}$；第二层为粉质黏土，$\gamma_2 = 16.5\text{kN/m}^3$，$e_1 = 1.0$，$a = 0.52\text{MPa}^{-1}$，厚度 $H_2 = 2.8\text{m}$；第三层为卵石层（其压缩量可忽略不计）。若在该场地上大面积填土，填土厚度 $h = 3\text{m}$，重度 $\gamma = 16\text{kN/m}^3$，试计算原地面的沉降量。

**【解】** $p_0 = \gamma h = 16 \times 3 = 48\text{kPa}$

$$\begin{aligned} s &= \frac{p_0}{E_{s1}}H_1 + \frac{ap_0}{1 + e_1}H_2 \\ &= \frac{0.048}{9} \times 5500 + \frac{0.52 \times 0.048}{1 + 1.0} \times 2800 = 64.3\text{mm} \end{aligned}$$

**【例 5-5】** 某矩形基础底面尺寸为 $l \times b = 3.2\text{m} \times 2\text{m}$，基底附加压力为 120kPa，地基为均质黏土，变形模量 $E_0 = 1.8\text{MPa}$，泊松比 $\mu = 0.26$。试按弹性力学公式计算地基的最终沉降量。

**【解】** 由 $l/b = 3.2/2 = 1.6$ 查表 5-4，得 $\omega_r = 1.108$

$$s = \frac{1 - \mu^2}{E_0}\omega_r b p_0 = \frac{1 - 0.26^2}{1.8} \times 1.108 \times 2 \times 0.12 = 0.138\text{m} = 138\text{mm}$$

**【例 5-6】** 由于建筑物传来的荷载，地基中某一饱和黏性土层产生梯形分布的竖向附加应力，该层顶面和底面的附加应力分别为 $\sigma'_z=240\text{kPa}$ 和 $\sigma''_z=160\text{kPa}$，顶底面透水（图 5-5），土的平均 $k=0.2\text{cm/年}$，$e=0.880$，$a=0.39\text{MPa}^{-1}$。求（1）该土层的最终沉降量；（2）当达到最终沉降量之半所需的时间；（3）当达到 120mm 沉降量所需的时间；（4）如果该饱和黏土层下卧不透水层，则达到 120mm 沉降量所需的时间。

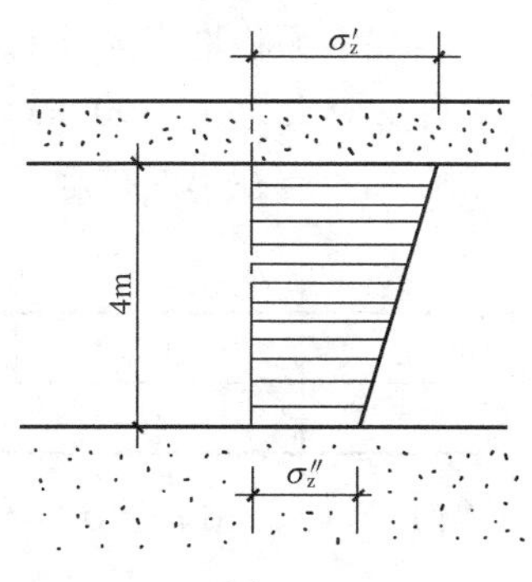

图 5-5

**【解】** （1）竖向平均附加应力：

$$\sigma_z=\frac{1}{2}(\sigma'_z+\sigma''_z)=\frac{1}{2}\times(240+160)=200\text{kPa}$$

最终沉降量：

$$s_c=\frac{a\sigma_z}{1+e_1}H=\frac{0.39\times0.2}{1+0.880}\times4000=166\text{mm}$$

（2）
$$C_v=\frac{k(1+e_1)}{a\gamma_w}=\frac{0.002\times(1+0.880)}{0.00039\times10}=0.964\text{m}^2/\text{年}$$

$$U_z=0.5$$

由式（5-16），得

$$T_v=\frac{\pi}{4}U_z^2=\frac{\pi}{4}\times0.5^2=0.196$$

因黏土层顶底面均透水，属于双面排水，故最远排水距离 $H=4/2=2\text{m}$。

$$t=\frac{T_vH^2}{C_v}=\frac{0.196\times2^2}{0.964}=0.81\text{ 年}$$

（3）
$$U_z=\frac{s_{ct}}{s_c}=\frac{120}{166}=0.723$$

由式（5-19），得

$$T_v=-\frac{4}{\pi^2}\ln\left[\frac{\pi^2}{8}(1-U_z)\right]$$

$$=-\frac{4}{\pi^2}\ln\left[\frac{\pi^2}{8}\times(1-0.723)\right]=0.436$$

$$t=\frac{T_vH^2}{C_v}=\frac{0.436\times2^2}{0.964}=1.81\text{ 年}$$

（4）若黏土层下卧不透水层，则属于单面排水情况，最远排水距离 $H=4\text{m}$，排水面与不排水面的附加应力之比为 $\alpha=240/160=1.5$，再按 $U_z=0.723$ 查图 5-1，得 $T_v\approx0.41$，于是

$$t=\frac{T_vH^2}{C_v}=\frac{0.41\times4^2}{0.964}=6.8\text{ 年}$$

**【例 5-7】** 某饱和黏土层厚度 10m，从该层中部取样进行室内压缩试验（试样高度 20mm），试验成果如表 5-8 所示，并测得当固结度 $U=50\%$ 时相应的固结时间为 3h。试问：

（1）在大面积堆载 $p_0=120\text{kPa}$ 作用下，黏土层的最终沉降量是多少？（已知黏土层的平均自重应力为 $\sigma_c=90\text{kPa}$）

（2）黏土层在单面排水条件下固结度达到50%时所需的时间是多少？

**黏土层压缩试验资料** **表5-8**

| $p$（kPa） | 0 | 50 | 100 | 200 | 300 |
|---|---|---|---|---|---|
| $e$ | 0.827 | 0.779 | 0.750 | 0.722 | 0.708 |

**【解】** （1）由 $p_1=\sigma_c=90\text{kPa}$，$p_2=\sigma_c+\sigma_z=90+120=210\text{kPa}$，查表5-8，得

$$e_1=0.779+\frac{90-50}{100-50}\times(0.750-0.779)=0.756$$

$$e_2=0.722+\frac{210-200}{300-200}\times(0.708-0.722)=0.721$$

黏土层的最终沉降量为：

$$s=\frac{e_1-e_2}{1+e_1}H=\frac{0.756-0.721}{1+0.756}\times 10000=199.3\text{mm}$$

（2）进行室内压缩试验时，试样处于双面排水状态（$H_1=20/2=10\text{mm}$），它所对应的 $U_z$-$T_v$ 曲线与大面积堆载作用下（附加应力为矩形分布）黏土层所对应的 $U_z$-$T_v$ 曲线是一样的，因此在固结度相同的条件下有 $T_{v1}=T_{v2}$（这里以1代表试样，2代表黏土层），又因试样取自黏土层，故 $C_v$ 为一常量，于是由式（5-20）可得黏土层所需的固结时间为：

$$t_2=\frac{H_2^2}{H_1^2}t_1=\frac{10000^2}{10^2}\times 3=3\times 10^6\text{h}$$

## 三、习题

第一部分

**1. 选择题**

5-1 对非高压缩性土，分层总和法确定地基沉降计算深度 $z_n$ 的标准是（　　）。

A. $\sigma_c\leqslant 0.1\sigma_z$　　B. $\sigma_c\leqslant 0.2\sigma_z$

C. $\sigma_z\leqslant 0.1\sigma_c$　　D. $\sigma_z\leqslant 0.2\sigma_c$

5-2 薄压缩层地基指的是基底下可压缩土层的厚度 $H$ 与基底宽度 $b$ 的关系满足(　　)。

A. $H\leqslant 0.3b$　　B. $H\leqslant 0.5b$

C. $H\leqslant b$　　D. $H\geqslant b$

5-3 超固结比 OCR >1 的土属于（　　）。

A. 正常固结土　　B. 超固结土

C. 欠固结土　　D. 非正常土

5-4 当起始孔隙水压力为矩形分布时，饱和黏性土层在单面排水情况下的固结时间为双面排水时的（　　）。

A. 1倍　　B. 2倍

C. 4 倍　　　　D. 8 倍

5-5　某黏土地基在固结度达到 40% 时的沉降量为 100mm，则最终固结沉降量为(　　)。

A. 400mm　　　　B. 250mm

C. 200mm　　　　D. 140mm

5-6　对高压缩性土，分层总和法确定地基沉降计算深度 $z_n$ 的标准是（　　）。

A. $\sigma_c \leqslant 0.1\sigma_z$　　　　B. $\sigma_c \leqslant 0.2\sigma_z$

C. $\sigma_z \leqslant 0.1\sigma_c$　　　　D. $\sigma_z \leqslant 0.2\sigma_c$

5-7　计算时间因数 $T_v$ 时，若土层为单面排水，则式中的 $H$ 取土层厚度的（　　）。

A. 一半　　　　B. 1 倍

C. 2 倍　　　　D. 4 倍

5-8　计算地基最终沉降量的规范公式对地基沉降计算深度 $z_n$ 的确定标准是（　　）。

A. $\sigma_z \leqslant 0.1\sigma_c$　　　　B. $\sigma_z \leqslant 0.2\sigma_c$

C. $\Delta s'_n \leqslant 0.025 \sum_{i=1}^{n} \Delta s'_i$　　　　D. $\Delta s'_n \leqslant 0.015 \sum_{i=1}^{n} \Delta s'_i$

5-9　计算饱和黏性土地基的瞬时沉降常采用（　　）。

A. 分层总和法　　　　B. 规范公式

C. 弹性力学公式

5-10　采用弹性力学公式计算地基最终沉降量时，式中的模量应取（　　）。

A. 变形模量　　　　B. 压缩模量

C. 弹性模量　　　　D. 回弹模量

5-11　采用弹性力学公式计算地基瞬时沉降时，式中的模量应取（　　）。

A. 变形模量　　　　B. 压缩模量

C. 弹性模量　　　　D. 回弹模量

5-12　当土处于正常固结状态时，其先期固结压力 $p_c$ 与现有覆盖土重 $p_1$ 的关系为(　　)。

A. $p_c > p_1$　　　　B. $p_c = p_1$

C. $p_c < p_1$

5-13　当土处于欠固结状态时，其先期固结压力 $p_c$ 与现有覆盖土重 $p_1$ 的关系为(　　)。

A. $p_c > p_1$　　　　B. $p_c = p_1$

C. $p_c < p_1$

5-14　已知两基础形状、面积及基底压力均相同，但埋置深度不同，若忽略坑底回弹的影响，则（　　）。

A. 两基础沉降相同　　　　B. 埋深大的基础沉降大

C. 埋深大的基础沉降小

5-15　埋置深度、基底压力均相同但面积不同的两基础，其沉降关系为(　　)。

A. 两基础沉降相同　　　　B. 面积大的基础沉降大

C. 面积大的基础沉降小

5-16　土层的固结度与所施加的荷载的关系是（　　）。

A. 荷载越大，固结度也越大　　B. 荷载越大，固结度越小

C. 固结度与荷载大小无关

5-17　饱和黏土层在外荷载作用下固结度达到100%时，土体中（　　）。

A. 只存在强结合水　　B. 只存在结合水

C. 只存在结合水和毛细水　　D. 有自由水

5-18　有两个黏土层，土的性质相同，土层厚度与排水边界条件也相同。若地面瞬时施加的超载大小不同，则经过相同时间后，两土层的平均孔隙水压力（　　）。

A. 超载大的孔隙水压力大　　B. 超载小的孔隙水压力大

C. 一样大

**2. 判断改错题**

5-19　按分层总和法计算地基最终沉降量时，假定地基土压缩时不产生侧向变形，该假定使计算出的沉降量偏大。

5-20　按分层总和法计算地基最终沉降量时，通常取基础角点下的地基附加应力进行计算。

5-21　在分层总和法计算公式 $s = \frac{e_1 - e_2}{1 + e_1}H$ 中，$e_1$通常取土的初始孔隙比。

5-22　分层总和法确定地基沉降计算深度的标准是 $\sigma_z \leqslant 0.1\sigma_c$。

5-23　按规范公式计算最终沉降量时，压缩模量的取值所对应的应力段范围可取 $p_1 = 100\text{kPa}$至 $p_2 = 200\text{kPa}$。

5-24　规范公式确定地基沉降计算深度的标准是 $\Delta s'_n \leqslant 0.025\sum_{i=1}^{n}\Delta s'_i$。

5-25　采用弹性力学公式计算得到的地基沉降常偏大，原因是由载荷试验得到的变形模量 $E_0$值常偏小。

5-26　在无限均布荷载作用下，地基不会产生瞬时沉降。

5-27　较硬的土通常是超固结土。

5-28　饱和黏性土地基在外荷载作用下所产生的起始孔隙水压力分布与附加应力分布是相同的。

5-29　在饱和土的固结过程中，若总应力保持不变，则有效应力不断减小，而孔隙水压力不断增加。

5-30　采用分层总和法计算得到的地基沉降量实质上是固结沉降。

5-31　某饱和黏土地基在固结度达到40%时的沉降量为30mm，则最终沉降量为120mm。

5-32　当土层的自重应力小于先期固结压力时，这种土称为超固结土。

**3. 计算题**

5-33　从一黏土层中取样做室内压缩试验，试样成果列于表5-9中。试求：

（1）该黏土的压缩系数 $a_{1\text{-}2}$及相应的压缩模量 $E_{s,1\text{-}2}$，并评价其压缩性；

（2）设黏土层厚度为2m，平均自重应力 $\sigma_c = 50\text{kPa}$，试计算在大面积堆载 $p_0 = 100\text{kPa}$ 的作用下，黏土层的固结压缩量。

**黏土层压缩试验资料** **表 5-9**

| $p$（kPa） | 0 | 50 | 100 | 200 | 400 |
|---|---|---|---|---|---|
| $e$ | 0.850 | 0.760 | 0.710 | 0.650 | 0.640 |

5-34　某基础底面尺寸为 5m × 5m，埋深 1.5m，上部结构传给基础的轴心荷载 $F$ = 3700kN。从地表起至基底下 2.5m 为黏土层，$\gamma = 19\text{kN/m}^3$，黏土层下为卵石层（可视为不可压缩层），黏土层的压缩试验资料见表 5-9 所示。试计算基础的最终沉降量。

5-35　某场地自上而下的土层分布依次为：中砂，厚度 2m，$\gamma_{sat} = 19\text{kN/m}^3$；淤泥，厚度 3m，$\gamma_{sat} = 17\text{kN/m}^3$，$e = 2.0$，$a = 1.0\text{MPa}^{-1}$；黏土。初始地下水位在地表处。若地下水位自地表下降 2m，试计算由此而引起的淤泥层的最终压缩量。设地下水位下降后中砂的重度 $\gamma = 18\text{kN/m}^3$。

5-36　某柱下独立基础底面尺寸为 4m × 2m，埋深 1.5m，柱作用于基础顶面的轴心荷载为 1600kN。土层分布自地表起依次为：黏土，厚度 2.5m，$\gamma = 18.2\text{kN/m}^3$，$\gamma_{sat}$ = 19.1kN/m³；粉质黏土，厚度 2m，$\gamma_{sat} = 18.8\text{kN/m}^3$，其压缩试验数据见表 5-10；黏土，厚度 4.5m，$\gamma_{sat} = 18.5\text{kN/m}^3$；淤泥，厚度 7m，$\gamma_{sat} = 18.4\text{kN/m}^3$。地下水位在地表下 0.5m 处。试计算：

（1）基底中心点下 7m 深处土的自重应力和附加应力。

（2）地基沉降计算深度是否为 7m？若不是，应为多少？

（3）粉质黏土层的最终沉降量。

**黏土层压缩试验资料** **表 5-10**

| $p$（kPa） | 0 | 50 | 100 | 200 | 400 |
|---|---|---|---|---|---|
| $e$ | 0.900 | 0.855 | 0.816 | 0.790 | 0.758 |

5-37　某饱和黏土层厚度 6m，压缩模量 $E_s = 5\text{MPa}$，试计算在大面积荷载 $p_0 = 100\text{kPa}$ 作用下的最终沉降量。当沉降量达到 30mm 时黏土层的固结度为多少？

5-38　某基础长 4.8m，宽 3m，埋深 1.8m，基底平均压力 $p = 170\text{kPa}$，地基土为黏土，$\gamma = 18\text{kN/m}^3$，$e_1 = 0.8$，压缩系数 $a = 0.25\text{MPa}^{-1}$，基底下 1.2m 处为不可压缩的岩层。试计算基础的最终沉降量。

5-39　某地基中一饱和黏土层厚度为 4m，顶、底面均为粗砂层，黏土层的平均竖向固结系数 $C_v = 9.64 \times 10^3 \text{cm}^2/\text{a}$，压缩模量 $E_s = 4.82\text{MPa}$。若在地面上作用大面积均布荷载 $p_0 = 200\text{kPa}$，试求：（1）黏土层的最终沉降量；（2）达到最终沉降量之半所需的时间；（3）若该黏土层下卧不透水层，则达到最终沉降量之半所需的时间又是多少？

第二部分

5-40　某场地均匀填筑大面积填土，填土前从厚度 $H = 2\text{m}$ 的正常固结黏土层的中部取高度 $h = 20\text{mm}$ 的试样进行室内压缩试验（固结试验），测得土的前期固结压力 $p_c$ = 120kPa，压缩指数 $C_c = 0.16$，初始孔隙比 $e_0 = 0.85$。（1）若在填土荷载作用下黏土层的最终压缩量为 38.6mm，求该土层中部的总应力 $p$（自重应力与附加应力之和）等于多少？（2）若试样在某级竖向压力作用下固结稳定时的压缩量为 0.34mm，且压缩量到达 0.17mm 时所需的时间为 $t$，试估计在填土荷载作用下，黏土层处于单面排水条件且固结度达到50%时所需的时间$T$为$t$的多少倍。

5-41　在厚为12m的饱和黏土层上铺设薄砂层作为堆料场。在大面积均布荷载$p=54\text{kPa}$施加9个月后，黏土层的平均固结度达到50%（相应的时间因数$T_v=0.197$），若黏土层底面可以排水，求：

（1）黏土层的固结系数$C_v$；

（2）这九个月内黏土层的沉降量$s$（设黏土层的渗透系数$k=0.03\text{m/a}$）；

（3）若黏土层底面不能排水时九个月内的黏土层沉降量为$s'$，求$s$与$s'$的比值。

提示：①一维固结微分方程为$\dfrac{k(1+e)}{a\gamma_w}\dfrac{\partial^2 u}{\partial z^2}=\dfrac{\partial u}{\partial t}$

②当平均固结度$U<0.6$时$U=1.128\sqrt{T_v}$

5-42　某饱和黏性土试样的土粒相对密度为2.68，试样的初始高度为2cm，面积为$30\text{cm}^2$。在压缩仪上做完试验后，取出试样称重为109.44g，烘干后重88.44g。试求：

（1）试样的压缩量是多少？

（2）压缩前后试样的孔隙比改变了多少？

（3）压缩前后试样的重度改变了多少？

5-43　某地基软土层厚20m，渗透系数为$1\times10^{-6}\text{cm/s}$，固结系数为$0.03\text{cm}^2/\text{s}$。其表面透水，下卧层为砂层。地表作用有98.1kPa的均布荷载。设荷载瞬时施加，求：

（1）固结沉降完成1/4时所需的时间（不计砂层的压缩）；

（2）一年后地基的固结沉降；

（3）若软土层的侧限压缩模量增大一倍，渗透系数减小为原来的一半，地基的固结沉降有何变化？

5-44　某地基地表至4.5m深度内为砂土层，4.5～9.0m为黏土层，其下为不透水页岩。地下水位距地表2.0m。已知水位以上砂土的平均孔隙比为0.52，平均饱和度为37%，黏土的含水量为42%，砂土和黏土的相对密度均为2.65。现设计一基础，基础底面位于地表以下3m处。建筑物荷载在黏土层顶面和底面产生的附加应力分别为100kPa和40kPa，从固结试验中得知黏土层对应于50、100、200kPa固结压力的孔隙比分别为1.02、0.922、0.828。试求该黏土层可能产生的最终沉降量。

5-45　某大型仓库工程建造于厚度达30m深的淤泥层地基上，淤泥层下面为不透水基岩。已知仓库大面积荷载为35kPa，淤泥层的饱和重度为$17\text{kN/m}^3$，天然孔隙比为1.50，渗透系数$k=1.5\times10^{-7}\text{cm/s}$，压缩系数$a=0.8\text{MPa}^{-1}$，设计使用年限为20年，要求设计使用年限内地基的沉降不超过5cm。经计算，地基的总固结沉降量为0.336m，为了满足设计要求，决定事先采用大面积荷载进行预压以消除部分固结沉降。由于工期限制，预压时间为6个月。试确定预压荷载的大小。$\left[\text{固结度计算公式：}U_z=1-\dfrac{8}{\pi^2}\exp\left(-\dfrac{\pi^2}{4}T_v\right)\right]$

5-46　在厚度为6m的黏土层上填筑高路堤，路堤荷载在黏土层表面和底面产生的附加应力分别为0.22、0.198MPa。已知黏土层的初始孔隙比$e=0.947$，压缩系数$a=0.24\text{MPa}^{-1}$，渗透系数$k=2\text{cm/a}$，黏土层下面为不可压缩的密实中砂。时间因数$T_v$的数值见表 5-11，表中的 $p_1$、$p_2$ 分别代表排水面和不排水面的附加应力值。试求：

（1）黏土层的稳定沉降量 $s_\infty$；

（2）黏土层沉降量为 12cm 时所需的时间；

（3）加荷 2 个月后，黏土层的沉降量。

（路堤填土渗透性很小，假定黏土层只能从下层砂层排水）

**时间因数 $T_v$ 的数值** **表 5-11**

| $\alpha=\frac{p_1}{p_2}$ | 固结度 $U$ | | | | | | | | | |
|---|---|---|---|---|---|---|---|---|---|---|
| | 0.1 | 0.2 | 0.3 | 0.4 | 0.5 | 0.6 | 0.7 | 0.8 | 0.9 | 1.0 |
| 0 | 0.049 | 0.101 | 0.154 | 0.217 | 0.29 | 0.38 | 0.50 | 0.66 | 0.95 | ∞ |
| 0.8 | 0.010 | 0.036 | 0.079 | 0.134 | 0.20 | 0.29 | 0.41 | 0.57 | 0.86 | ∞ |
| 1.0 | 0.008 | 0.031 | 0.071 | 0.126 | 0.20 | 0.29 | 0.40 | 0.57 | 0.85 | ∞ |
| 1.5 | 0.006 | 0.024 | 0.058 | 0.107 | 0.17 | 0.26 | 0.38 | 0.54 | 0.83 | ∞ |

## 四、习题参考答案

第一部分

5-1 D 5-2 B 5-3 B 5-4 C 5-5 B 5-6 C 5-7 B 5-8 C 5-9 C

5-10 A 5-11 C 5-12 B 5-13 C 5-14 C 5-15 B 5-16 C 5-17 D

5-18 A

5-19 ×，改“偏大”为“偏小”。

5-20 ×，改“角点”为“中心点”。

5-21 ×，$e_1$ 应取与土层自重应力平均值 $\sigma_c$ 相对应的孔隙比。

5-22 ×，对一般土，应为 $\sigma_z \leqslant 0.2\sigma_c$；在该深度以下如有高压缩性土，则应继续向下计算至 $\sigma_z \leqslant 0.1\sigma_c$ 处。

5-23 ×，压缩模量应按实际应力段范围取值。

5-24 √

5-25 ×，沉降偏大的原因是因为弹性力学公式是按均质的线性变形半空间的假设得到的，而实际上地基常常是非均质的成层土。

5-26 √

5-27 ×，土的软硬与其应力历史无必然联系。

5-28 √

5-29 ×，有效应力不断增加，而孔隙水压力不断减小。

5-30 √

5-31 ×，改“120”为“75”。

5-32 √

5-33（1）

$$a_{1\text{-}2}=\frac{e_1-e_2}{p_2-p_1}=\frac{0.710-0.650}{0.2-0.1}=0.6\text{MPa}^{-1}$$

$$E_{s,1\text{-}2}=\frac{1+e_1}{a_{1-2}}=\frac{1+0.710}{0.6}=2.85\text{MPa}$$

该土属高压缩性土。

（2）$p_1 = \sigma_c = 50\text{kPa}$，$e_1 = 0.760$

$p_2 = \sigma_c + p_0 = 50 + 100 = 150\text{kPa}$，$e_2 = 0.680$

$$s = \frac{e_1 - e_2}{1 + e_1}H = \frac{0.760 - 0.680}{1 + 0.760} \times 2000 = 90.9\text{mm}$$

5-34　因 $H = 2.5\text{m} = b/2$，故本题可按薄压缩层地基计算。

基底附加压力：

$$p_0 = p - \sigma_{cd} = \frac{3700}{5 \times 5} + 20 \times 1.5 - 19 \times 1.5 = 149.5\text{kPa}$$

黏土层的平均自重应力：

$$p_1 = 19 \times (1.5 + 2.5/2) = 52.25\text{kPa}$$

平均自重应力与附加应力之和：

$$p_2 = p_1 + \sigma_z = p_1 + p_0 = 52.25 + 149.5 = 201.75\text{kPa}$$

查表 5-9，得 $e_1 = 0.758$，$e_2 = 0.650$

基础最终沉降量：

$$s = \frac{e_1 - e_2}{1 + e_1}H = \frac{0.758 - 0.650}{1 + 0.758} \times 2500 = 153.6\text{mm}$$

5-35　水位下降前淤泥层的平均自重应力：

$$\sigma_{c1} = (19 - 10) \times 2 + (17 - 10) \times 1.5 = 28.5\text{kPa}$$

水位下降 2m 后淤泥层的平均自重应力：

$$\sigma_{c2} = 18 \times 2 + (17 - 10) \times 1.5 = 46.5\text{kPa}$$

自重应力增量：

$$\Delta p = \sigma_{c2} - \sigma_{c1} = 46.5 - 28.5 = 18\text{kPa}$$

淤泥层的最终压缩量：

$$s = \frac{a \cdot \Delta p}{1 + e_1}H = \frac{1.0 \times 0.018}{1 + 2.0} \times 3000 = 18\text{mm}$$

5-36　（1）基底压力：

$$p = \frac{F}{A} + 20d - 10h_w = \frac{1600}{2 \times 4} + 20 \times 1.5 - 10 \times 1 = 220\text{kPa}$$

基底附加压力：

$$p_0 = p - \sigma_{cd} = 220 - 18.2 \times 0.5 - (19.1 - 10) \times 1 = 201.8\text{kPa}$$

计算基底下 7m 深处的附加应力：由 $b = 1\text{m}$，$l = 2\text{m}$，$z = 7\text{m}$，$l/b = 2$，$z/b = 7$，查表3-1，得 $\alpha_c = 0.0180$，按角点法：

$$\sigma_z = 4\alpha_c p_0 = 4 \times 0.0180 \times 201.8 = 14.5\text{kPa}$$

此深度处的自重应力为：

$$\sigma_c = 18.2 \times 0.5 + (19.1 - 10) \times 2 + (18.8 - 10) \times 2 + (18.5 - 10) \times 4 = 78.9\text{kPa}$$

（2）在基底下 7m 深处，$\sigma_z/\sigma_c = 14.5/78.9 = 0.18 < 0.2$，满足要求。但由于在黏土层下还有高压缩性土层（淤泥层），故要求 $\sigma_z/\sigma_c \leq 0.1$。

在基底下 9m 深处，$l/b=2$，$z/b=9$，查表 3-1 得 $\alpha_c=0.0112$，于是

$$\sigma_z=4\alpha_c p_0=4\times0.0112\times201.8=9.0\text{kPa}$$

相应深度处的自重应力：

$$\sigma_c=78.9+(18.5-10)\times0.5+(18.4-10)\times1.5=95.8\text{kPa}$$

$$\sigma_z/\sigma_c=9.0/95.8=0.09<0.1(\text{满足要求})$$

故地基沉降计算深度 $z_n=9\text{m}$。

（3）先计算粉质黏土层的平均自重应力和附加应力（以该层中点为计算点）。

$$\sigma_c=18.2\times0.5+(19.1-10)\times2+(18.8-10)\times1=36.1\text{kPa}$$

由 $l/b=2$，$z/b=2$，查表 3-1 得 $\alpha_c=0.1202$

$$\sigma_z=4\alpha_c p_0=4\times0.1202\times201.8=97.0\text{kPa}$$

由 $p_1=\sigma_c=36.1\text{kPa}$，$p_2=\sigma_c+\sigma_z=36.1+97.0=133.1\text{kPa}$，查表 5-10，得

$$e_1=0.868, e_2=0.807$$

$$s=\frac{e_1-e_2}{1+e_1}H=\frac{0.868-0.807}{1+0.868}\times2000=65.3\text{mm}$$

5-37　$\sigma_z=p_0=100\text{kPa}$

$$s=\frac{\sigma_z}{E_s}H=\frac{100}{5000}\times6000=120\text{mm}$$

$$U_z=\frac{s_{ct}}{s_c}=\frac{30}{120}=25\%$$

5-38　$p_0=p-\sigma_{cd}=170-18\times1.8=137.6\text{kPa}$

$$s=\frac{ap_0}{1+e_1}H=\frac{0.25\times0.1376}{1+0.8}\times1200=22.9\text{mm}$$

5-39　（1）$s=\frac{p_0}{E_s}H=\frac{200}{4820}\times4000=166\text{mm}$

（2）$T_v=\frac{\pi}{4}U_z^2=\frac{3.14}{4}\times0.5^2=0.196$

$$t=\frac{T_v H^2}{C_v}=\frac{0.196\times2^2}{0.964}=0.81\text{a}$$

（3）$t=4\times0.81=3.24\text{a}$

第二部分

5-40　（1）因为属于正常固结土，所以黏土层的平均自重应力 $p_1=p_c=120\text{kPa}$。

由

$$s=\frac{H}{1+e_0}C_c\lg\frac{p}{p_1}$$

得

$$\lg\frac{p}{p_1}=\frac{s(1+e_0)}{HC_c}=\frac{38.6\times(1+0.85)}{2000\times0.16}=0.223$$

$$p=p_1\cdot10^{0.223}=120\times1.671=200.5\text{kPa}$$

（2）试样的固结度 $U_z=0.17/0.34=0.5$，在固结试验中试样为双面排水，最远排水距离 $H_1=h/2=10\text{mm}$；而黏土层处于单面排水，最远排水距离 $H_2=H=2\text{m}$，附加应力为

矩形分布，$U_z = 0.5$，故有

$$\frac{t}{T} = \frac{H_1^2}{H_2^2}$$

$$T = \frac{H_2^2}{H_1^2} t = \frac{2000^2}{10^2} t = 2 \times 10^4 t$$

5-41　（1）双面排水 $H = 12/2 = 6\text{m}$，$t = 9/12 = 0.75\text{a}$

$$C_v = \frac{T_v H^2}{t} = \frac{0.197 \times 6^2}{0.75} = 9.456\text{m}^2/\text{a}$$

（2）
$$s_c = \frac{a\sigma_z}{1+e} H = \frac{k\sigma_z}{C_v \gamma_w} H = \frac{0.03 \times 54}{9.456 \times 10} \times 12000 = 205.6\text{mm}$$

$$s = U \cdot s_c = 0.5 \times 205.6 = 102.8\text{mm}$$

（3）单面排水 $H = 12\text{m}$

$$T_v = \frac{C_v t}{H^2} = \frac{9.456 \times 0.75}{12^2} = 0.04925$$

$$U = 1.128\sqrt{T_v} = 1.128\sqrt{0.04925} = 0.25$$

$$s' = U \cdot s_c = 0.25 \times 205.6 = 51.4\text{mm}$$

$$\frac{s}{s'} = \frac{102.8}{51.4} = 2$$

5-42　试样压缩前：

试样体积：$V = 2 \times 30 = 60\text{cm}^3$

干密度：$\rho_d = \dfrac{m_s}{V} = \dfrac{88.44}{60} = 1.474\text{g/cm}^3$

孔隙比：$e = \dfrac{d_s}{\rho_d}\rho_w - 1 = \dfrac{2.68}{1.474} \times 1 - 1 = 0.818$

饱和密度：$\rho_{sat} = \dfrac{d_s + e}{1+e}\rho_w = \dfrac{2.68 + 0.818}{1 + 0.818} \times 1 = 1.924\text{g/cm}^3$

试样质量：$m = \rho_{sat} \cdot V = 1.924 \times 60 = 115.44\text{g}$

试样压缩后：

挤出的水的质量：$\Delta m_w = 115.44 - 109.44 = 6\text{g}$

挤出的水的体积：$\Delta V_w = \dfrac{\Delta m_w}{\rho_w} = \dfrac{6}{1} = 6\text{cm}^3$

干密度：$\rho_d = \dfrac{m_s}{V} = \dfrac{88.44}{60 - 6} = 1.638\text{g/cm}^3$

孔隙比：$e = \dfrac{d_s}{\rho_d}\rho_w - 1 = \dfrac{2.68}{1.638} \times 1 - 1 = 0.636$

饱和密度：$\rho_{sat} = \dfrac{109.44}{60 - 6} = 2.027\text{g/cm}^3$

（1）试样的压缩量为：

$$\Delta s = \frac{\Delta V_w}{A} = \frac{6}{30} = 0.2\text{cm} = 2\text{mm}$$

(2) $$\Delta e = 0.818 - 0.636 = 0.182$$

(3) $$\Delta\gamma_{sat} = \Delta\rho_{sat} \cdot g \approx (2.027 - 1.924) \times 10 = 1.03\text{kN/m}^3$$

5-43 (1) $U_z = 0.25$

$$T_v = \frac{\pi}{4}U_z^2 = \frac{\pi}{4} \times 0.25^2 = 0.0491$$

$$t = \frac{T_v H^2}{C_v} = \frac{0.0491 \times \left(\frac{2000}{2}\right)^2}{0.03 \times 24 \times 3600} = 18.94\text{d}$$

(2) $$T_v = \frac{C_v t}{H^2} = \frac{0.03 \times 365 \times 24 \times 3600}{\left(\frac{2000}{2}\right)^2} = 0.946$$

估计固结度将大于60%，故按式（5-18）计算：

$$U_z = 1 - \frac{8}{\pi^2}\exp\left(-\frac{\pi^2}{4}T_v\right) = 1 - \frac{8}{\pi^2}\exp\left(-\frac{\pi^2}{4} \times 0.946\right) = 0.921$$

$$E_s = \frac{C_v \gamma_w}{k} = \frac{0.03 \times 10^{-2} \times 10}{10^{-6}} = 3000\text{kPa}$$

$$s_c = \frac{\sigma_z}{E_s}H = \frac{98.1}{3000} \times 20000 = 654\text{mm}$$

$$s_{ct} = U_z s_c = 0.921 \times 654 = 602\text{mm}$$

(3) $C_v$、$T_v$、$U_z$不变，固结沉降减少一半。

5-44 砂土层水位以上：

$$w = \frac{S_r e}{d_s} = \frac{0.37 \times 0.52}{2.65} = 7.3\%$$

$$\gamma = \frac{d_s(1 + w)\gamma_w}{1 + e} = \frac{2.65 \times (1 + 0.073) \times 10}{1 + 0.52} = 18.7\text{kN/m}^3$$

砂土层水位以下：

$$w = \frac{S_r e}{d_s} = \frac{1 \times 0.52}{2.65} = 19.6\%$$

$$\gamma_{sat} = \frac{d_s(1 + w)\gamma_w}{1 + e} = \frac{2.65 \times (1 + 0.196) \times 10}{1 + 0.52} = 20.9\text{kN/m}^3$$

黏土层：

$$e = \frac{w d_s}{S_r} = \frac{0.42 \times 2.65}{1} = 1.113$$

$$\gamma_{sat} = \frac{d_s(1 + w)\gamma_w}{1 + e} = \frac{2.65 \times (1 + 0.42) \times 10}{1 + 1.113} = 17.8\text{kN/m}^3$$

黏土层的平均自重应力：

$$p_1 = 18.7 \times 2 + (20.9 - 10) \times 2.5 + (17.8 - 10) \times 4.5/2 = 82.2\text{kPa}$$

附加应力平均值：

$$\Delta p = (100 + 40)/2 = 70\text{kPa}$$

$$p_2 = p_1 + \Delta p = 82.2 + 70 = 152.2\text{kPa}$$

对应的孔隙比为：

$$e_1 = 1.02 + \frac{82.2 - 50}{100 - 50} \times (0.922 - 1.02) = 0.957$$

$$e_2 = 0.922 + \frac{152.2 - 100}{200 - 100} \times (0.828 - 0.922) = 0.873$$

黏土层的最终沉降量：

$$s = \frac{e_1 - e_2}{1 + e_1}H = \frac{0.957 - 0.873}{1 + 0.957} \times 4500 = 193.2\text{mm}$$

5-45 $C_v = \dfrac{k(1 + e)}{\gamma_w a} = \dfrac{1.5 \times 10^{-7} \times (1 + 1.50)}{10 \times 10^{-2} \times 0.8 \times 10^{-3}} = 4.69 \times 10^{-3}\text{cm}^2/\text{s}$

预压前在仓库荷载作用下20年后的沉降：

$$T_v = \frac{C_v t}{H^2} = \frac{4.69 \times 10^{-3} \times 20 \times 365 \times 24 \times 3600}{3000^2} = 0.329$$

$$U_z = 1 - \frac{8}{\pi^2}\exp\left(-\frac{\pi^2}{4}T_v\right) = 1 - \frac{8}{\pi^2}\exp\left(-\frac{\pi^2}{4} \times 0.329\right) = 0.639$$

$$s_{ct} = U_z s_c = 0.639 \times 33.6 = 21.5\text{cm}$$

需预压消除的沉降为：21.5 − 5 = 16.5cm

预压6个月时的固结度：

$$T_v = \frac{C_v t}{H^2} = \frac{4.69 \times 10^{-3} \times 182.5 \times 24 \times 3600}{3000^2} = 0.0082$$

$$U_z = 1 - \frac{8}{\pi^2}\exp\left(-\frac{\pi^2}{4}T_v\right) = 1 - \frac{8}{\pi^2}\exp\left(-\frac{\pi^2}{4} \times 0.0082\right) = 0.205$$

预压荷载长期预压所产生的固结沉降：

$$s_c = \frac{s_{ct}}{U_z} = \frac{16.5}{0.205} = 80.5\text{cm}$$

预压荷载的大小：

$$p_0 = \frac{s_c(1 + e)}{aH} = \frac{80.5 \times (1 + 1.50)}{0.8 \times 10^{-3} \times 3000} = 83.9\text{kPa}$$

5-46 （1）平均附加应力：

$$\sigma_z = \frac{1}{2} \times (0.22 + 0.198) = 0.209\text{MPa}$$

黏土层的稳定沉降量：

$$s_{\infty} = \frac{a\sigma_z}{1+e}H = \frac{0.24 \times 0.209}{1+0.947} \times 6000 = 154.6\text{mm}$$

（2）
$$U = \frac{120}{154.6} = 0.776$$

由 $\alpha = 0.198/0.22 = 0.9$ 及 $U = 0.776$ 查表 5-11 得 $T_v = 0.53$，于是：

$$C_v = \frac{k(1+e)}{a\gamma_w} = \frac{2 \times (1+0.947)}{0.24 \times 10^{-3} \times 10 \times 10^{-2}} = 1.62 \times 10^5 \text{cm}^2/\text{a}$$

$$t = \frac{T_v H^2}{C_v} = \frac{0.53 \times 600^2}{1.62 \times 10^5} = 1.18\text{a}$$

（3）
$$t = \frac{2}{12} = 0.167a$$

$$T_v = \frac{C_v t}{H^2} = \frac{1.62 \times 10^5 \times 0.167}{600^2} = 0.075$$

$$U = 0.3$$

$$s_t = U s_{\infty} = 0.3 \times 154.6 = 46.4\text{mm}$$

# 第6章　土的抗剪强度

## 一、学习要点

### 1. 土的抗剪强度理论

◆库伦公式

土的抗剪强度表达式（库伦公式）为：

无黏性土　$$\tau_f = \sigma\tan\varphi \tag{6-1}$$

黏性土　$$\tau_f = c + \sigma\tan\varphi \tag{6-2}$$

式中　$\tau_f$——土的抗剪强度（kPa）；

$\sigma$——剪切滑动面上的法向总应力（kPa）；

$c$——土的黏聚力（kPa）；

$\varphi$——土的内摩擦角（°）。

$c$、$\varphi$ 统称为土的抗剪强度指标（参数）。在 $\tau_f-\sigma$ 坐标中（图6-1），库伦公式为一条直线，称为抗剪强度包线。$\varphi$ 为直线与水平轴的夹角，$c$ 为直线在纵轴上的截距。

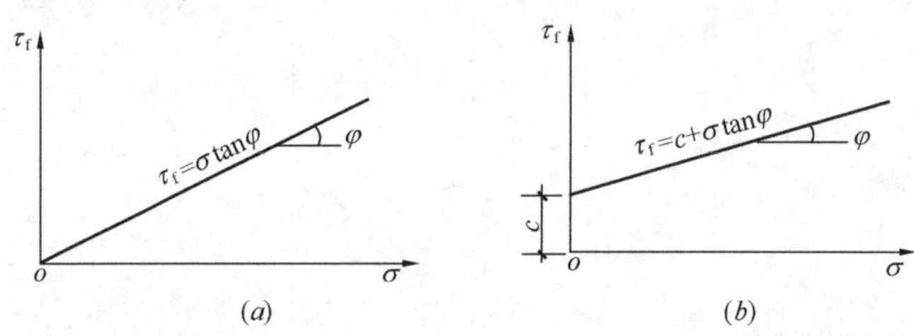


图6-1　抗剪强度与法向压应力之间的关系

（a）无黏性土；（b）黏性土

土的抗剪强度不仅与土的性质有关，还与试验时的排水条件、剪切速率、应力状态和应力历史等许多因素有关，其中最重要的是试验时的排水条件。

◆抗剪强度的总应力法和有效应力法

根据太沙基的有效应力概念，土体内的剪应力只能由土的骨架承担，因此，土的抗剪强度 $\tau_f$ 应表示为剪切破坏面上的法向有效应力 $\sigma'$ 的函数，即

$$\tau_f = c' + \sigma'\tan\varphi' = c' + (\sigma - u)\tan\varphi' \tag{6-3}$$

式中　$c'$、$\varphi'$——分别为有效黏聚力和有效内摩擦角，统称为有效应力强度指标，对无黏性土，$c'=0$；

$\sigma'$——剪切滑动面上的法向有效应力；

$u$——孔隙水压力。

因此，土的抗剪强度有两种表达方法，一种是以总应力 $\sigma$ 表示剪切破坏面上的法向应力，其抗剪强度表达式为式（6-1）和式（6-2），称为抗剪强度总应力法，相应的 $c$、$\varphi$

称为总应力强度指标（参数）；另一种则以有效应力 $\sigma'$表示剪切破坏面上的法向应力，其表达式为式（6-3），称为抗剪强度有效应力法，$c'$、$\varphi'$称为有效应力强度指标（参数）。

虽然有效应力法反映了土的强度本质，概念明确，但通常只有知道了孔隙水压力 $u$ 后才能计算有效应力 $\sigma'$，故给其应用带来一定的困难。而总应力法无须测定孔隙水压力，在应用上比较方便，故一般的工程问题多采用总应力法，但在选择试验的排水条件时，应尽量与现场土体的排水条件相一致。

◆土中一点的应力状态

与大主应力 $\sigma_1$作用面成任意角 $\alpha$ 的平面上的正应力 $\sigma$ 和剪应力 $\tau$ 可按下式计算：

$$\sigma = \frac{1}{2}(\sigma_1 + \sigma_3) + \frac{1}{2}(\sigma_1 - \sigma_3)\cos 2\alpha \tag{6-4}$$

$$\tau = \frac{1}{2}(\sigma_1 - \sigma_3)\sin 2\alpha \tag{6-5}$$

◆莫尔圆与抗剪强度包线之间的关系

莫尔圆与抗剪强度包线之间的关系有以下三种情况（图 6-2）：

1）整个莫尔圆位于抗剪强度包线的下方（圆Ⅰ），说明该点在任何平面上的剪应力都小于土所能发挥的抗剪强度（$\tau < \tau_f$），因此不会发生剪切破坏。

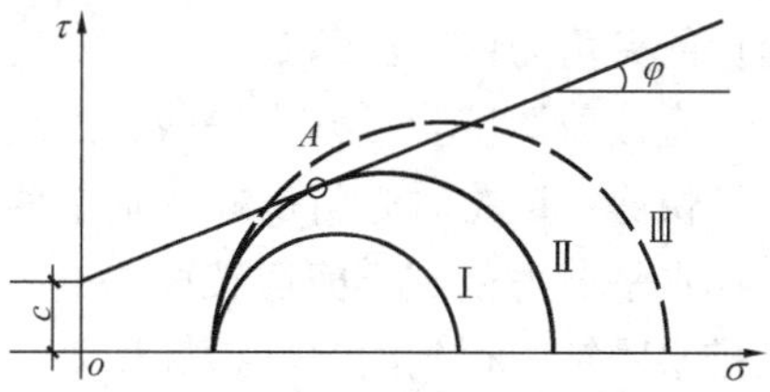

2）抗剪强度包线是莫尔圆的一条割线（圆Ⅲ），实际上这种情况是不可能存在的，因为该点任何方向上的剪应力都不可能超过土的抗剪强度（不存在 $\tau > \tau_f$的情况）。

图 6-2　莫尔圆与抗剪强度包线之间的关系

3）莫尔圆与抗剪强度包线相切（圆Ⅱ），说明在切点 $A$ 所代表的平面上，剪应力正好等于抗剪强度（$\tau = \tau_f$），该点处于极限平衡状态。圆Ⅱ称为极限应力圆。

◆土的极限平衡条件

根据土体中一点达到极限平衡状态时的莫尔应力圆与土的抗剪强度包线相切的几何关系，可建立如下的极限平衡条件：

$$\sin\varphi = \frac{\frac{1}{2}(\sigma_1 - \sigma_3)}{c \cdot \cot\varphi + \frac{1}{2}(\sigma_1 + \sigma_3)} \tag{6-6}$$

或

$$\sigma_1 = \sigma_3 \tan^2\left(45° + \frac{\varphi}{2}\right) + 2c\tan\left(45° + \frac{\varphi}{2}\right) \tag{6-7}$$

或

$$\sigma_3 = \sigma_1 \tan^2\left(45° - \frac{\varphi}{2}\right) - 2c\tan\left(45° - \frac{\varphi}{2}\right) \tag{6-8}$$

破坏面与大主应力 $\sigma_1$作用面的夹角（破裂角）为：

$$\alpha_f = 45° + \frac{\varphi}{2} \tag{6-9}$$

◆土的抗剪强度理论可归纳为如下几个要点：

1）土的抗剪强度与该面上有效正应力的大小成正比；

2）土的强度破坏是由于土中某点的剪应力达到土的抗剪强度所致；

3）破裂面不发生在最大剪应力作用面上，而是在应力圆与抗剪强度包线相切的切点所代表的平面上，即与大主应力 $\sigma_1$ 作用面成 $\alpha = 45° + \varphi/2$ 交角的平面上；

4）如果同一种土有几个试样在不同的大、小主应力组合下受剪破坏，则在 $\tau_f - \sigma$ 坐标图上可得几个莫尔极限应力圆，这些应力圆的公切线就是其抗剪强度包线；

5）土的极限平衡条件是判别土体中某点是否达到极限平衡状态的基本公式。

**2. 土的抗剪强度试验**

◆用于测定土的抗剪强度指标的试验方法主要有直接剪切试验、三轴压缩试验、无侧限抗压强度试验和十字板剪切试验。除十字板剪切试验是在现场原位进行外，其他三种试验均在试验室内进行。

◆直接剪切试验

对同一种土取4个试样，分别在不同的竖向压力 $\sigma$（100、200、300、400kPa）作用下剪切破坏。将试验结果绘在以抗剪强度 $\tau_f$ 为纵坐标、竖向压力 $\sigma$ 为横坐标的图上，通过各试验点绘一直线，此即为抗剪强度包线。该直线在纵坐标上的截距为黏聚力 $c$，与横坐标的夹角为内摩擦角 $\varphi$。

直接剪切试验可分为快剪、固结快剪和慢剪三种试验方法。

快剪：试验时先将试样的上下两面贴以不透水的薄膜，在施加竖向压力后，立即快速施加水平剪力使试样剪切破坏。由于剪切速率快，可以认为试样在短暂的剪切过程中来不及排水固结。得到的强度指标用 $c_q$、$\varphi_q$ 表示。

固结快剪：施加竖向压力后，让试样充分排水固结，待固结完成后，再快速将试样剪坏。得到的强度指标用 $c_{cq}$、$\varphi_{cq}$ 表示。

慢剪：施加竖向压力并待试样固结完成后，以缓慢的剪切速率施加水平剪力，使试样在剪切过程中有充分的时间排水固结，直至剪切破坏。得到的强度指标用 $c_s$、$\varphi_s$ 表示。

三种强度指标之间存在如下的关系：$\varphi_q < \varphi_{cq} < \varphi_s$。

直接剪切试验具有设备简单、操作方便、易于掌握等优点，同时也存在如下的缺点：①剪切面限定在上、下盒之间的平面，而不是沿土样最薄弱的面剪切破坏；②剪切面上剪应力分布不均匀，应力条件复杂；③在剪切过程中，土样剪切面逐渐缩小，而在计算抗剪强度时却是按土样的原截面积计算的；④试验时不能严格控制排水条件，不能量测孔隙水压力，因而对饱和黏性土进行不排水剪切时试验结果不够理想。

◆三轴压缩试验

对应于直接剪切试验的快剪、固结快剪和慢剪试验，三轴压缩试验亦分为不固结不排水剪（简称为不排水剪）、固结不排水剪和固结排水剪三种试验方法。

不固结不排水试验（UU试验）：试样在施加周围压力 $\sigma_3$ 和随后施加竖向压力直至剪切破坏的整个过程中都不允许排水，试验自始至终关闭排水阀门。测得的强度指标为 $c_u$、$\varphi_u$。

固结不排水试验（CU试验）：试样在施加周围压力 $\sigma_3$ 时打开排水阀门，允许排水固结，待固结稳定后关闭排水阀门，再施加竖向压力，使试样在不排水的条件下剪切破坏。测得的强度指标为 $c_{cu}$、$\varphi_{cu}$ 和 $c'$、$\varphi'$。

固结排水试验（CD试验）：试样在施加周围压力 $\sigma_3$ 时允许排水固结，待固结稳定后，再在排水条件下施加竖向压力至试件剪切破坏。测得的强度指标为 $c_d$、$\varphi_d$。

三轴压缩仪的突出优点是能较为严格地控制排水条件以及量测试件中孔隙水压力的变化。此外，试件中的应力状态也比较明确，破裂面是在最弱处。

◆无侧限抗压强度试验

无侧限抗剪强度试验属于不排水剪切试验。根据无侧限抗压强度试验结果只能作出一个极限应力圆，该圆的水平切线就是破坏包线，其表达式为：

$$\tau_f = c_u = \frac{q_u}{2} \tag{6-10}$$

式中 $c_u$——土的不排水抗剪强度；

$q_u$——无侧限抗压强度。

无侧限抗压强度试验常用来测定饱和软黏土的不排水抗剪强度和灵敏度。

◆十字板剪切试验

十字板剪切试验属于不排水剪切试验，可用来测定饱和软黏土的不排水抗剪强度和灵敏度，其优点是构造简单，操作方便，原位测试时对土的结构扰动较小，但在软土层中夹薄砂层时，测试结果可能失真或偏高。

**3. 三轴压缩试验中的孔隙压力系数**

◆在等向应力 $\Delta\sigma_3$ 和偏应力 $\Delta\sigma_1$ 作用下的孔隙压力增量 $\Delta u$ 的表达式为：

$$\Delta u = B[\Delta\sigma_3 + A(\Delta\sigma_1 - \Delta\sigma_3)] \tag{6-11a}$$

式中 $B$——等向应力条件下的孔隙压力系数，对饱和土，$B=1$；对干土，$B=0$；

$A$——偏应力条件下的孔隙压力系数。

在不排水试验中，孔隙压力增量为：

$$\Delta u = \Delta\sigma_3 + A(\Delta\sigma_1 - \Delta\sigma_3) \tag{6-11b}$$

在固结不排水试验中，由于试样在 $\Delta\sigma_3$ 作用下固结稳定，故 $\Delta\sigma_3 = 0$，于是

$$\Delta u = A(\Delta\sigma_1 - \Delta\sigma_3) \tag{6-11c}$$

**4. 饱和黏性土的抗剪强度**

◆不固结不排水抗剪强度

由于试样处在不排水的条件下，增加周围压力 $\sigma_3$ 只引起孔隙水压力增加，而不能使试样中的有效应力增加，故不同 $\sigma_3$ 值的极限应力圆的直径均相等，且有效应力圆都是同一个，因而破坏包线是一条水平线（图 6-3），即

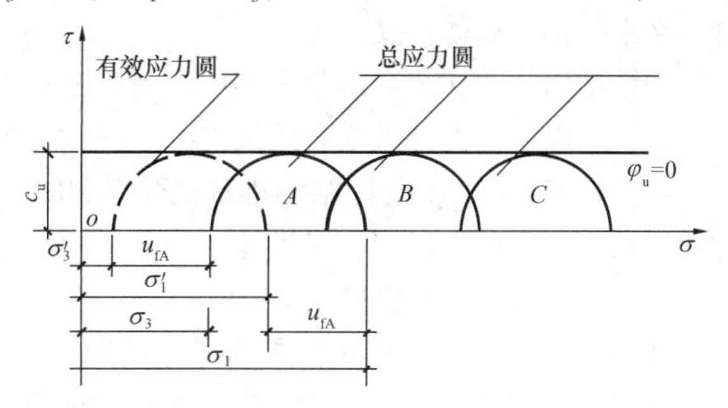

图 6-3 饱和黏性土的不固结不排水试验结果

$$\varphi_u = 0 \tag{6-12}$$

$$\tau_f = c_u = \frac{1}{2}(\sigma_1 - \sigma_3) = \frac{1}{2}(\sigma'_1 - \sigma'_3) \tag{6-13}$$

式中 $\varphi_u$——土的不排水内摩擦角；

$c_u$——土的不排水抗剪强度。

天然土层中一定深度处的土，取出前在某一压力（如上覆土层自重应力等）下已经

固结，因而它具有一定的强度，不排水抗剪强度 $c_u$ 正是反映了土的这种在原有有效固结压力下所产生的天然强度。由于天然土层的有效固结压力是随深度变化的，所以不排水抗剪强度 $c_u$ 也随深度变化，均质土的不排水抗剪强度大致随有效固结压力成线性增大。

◆固结不排水抗剪强度

对正常固结土（从泥浆状态开始固结），破坏包线通过坐标原点（图 6-4）。

对超固结土（从正常固结土层中取到试验室的试样，由于取样过程中引起的应力释放，试样中的有效固结压力会有所降低，从而使试样成为超固结土），总应力破坏包线是一条折线，实用上取为一条直线（图 6-5）。总应力破坏包线和有效应力破坏包线的表达式分别为：

$$\tau_f = c_{cu} + \sigma\tan\varphi_{cu} \tag{6-14}$$

$$\tau_f = c' + \sigma'\tan\varphi' \tag{6-15}$$

式中 $c_{cu}$、$\varphi_{cu}$——总应力强度指标；

$c'$、$\varphi'$——有效应力强度指标。

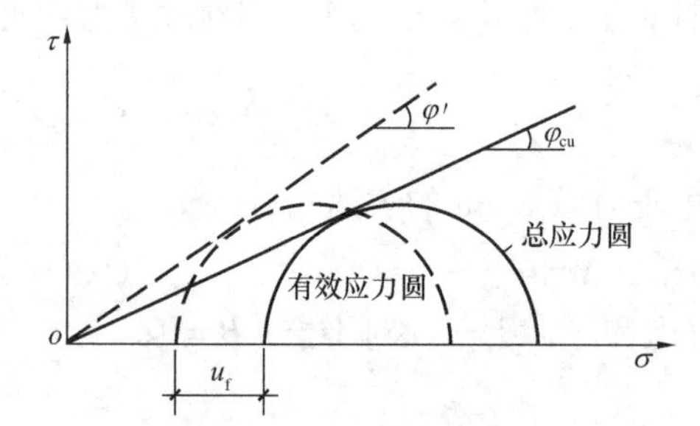


图 6-4　正常固结土的固结不排水试验结果

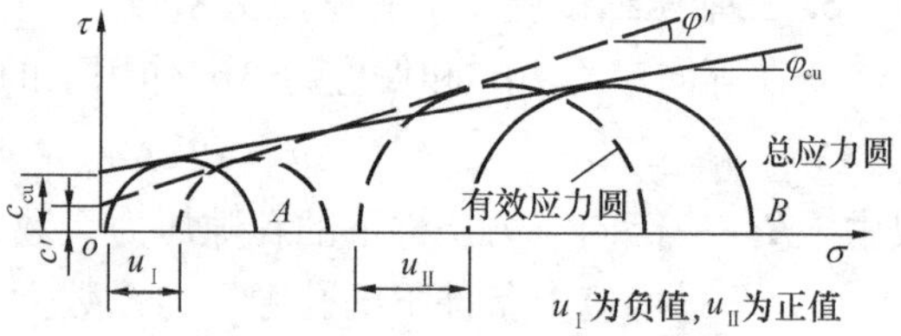

图 6-5　超固结土的固结不排水试验结果

◆固结排水抗剪强度

固结排水试验在整个试验过程中，超孔隙水压力始终为零，总应力最后全部转化为有效应力，所以总应力圆就是有效应力圆，总应力破坏包线就是有效应力破坏包线。

试验证明，$c_d$、$\varphi_d$ 与固结不排水试验得到的 $c'$、$\varphi'$ 很接近，由于固结排水试验所需的时间太长，故实用上以 $c'$、$\varphi'$ 代替 $c_d$ 和 $\varphi_d$。

◆抗剪强度指标的选择

首先要根据工程问题的性质确定分析方法，进而决定采用总应力或有效应力强度指标，然后选择测试方法。一般认为，地基的长期稳定性或长期承载力问题，宜采用三轴固结不排水试验确定的有效应力强度指标 $c'$、$\varphi'$，以有效应力法进行分析；而饱和软黏土地基的短期稳定性或短期承载力问题，宜采用三轴不固结不排水试验的强度指标 $c_u$（$\varphi_u = 0$），以总应力法进行分析。一般工程问题多采用总应力分析法，其指标和测试方法的选择大致如下：

若建筑物施工速度较快，而地基土的透水性和排水条件不良时，可采用三轴仪不固结不排水试验或直剪仪快剪试验的结果；如果地基荷载增长速率较慢，地基土的透水性不太小（如低塑性的黏土）以及排水条件又较佳时（如黏土层中夹砂层），则可以采用固结排水或慢剪试验的结果；如果介于以上两种情况之间，可用固结不排水或固结快剪试验的结果。

**5. 无黏性土的抗剪强度**

◆砂土的剪胀性

松砂受剪时其体积减小（剪缩），紧砂受剪时开始体积稍有减小，继而增加（剪胀）。在高周围压力下，不论砂土的松紧如何，受剪时都将剪缩。

◆砂土的临界孔隙比

在低周围压力下，不同初始孔隙比的砂土剪切时其体积可能增加，也可能减小。因此，必然存在某一初始孔隙比，剪切时砂土的体积既不产生膨胀，也不产生收缩，这一初始孔隙比称为临界孔隙比 $e_{cr}$。

◆砂土的剪切试验

由于砂土的透水性强，它在现场的受剪过程大多相当于固结排水剪情况，因此，砂土的剪切试验，无论剪切速率如何，实际上都是排水剪切试验，所测得的内摩擦角接近于有效内摩擦角。

◆砂土的内摩擦角

松砂的内摩擦角大致与干砂的天然休止角相等。工程上常根据标准贯入试验锤击数 $N$ 估算天然砂层的内摩擦角，公式如下：

$$\varphi = \sqrt{20N} + 15^\circ \tag{6-16}$$

或

$$\varphi = 0.3N + 27^\circ \tag{6-17}$$

## 二、例题精解

**【例 6-1】** 已知土样的一组直剪试验成果，在法向压力为 $\sigma = 100$、200、300、400kPa 时，测得的抗剪强度分别为 $\tau_f = 67$、119、161、215kPa。试作图求该土的抗剪强度指标 $c$、$\varphi$ 值。若作用在此土中某平面上的法向压力和剪应力分别是 220kPa 和 100kPa，问该平面是否会剪切破坏？

**【解】** 将直剪试验成果绘在 $\tau_f - \sigma$ 坐标上（注意纵坐标与横坐标的比例尺应一致），如图 6-6 所示。作一直线，使 4 个试验点尽量落在直线上或靠近直线，该直线即为抗剪强度包线，从图上量得 $c = 15\text{kPa}$，$\varphi = 27^\circ$。

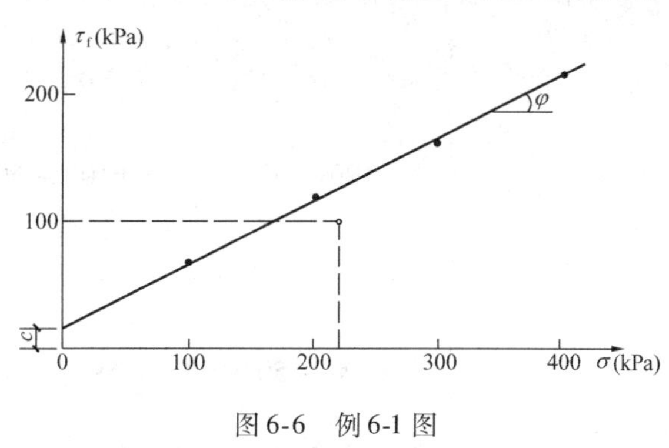


图 6-6　例 6-1 图

将 $\sigma = 220\text{kPa}$、$\tau = 100\text{kPa}$ 标在图上（见图中的空心圆），该点在抗剪强度包线的下方，说明在该平面上土的抗剪强度大于剪应力，故该平面不会发生剪切破坏。

**【例 6-2】** 已知地基中某点受到大主应力 $\sigma_1 = 700\text{kPa}$、小主应力 $\sigma_3 = 200\text{kPa}$ 的作用，试求：

（1）最大剪应力值及最大剪应力作用面与大主应力面的夹角；

（2）作用在与小主应力面成 30°角的面上的法向应力和剪应力。

**【解】**（1）莫尔应力圆顶点所代表的平面上的剪应力为最大剪应力，其值为：

$$\tau_{max} = \frac{1}{2}(\sigma_1 - \sigma_3) = \frac{1}{2} \times (700 - 200) = 250\text{kPa}$$

该平面与大主应力作用面的夹角为 $\alpha = 45°$。

（2）若某平面与小主应力面成 30°，则该平面与大主应力面的夹角 $\alpha = 90° - 30° = 60°$，该面上的法向应力 $\sigma$ 和剪应力 $\tau$ 按式（6-4）、式（6-5）计算如下：

$$\sigma = \frac{1}{2}(\sigma_1 + \sigma_3) + \frac{1}{2}(\sigma_1 - \sigma_3)\cos 2\alpha$$

$$= \frac{1}{2} \times (700 + 200) + \frac{1}{2} \times (700 - 200)\cos(2 \times 60°) = 325\text{kPa}$$

$$\tau = \frac{1}{2}(\sigma_1 - \sigma_3)\sin 2\alpha$$

$$= \frac{1}{2} \times (700 - 200)\sin(2 \times 60°) = 216.5\text{kPa}$$

**【例 6-3】** 某饱和黏性土在三轴仪中进行固结不排水试验，得 $c' = 0$、$\varphi' = 28°$，如果这个试件受到 $\sigma_1 = 200\text{kPa}$ 和 $\sigma_3 = 150\text{kPa}$ 的作用，测得孔隙水压力 $u = 100\text{kPa}$，问该试件是否会破坏？

**【解】**

$$\sigma'_1 = \sigma_1 - u = 200 - 100 = 100\text{kPa}$$

$$\sigma'_3 = \sigma_3 - u = 150 - 100 = 50\text{kPa}$$

解法一：按可能的破裂面上的 $\tau$ 与 $\tau_f$ 的大小来判断

破裂面与大主应力面的夹角为：

$$\alpha_f = 45° + \frac{\varphi'}{2} = 45° + \frac{28°}{2} = 59°$$

作用在破裂面上的有效法向应力 $\sigma'$、剪应力 $\tau$ 和抗剪强度 $\tau_f$ 分别为：

$$\sigma' = \frac{1}{2}(\sigma'_1 + \sigma'_3) + \frac{1}{2}(\sigma'_1 - \sigma'_3)\cos 2\alpha$$

$$= \frac{1}{2} \times (100 + 50) + \frac{1}{2} \times (100 - 50)\cos(2 \times 59°) = 63.3\text{kPa}$$

$$\tau = \frac{1}{2}(\sigma'_1 - \sigma'_3)\sin 2\alpha$$

$$= \frac{1}{2} \times (100 - 50)\sin(2 \times 59°) = 22.1\text{kPa}$$

$$\tau_f = c' + \sigma'\tan\varphi' = 0 + 63.3\tan 28° = 33.7\text{kPa}$$

因为 $\tau_f > \tau$，故该试件不会破坏。

解法二：按式（6-6）判断

$$\varphi'_f = \arcsin\frac{\sigma_1 - \sigma_3}{\sigma_1 + \sigma_3} = \arcsin\frac{100 - 50}{100 + 50} = 19.5°$$

此计算值 $\varphi'_f$ 为试件破坏时所需的内摩擦角，因为实际值 $\varphi' = 28° > \varphi'_f = 19.5°$，故该试件不会破坏。

解法三：按式（6-7）判断

$$\sigma'_{1f} = \sigma'_3 \tan^2\left(45° + \frac{\varphi'}{2}\right) = 50\tan^2\left(45° + \frac{28°}{2}\right) = 138.5\text{kPa}$$

此计算值为该试件破坏时（在 $\sigma'_3 = 50\text{kPa}$ 的条件下）相应的大主应力值。因为实际值 $\sigma'_1 = 100\text{kPa} < \sigma'_{1f} = 138.5\text{kPa}$，故该试件不会破坏（原理见图 6-7）。

解法四：按式（6-8）判断

$$\sigma'_{3f} = \sigma'_1 \tan^2\left(45° - \frac{\varphi'}{2}\right) = 100\tan^2\left(45° - \frac{28°}{2}\right) = 36.1\text{kPa}$$

此计算值为该试件破坏时（在 $\sigma'_1 = 100\text{kPa}$ 的条件下）相应的小主应力值。因为实际值 $\sigma'_3 = 50\text{kPa} > \sigma'_{3f} = 36.1\text{kPa}$，故该试件不会破坏（原理见图 6-8）。

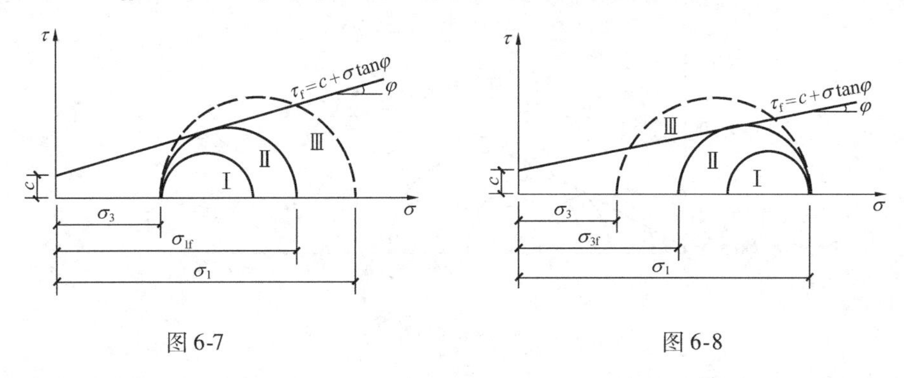


图 6-7　　图 6-8

解法五：作图法

按一定比例尺绘出莫尔应力圆，并在同一坐标图中绘出抗剪强度包线（图略），由于整个莫尔圆都位于抗剪强度包线的下方，说明在试件的任何平面上的剪应力都小于土的抗剪强度，因此该试件不会破坏。

**【例 6-4】** 某饱和黏性土无侧限抗压强度试验的不排水抗剪强度 $c_u = 70\text{kPa}$，如果对同一土样进行三轴不固结不排水试验，施加周围压力 $\sigma_3 = 150\text{kPa}$，问试件将在多大的轴向压力作用下发生破坏？

**【解】** 因为

$$c_u = \frac{1}{2}(\sigma_1 - \sigma_3)$$

所以

$$\sigma_1 = 2c_u + \sigma_3 = 2 \times 70 + 150 = 290\text{kPa}$$

**【例 6-5】** 某黏土试样在三轴仪中进行固结不排水试验，破坏时的孔隙水压力为 $u_f$，三个试件的试验结果如下：

试件Ⅰ：$\sigma_3 = 50\text{kPa}$　$\sigma_1 = 142\text{kPa}$　$u_f = 23\text{kPa}$

试件Ⅱ：$\sigma_3 = 100\text{kPa}$　$\sigma_1 = 220\text{kPa}$　$u_f = 40\text{kPa}$

试件Ⅲ：$\sigma_3 = 150\text{kPa}$　$\sigma_1 = 314\text{kPa}$　$u_f = 67\text{kPa}$

试求：（1）用作图法确定该黏土试样的 $c_{cu}$、$\varphi_{cu}$ 和 $c'$、$\varphi'$；（2）试件Ⅱ破坏面上的法向有效应力和剪应力；（3）试件Ⅱ剪切破坏时的孔隙压力系数 $A$。

**【解】** 各试件破坏时的有效应力：

试件Ⅰ：$\sigma'_3 = 50 - 23 = 27\text{kPa}$　$\sigma'_1 = 142 - 23 = 119\text{kPa}$

试件Ⅱ：$\sigma'_3 = 100 - 40 = 60\text{kPa}$　$\sigma'_1 = 220 - 40 = 180\text{kPa}$

试件Ⅲ：$\sigma'_3 = 150 - 67 = 83\text{kPa}$　$\sigma'_1 = 314 - 67 = 247\text{kPa}$

（1）按一定比例尺绘出总应力圆、有效应力圆，并作出这些圆的公共切线，该切线即为土的抗剪强度包线，该线与横坐标的夹角为土的内摩擦角，与纵坐标的截距为土的黏聚力，如图 6-9 所示。

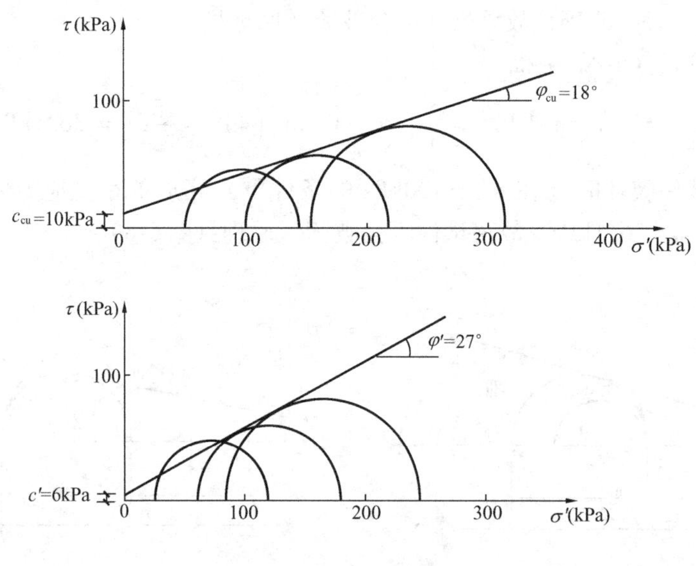


图 6-9

从图 6-9 可知，总应力强度指标 $c_{cu}=10\text{kPa}$，$\varphi_{cu}=18°$；有效应力强度指标 $c'=6\text{kPa}$，$\varphi'=27°$。

（2） $\alpha_f=45°+\dfrac{\varphi'}{2}=45°+\dfrac{27°}{2}=58.5°$

$$\sigma'=\frac{1}{2}(\sigma'_1+\sigma'_3)+\frac{1}{2}(\sigma'_1-\sigma'_3)\cos2\alpha$$

$$=\frac{1}{2}\times(180+60)+\frac{1}{2}\times(180-60)\cos(2\times58.5°)=92.8\text{kPa}$$

$$\tau=\frac{1}{2}(\sigma'_1-\sigma'_3)\sin2\alpha$$

$$=\frac{1}{2}\times(180-60)\sin(2\times58.5°)=53.5\text{kPa}$$

（3）由式（6-11$c$）得：

$$A=\frac{\Delta u}{\Delta\sigma_1-\Delta\sigma_3}=\frac{40}{220-100}=0.33$$

**【例 6-6】** 某正常固结饱和黏性土试样进行不固结不排水试验，得 $\varphi_u=0$，$c_u=20\text{kPa}$，对同样的土进行固结不排水试验，得有效抗剪强度指标 $c'=0$，$\varphi'=30°$，如果试样在不排水条件下破坏，试求剪切破坏时的有效大主应力和小主应力。

**【解】** 由不固结不排水试验，得

$$\frac{1}{2}(\sigma'_1-\sigma'_3)=c_u=20\text{kPa}$$

由固结不排水试验，得

$$\sin\varphi' = \frac{\frac{1}{2}(\sigma'_1 - \sigma'_3)}{\frac{1}{2}(\sigma'_1 + \sigma'_3)} = \sin 30° = 0.5$$

联立求解上述二式，得 $\sigma'_1 = 60\text{kPa}$，$\sigma'_3 = 20\text{kPa}$。

**【例 6-7】** 在例 6-6 中的黏土层，如果某一面上的法向应力 σ 突然增加到 200kPa，法向应力刚增加时沿这个面的抗剪强度是多少？经很长时间后这个面的抗剪强度又是多少？

**【解】** 土的不排水抗剪强度 $c_u$ 反映的是土体的天然强度，因此，当法向应力刚增加时该面上的抗剪强度即为不排水抗剪强度，即 $\tau_f = c_u = 20\text{kPa}$。

当法向应力 $\sigma$ 突然增加到 200kPa 并经很长时间后，该应力已转化为有效应力，该面上的抗剪强度将相应增加，按式（6-3）得

$$\tau_f = \sigma' \tan\varphi' = 200\tan30° = 115.5\text{kPa}$$

**【例 6-8】** 某黏性土试样由固结不排水试验得有效抗剪强度指标 $c' = 24\text{kPa}$，$\varphi' = 22°$，如果该试样在周围压力 $\sigma_3 = 200\text{kPa}$ 下进行固结排水试验至破坏，试求破坏时的大主应力 $\sigma_1$。

**【解】** 近似取 $c_d = c' = 24\text{kPa}$，$\varphi_d = \varphi' = 22°$。

$$\sigma'_3 = \sigma_3 = 200\text{kPa}$$

$$\begin{aligned}\sigma_1 &= \sigma'_1 = \sigma'_3 \tan^2\left(45° + \frac{\varphi_d}{2}\right) + 2c_d \tan\left(45° + \frac{\varphi_d}{2}\right)\\ &= 200 \times \tan^2\left(45° + \frac{22°}{2}\right) + 2 \times 24 \times \tan\left(45° + \frac{22°}{2}\right)\\ &= 510.8\text{kPa}\end{aligned}$$

**【例 6-9】** 某条形基础下地基土体中一点的应力为：$\sigma_z = 250\text{kPa}$，$\sigma_x = 100\text{kPa}$，$\tau_{xz} = 40\text{kPa}$。已知土的 $c = 0$，$\varphi = 30°$，问该点是否发生剪切破坏？如 $\sigma_z$ 和 $\sigma_x$ 不变，$\tau_{xz}$ 增至 60kPa，则该点又如何？

**【解】** 该点的大、小主应力为：

$$\begin{aligned}\begin{matrix}\sigma_1\\ \sigma_3\end{matrix} &= \frac{\sigma_z + \sigma_x}{2} \pm \sqrt{\left(\frac{\sigma_z - \sigma_x}{2}\right)^2 + \tau_{xz}^2}\\ &= \frac{250 + 100}{2} \pm \sqrt{\left(\frac{250 - 100}{2}\right)^2 + 40^2} = \begin{matrix}260\\ 90\end{matrix}\text{kPa}\end{aligned}$$

$$\sigma_{1f} = \sigma_3 \tan^2\left(45° + \frac{\varphi}{2}\right) = 90\tan^2\left(45° + \frac{30°}{2}\right) = 270\text{kPa}$$

因为 $\sigma_1 = 260\text{kPa} < \sigma_{1f} = 270\text{kPa}$，所以该点未发生剪切破坏。

如 $\sigma_z$ 和 $\sigma_x$ 不变，$\tau_{xz}$ 增至 60kPa，则

$$\begin{matrix}\sigma_1\\ \sigma_3\end{matrix} = \frac{250 + 100}{2} \pm \sqrt{\left(\frac{250 - 100}{2}\right)^2 + 60^2} = \begin{matrix}271\\ 79\end{matrix}\text{kPa}$$

$$\sigma_{1f}=\sigma_3\tan^2\left(45°+\frac{\varphi}{2}\right)=79\tan^2\left(45°+\frac{30°}{2}\right)=237\text{kPa}$$

因为 $\sigma_1=271\text{kPa}>\sigma_{1f}=237\text{kPa}$，所以该点会发生剪切破坏。

**【例6-10】** 某黏土进行三轴固结不排水试验得有效应力强度指标 $c'=0$，$\varphi'=30°$。如果对同一土样进行三轴不固结不排水试验，施加的周围压力为 $\sigma_3=300\text{kPa}$，问：（1）若不固结不排水试验中试样破坏时的孔隙水压力 $u_f=150\text{kPa}$，则试样破坏时的竖向压力增量 $\Delta\sigma_1$ 为多少？（2）在固结不排水试验中，试样在竖向压力增量 $\Delta\sigma_1=420\text{kPa}$ 下发生破坏，则破坏时的孔隙水压力 $u_f$ 是多少？

**【解】** （1）$\sigma'_1=(\sigma_3-u_f)\tan^2\left(45°+\frac{\varphi'}{2}\right)=(300-150)\tan^2\left(45°+\frac{30°}{2}\right)=450\text{kPa}$

$$\Delta\sigma_1=\sigma_1-\sigma_3=\sigma'_1+u_f-\sigma_3=450+150-300=300\text{kPa}$$

（2）
$$\Delta\sigma_1+\sigma_3-u_f=(\sigma_3-u_f)\tan^2\left(45°+\frac{\varphi'}{2}\right)$$

$$420+300-u_f=(300-u_f)\tan^2\left(45°+\frac{30°}{2}\right)$$

解得 $u_f=90\text{kPa}$。

## 三、习题

第一部分

**1. 选择题**

6-1 若代表土中某点应力状态的莫尔应力圆与抗剪强度包线相切，则表明土中该点(　　)。

A. 任一平面上的剪应力都小于土的抗剪强度

B. 某一平面上的剪应力超过了土的抗剪强度

C. 在相切点所代表的平面上，剪应力正好等于抗剪强度

D. 在最大剪应力作用面上，剪应力正好等于抗剪强度

6-2 土中一点发生剪切破坏时，破裂面与小主应力作用面的夹角为(　　)。

A. $45°+\varphi$　　B. $45°+\frac{\varphi}{2}$　　C. $45°$　　D. $45°-\frac{\varphi}{2}$

6-3 土中一点发生剪切破坏时，破裂面与大主应力作用面的夹角为(　　)。

A. $45°+\varphi$　　B. $45°+\frac{\varphi}{2}$　　C. $45°$　　D. $45°-\frac{\varphi}{2}$

6-4 无黏性土的特征之一是(　　)。

A. 塑性指数 $I_p>0$　　B. 孔隙比 $e>0.8$

C. 灵敏度较高　　D. 黏聚力 $c=0$

6-5 在下列影响土的抗剪强度的因素中，最重要的因素是试验时的(　　)。

A. 排水条件　　B. 剪切速率　　C. 应力状态　　D. 应力历史

6-6 下列说法中正确的是(　　)。

A. 土的抗剪强度与该面上的总正应力成正比

B. 土的抗剪强度与该面上的有效正应力成正比

C. 剪切破裂面发生在最大剪应力作用面上

D. 破裂面与小主应力作用面的夹角为$45° + \varphi/2$

6-7　饱和软黏土的不排水抗剪强度等于其无侧限抗压强度试验的(　　)。

A. 2 倍　　B. 1 倍　　C. 1/2 倍　　D. 1/4 倍

6-8　软黏土的灵敏度可用(　　)测定。

A. 直接剪切试验　　B. 室内压缩试验

C. 标准贯入试验　　D. 十字板剪切试验

6-9　饱和黏性土的抗剪强度指标(　　)。

A. 与排水条件有关

B. 与基础宽度有关

C. 与试验时的剪切速率无关

D. 与土中孔隙水压力是否变化无关

6-10　通过无侧限抗压强度试验可以测得黏性土的(　　)。

A. $a$ 和 $E_s$　　B. $c_u$和 $k$　　C. $c_u$和 $S_t$　　D. $c_{cu}$和 $\varphi_{cu}$

6-11　土的强度破坏通常是由于(　　)。

A. 基底压力大于土的抗压强度所致

B. 土的抗拉强度过低所致

C. 土中某点的剪应力达到土的抗剪强度所致

D. 在最大剪应力作用面上发生剪切破坏所致

6-12　(　　)是在现场原位进行的。

A. 直接剪切试验　　B. 无侧限抗压强度试验

C. 十字板剪切试验　　D. 三轴压缩试验

6-13　三轴压缩试验的主要优点之一是(　　)。

A. 能严格控制排水条件　　B. 能进行不固结不排水剪切试验

C. 仪器设备简单　　D. 试验操作简单

6-14　无侧限抗压强度试验属于(　　)。

A. 不固结不排水剪　　B. 固结不排水剪

C. 固结排水剪　　D. 固结快剪

6-15　十字板剪切试验属于(　　)。

A. 不固结不排水剪　　B. 固结不排水剪

C. 固结排水剪　　D. 慢剪

6-16　十字板剪切试验常用于测定(　　)的原位不排水抗剪强度。

A. 砂土　　B. 粉土

C. 黏性土　　D. 饱和软黏土

6-17　当施工进度快、地基土的透水性低且排水条件不良时，宜选择(　　)试验。

A. 不固结不排水剪　　B. 固结不排水剪

C. 固结排水剪　　D. 慢剪

6-18　三轴压缩试验在不同排水条件下得到的内摩擦角的关系是(　　)。

A. $\varphi_u > \varphi_{cu} > \varphi_d$　　B. $\varphi_u < \varphi_{cu} < \varphi_d$　　C. $\varphi_{cu} > \varphi_u > \varphi_d$　　D. $\varphi_d > \varphi_u > \varphi_{cu}$

6-19　对一软土试样进行无侧限抗压强度试验，测得其无侧限抗压强度为40kPa，则该土的不排水抗剪强度为(　　)。

A. 40kPa　　B. 20kPa　　C. 10kPa　　D. 5kPa

6-20　现场十字板剪切试验得到的强度与室内哪一种试验方法测得的强度相当?(　　)

A. 慢剪　　B. 固结快剪　　C. 快剪

6-21　土样在剪切过程中，其应力-应变曲线具有峰值特征的称为(　　)。

A. 加工软化型　　B. 加工硬化型　　C. 塑性型

6-22　取自同一土样的三个饱和试样进行三轴不固结不排水剪切试验，其围压 $\sigma_3$ 分别为50、100、150kPa，最终测得的强度有何区别?(　　)

A. $\sigma_3$越大，强度越大

B. $\sigma_3$越大，孔隙水压力越大，强度越小

C. 与 $\sigma_3$ 无关，强度相似

6-23　一个密砂和一个松砂饱和试样，进行三轴不固结不排水剪切试验，试问破坏时试样中的孔隙水压力有何差异?(　　)

A. 一样大　　B. 松砂大　　C. 密砂大

**2. 判断改错题**

6-24　直接剪切试验的优点是可以严格控制排水条件，而且设备简单、操作方便。

6-25　砂土的抗剪强度由摩擦力和黏聚力两部分组成。

6-26　十字板剪切试验不能用来测定软黏土的灵敏度。

6-27　对饱和软黏土，常用无侧限抗压强度试验代替三轴仪不固结不排水剪切试验。

6-28　土的强度问题实质上就是土的抗剪强度问题。

6-29　在实际工程中，代表土中某点应力状态的莫尔应力圆不可能与抗剪强度包线相割。

6-30　当饱和土体处于不排水状态时，可认为土的抗剪强度为一定值。

6-31　除土的性质外，试验时的剪切速率是影响土体强度的最重要的因素。

6-32　在与大主应力面成 $\alpha=45°$ 的平面上剪应力最大，故该平面总是首先发生剪切破坏。

6-33　破裂面与大主应力作用线的夹角为 $45°+\dfrac{\varphi}{2}$。

6-34　对于无法取得原状土样的土类，如在自重作用下不能保持原形的软黏土，其抗剪强度的测定应采用现场原位测试的方法进行。

6-35　对施工进度很快的砂土地基，宜采用三轴仪不固结不排水试验或固结不排水试验的强度指标作相关的计算。

6-36　由不固结不排水剪切试验得到的指标 $c_u$ 称为土的不排水抗剪强度。

6-37　工程上天然状态的砂土常根据标准贯入试验锤击数按经验公式确定其内摩擦角 $\varphi$。

**3. 计算证明题**

6-38　已知地基土的抗剪强度指标 $c=10\text{kPa}$，$\varphi=30°$，问当地基中某点的大主应力

$\sigma_1=400\text{kPa}$，而小主应力 $\sigma_3$ 为多少时，该点刚好发生剪切破坏？

6-39　已知土的抗剪强度指标 $c=20\text{kPa}$，$\varphi=22°$，若作用在土中某平面上的正应力和剪应力分别为 $\sigma=100\text{kPa}$、$\tau=60.4\text{kPa}$，问该平面是否会发生剪切破坏？

6-40　对某砂土试样进行三轴固结排水剪切试验，测得试样破坏时的主应力差 $\sigma_1-\sigma_3=400\text{kPa}$，周围压力 $\sigma_3=100\text{kPa}$，试求该砂土的抗剪强度指标。

6-41　一饱和黏性土试样在三轴仪中进行固结不排水试验，施加周围压力 $\sigma_3=200\text{kPa}$，试样破坏时的主应力差 $\sigma_1-\sigma_3=300\text{kPa}$，测得孔隙水压力 $u_f=180\text{kPa}$，整理试验成果得有效应力强度指标 $c'=75.1\text{kPa}$、$\varphi'=30°$。问：（1）破坏面上的法向应力和剪应力以及试样中的最大剪应力为多少？（2）为什么试样的破坏面发生在 $\alpha=60°$ 的平面而不发生在最大剪应力的作用面？

6-42　一正常固结饱和黏性土试样在三轴仪中进行固结不排水剪切试验，试件在周围压力 $\sigma_3=200\text{kPa}$ 作用下，当通过传力杆施加的竖向压力 $\Delta\sigma_1$ 达到 200kPa 时发生破坏，并测得此时试件中的孔隙水压力 $u=100\text{kPa}$。试求土的有效黏聚力 $c'$ 和有效内摩擦角 $\varphi'$、破坏面上的有效正应力 $\sigma'$ 和剪应力 $\tau$。

6-43　某土样 $c'=20\text{kPa}$、$\varphi'=30°$，承受大主应力 $\sigma_1=420\text{kPa}$、小主应力 $\sigma_3=150\text{kPa}$ 的作用，测得孔隙水压力 $u=46\text{kPa}$，试判断该土样是否达到极限平衡状态。

6-44　一饱和黏性土试样进行固结不排水剪切试验，施加的周围压力 $\sigma_3=300\text{kPa}$，试样破坏时的主应力差 $\sigma_1-\sigma_3=455\text{kPa}$。已知土的黏聚力 $c=50\text{kPa}$，内摩擦角 $\varphi=20°$，试说明为什么试样的破坏面不发生在最大剪应力的作用面？

第二部分

6-45　从饱和黏性土层中取出土样加工成三轴试样，由固结不排水试验得 $c'=0$，$\varphi'=25°$。若对同样的土样进行不固结不排水试验，当试样放入压力室时测得初始孔隙水压力 $u_0=-68\text{kPa}$，然后关闭排水阀，施加周围压力 $\sigma_3=100\text{kPa}$，随后施加竖向压力至试样破坏，测得破坏时的孔隙压力系数 $A_f=0.6$，求此试样的不排水抗剪强度 $c_u$。

6-46　某土的压缩系数为 $0.16\text{MPa}^{-1}$，强度指标 $c=20\text{kPa}$，$\varphi=30°$。若作用在土样上的大小主应力分别为 350kPa 和 150kPa，问该土样是否破坏？若小主应力为 100kPa，该土样能经受的最大主应力为多少？

6-47　已知地基中一点的大主应力为 $\sigma_1$，地基土的黏聚力和内摩擦角分别为 $c$ 和 $\varphi$。求该点的抗剪强度 $\tau_f$。

6-48　某完全饱和土样，已知土的抗剪强度指标为 $c_u=35\text{kPa}$，$\varphi_u=0$；$c_{cu}=12\text{kPa}$，$\varphi_{cu}=12°$；$c'=3\text{kPa}$，$\varphi'=28°$，则：

（1）若该土样在 $\sigma_3=200\text{kPa}$ 作用下进行三轴固结不排水剪切试验，则破坏时的 $\sigma_1$ 约为多少？

（2）在 $\sigma_3=250\text{kPa}$，$\sigma_1=400\text{kPa}$，$u=160\text{kPa}$ 时土样可能破裂面上的剪应力是多少？土样是否会破坏？

6-49　某饱和黏性土由无侧限抗压强度试验测得其不排水抗剪强度 $c_u=80\text{kPa}$，如对同一土样进行三轴不固结不排水试验，问：

（1）若施加围压 100kPa，轴向压力 250kPa，该试样是否破坏？

（2）施加围压 150kPa，若测得破坏时孔压系数 $A_f=0.8$，此时轴向压力和孔压多大？

（3）破坏面与水平面的夹角。

6-50　在一软土地基上修筑一土堤，软土的不排水强度参数 $c_u=25\text{kPa}$，$\varphi_u=0$，土堤填土的重度为 $20\text{kN/m}^3$，试问土堤一次性堆高最多能达到几米？（设控制稳定安全系数为2.0，太沙基承载力公式中 $N_c=5.71$）

6-51　某黏土试样在200kPa的三轴室压力作用下完全排水固结，然后关闭排水阀门，将三轴室压力升至400kPa，再增加偏应力（$\sigma_1-\sigma_3$）直至试样破坏。已知该试样的有效黏聚力 $c'=15\text{kPa}$，有效内摩擦角 $\varphi'=19°$，孔隙压力系数 $B=0.8$，$A_f=AB=0.29$，试确定破坏时的偏应力 $(\sigma_1-\sigma_3)_f$。

6-52　某饱和软土地基，$\gamma_{sat}=16\text{kN/m}^3$，$c_u=10\text{kPa}$，$\varphi_u=0°$，$c'=2\text{kPa}$，$\varphi'=20°$，静止侧压力系数 $K_0=1.0$，地下水位在地基表面处。今在地基上大面积堆载50kPa，试求地基中距地面5m深处、与水平面成55°角的平面上且当土的固结度达到90%时，土的抗剪强度是多少？强度的净增长值为多少？

6-53　已知饱和黏性土地基的有效重度为 $\gamma'$，静止侧压力系数为 $K_0$，有效黏聚力为 $c'$，有效内摩擦角为 $\varphi'$，地下水位与地面齐平。当地面承受宽度为 $2b$ 的均布条形荷载 $p_0$ 时，荷载中心点下深度为 $b$ 的 $M$ 点在不排水条件下剪切破坏，此时，孔隙水压力值为 $u$。

（1）绘出点 $M$ 在原始应力状态下和破坏时的总应力圆和有效应力圆，以及相应的莫尔破坏包线示意图；

（2）证明该地基土的不排水抗剪强度 $c_u$ 的表达式可以写成：

$$c_u=\frac{1}{2}\{[(1+K_0)\gamma'+2\gamma_w]b+p_0-2u\}\sin\varphi'+c'\cos\varphi'$$

提示：地基中任一点由 $p_0$ 引起的附加主应力为：

$$\left.\begin{matrix}\Delta\sigma_1\\ \Delta\sigma_3\end{matrix}\right\}=\frac{p_0}{\pi}(\beta_0\pm\sin\beta_0)$$

式中　$\beta_0$——该点到均布条形荷载两端的夹角。

6-54　在某饱和黏性土地表瞬时施加一宽度为6.0m的均布条形荷载 $p=150\text{kPa}$，引起荷载中心线下3.0m深度处点 $M$ 的孔隙水压力增量 $\Delta u=17.7\text{kPa}$。土层的静止侧压力系数 $K_0=0.5$，饱和重度 $\gamma_{sat}=20.0\text{kN/m}^3$，有效应力指标 $c'=20\text{kPa}$，$\varphi'=30°$。地下水位在地表。试计算点 $M$ 在时间 $t=0$ 和 $t=\infty$ 时是否会发生剪切破坏。

## 四、习题参考答案

第一部分

6-1　C　6-2　D　6-3　B　6-4　D　6-5　A　6-6　B　6-7　C　6-8　D　6-9　A

6-10　C　6-11　C　6-12　C　6-13　A　6-14　A　6-15　A　6-16　D　6-17　A

6-18　B　6-19　B　6-20　C　6-21　A　6-22　C　6-23　B

6-24　×，不能严格控制排水条件。

6-25　×，砂土没有黏聚力。

6-26　×，可以测灵敏度。

6-27　✓

6-28　✓

6-29 √

6-30 √

6-31 ×，改“剪切速率”为“排水条件”。

6-32 ×，在 $\alpha=45°$ 的平面上剪应力虽然为最大，但相应的抗剪强度更大。

6-33 ×，应为 $45°-\dfrac{\varphi}{2}$。

6-34 √

6-35 ×，砂土透水性大，通常只进行排水剪试验。

6-36 √

6-37 √

6-38

$$\begin{aligned}\sigma_3 &= \sigma_1 \tan^2\left(45°-\frac{\varphi}{2}\right)-2c\tan\left(45°-\frac{\varphi}{2}\right)\\ &=400\times\tan^2\left(45°-\frac{30°}{2}\right)-2\times10\times\tan\left(45°-\frac{30°}{2}\right)\\ &=121.8\text{kPa}\end{aligned}$$

6-39 $\tau_f = c+\sigma\tan\varphi = 20+100\tan22° = 60.4\text{kPa}$

因为 $\tau_f=\tau$，所以该平面会发生剪切破坏。

6-40 $\sigma_1 = 100+400=500\text{kPa}$

$$\sin\varphi_d = \frac{\frac{1}{2}(\sigma_1-\sigma_3)}{\frac{1}{2}(\sigma_1+\sigma_3)} = \frac{500-100}{500+100}=0.667$$

$$\varphi_d = \arcsin0.667 = 41.8°$$

$$c_d = 0$$

6-41 （1）$\sigma_1=500\text{kPa}$

$\alpha_f=60°$

$\sigma=275\text{kPa}$

$\tau=129.9\text{kPa}$

$\tau_{max}=150\text{kPa}$

（2）在破坏面上 $\tau_f=129.9\text{kPa}=\tau$

在最大剪应力的作用面上 $\tau_f=173.2\text{kPa}>\tau_{max}=150\text{kPa}$

6-42 $\sigma_1=200+200=400\text{kPa}$

$\sigma'_1=\sigma_1-u=400-100=300\text{kPa}$

$\sigma'_3=\sigma_3-u=200-100=100\text{kPa}$

正常固结饱和黏性土进行固结不排水剪切试验时，$c'=0$。

$$\varphi' = \arcsin\frac{\sigma'_1-\sigma'_3}{\sigma'_1+\sigma'_3} = \arcsin\frac{300-100}{300+100} = 30°$$

$$\alpha_f = 45°+\frac{\varphi'}{2} = 45°+\frac{30°}{2} = 60°$$

破坏面上的有效正应力和剪应力分别为：

$$\sigma' = \frac{1}{2} \times (300 + 100) + \frac{1}{2} \times (300 - 100)\cos(2 \times 60°) = 150\text{kPa}$$

$$\tau = \frac{1}{2} \times (300 - 100)\sin(2 \times 60°) = 87\text{kPa}$$

6-43　该土样未达到极限平衡状态。

6-44　$\tau_{max} = 227.5\text{kPa}$

$\tau_f = 242\text{kPa} > \tau_{max}$

第二部分

6-45　$\sigma_1 - \sigma_3 = \sigma'_1 - \sigma'_3 = 2c_u$

$\sigma_1 = \sigma_3 + 2c_u = 100 + 2c_u$

由式（6-11$b$），得

$$\begin{aligned}\Delta u &= \Delta\sigma_3 + A(\Delta\sigma_1 - \Delta\sigma_3)\\ &= \sigma_3 + u_0 + A(\sigma_1 - \sigma_3)\\ &= 100 - 68 + 0.6 \times 2c_u\\ &= 32 + 1.2\ c_u\end{aligned}$$

根据土的极限平衡条件：

$$\sigma'_1 = \sigma'_3 \tan^2\left(45° + \frac{\varphi'}{2}\right)$$

即

$$\sigma_1 - \Delta u = (\sigma_3 - \Delta u)\tan^2\left(45° + \frac{\varphi'}{2}\right)$$

将 $\sigma_1 = 100 + 2c_u$、$\sigma_3 = 100\text{kPa}$、$\Delta u = 32 + 1.2\ c_u$ 代入上式，得

$$100 + 2c_u - 32 - 1.2c_u = (100 - 32 - 1.2c_u)\tan^2\left(45° + \frac{25°}{2}\right)$$

解得 $c_u = 26.5\text{kPa}$。

6-46　破裂角 $\alpha_f = 45° + \frac{\varphi}{2} = 45° + \frac{30°}{2} = 60°$

$$\begin{aligned}\sigma &= \frac{1}{2}(\sigma_1 + \sigma_3) + \frac{1}{2}(\sigma_1 - \sigma_3)\cos 2\alpha_f\\ &= \frac{1}{2} \times (350 + 150) + \frac{1}{2} \times (350 - 150)\cos(2 \times 60°) = 200\text{kPa}\end{aligned}$$

$$\tau = \frac{1}{2}(\sigma_1 - \sigma_3)\sin 2\alpha_f = \frac{1}{2} \times (350 - 150)\sin(2 \times 60°) = 86.6\text{kPa}$$

$\tau_f = c + \sigma\tan\varphi = 20 + 200\tan 30° = 135.5\text{kPa} > \tau = 86.6\text{kPa}$（不会破坏）

$$\begin{aligned}\sigma_1 &= \sigma_3 \tan^2\left(45° + \frac{\varphi}{2}\right) + 2c\tan\left(45° + \frac{\varphi}{2}\right)\\ &= 100 \times \tan^2\left(45° + \frac{30°}{2}\right) + 2 \times 20 \times \tan\left(45° + \frac{30°}{2}\right)\\ &= 369.3\text{kPa}\end{aligned}$$

6-47 $\sigma_3 = \sigma_1 \tan^2\left(45° - \frac{\varphi}{2}\right) - 2c\tan\left(45° - \frac{\varphi}{2}\right)$

$$\sigma = \frac{1}{2}(\sigma_1 + \sigma_3) + \frac{1}{2}(\sigma_1 - \sigma_3)\cos(90° + \varphi)$$

$$\tau_f = c + \sigma\tan\varphi = c + \left[\frac{1}{2}(\sigma_1 + \sigma_3) + \frac{1}{2}(\sigma_1 - \sigma_3)\cos(90° + \varphi)\right]\tan\varphi$$

6-48 (1) $\sigma_1 = \sigma_3 \tan^2\left(45° + \frac{\varphi_{cu}}{2}\right) + 2c_{cu}\tan\left(45° + \frac{\varphi_{cu}}{2}\right)$

$$= 200 \times \tan^2\left(45° + \frac{12°}{2}\right) + 2 \times 12 \times \tan\left(45° + \frac{12°}{2}\right)$$

$$= 334.6\text{kPa}$$

(2) $\sigma'_3 = \sigma_3 - u = 250 - 160 = 90\text{kPa}$

$\sigma'_1 = \sigma_1 - u = 400 - 160 = 240\text{kPa}$

破裂角: $\alpha_f = 45° + \frac{\varphi'}{2} = 45° + \frac{28°}{2} = 59°$

$$\sigma' = \frac{1}{2}(\sigma'_1 + \sigma'_3) + \frac{1}{2}(\sigma'_1 - \sigma'_3)\cos 2\alpha_f$$

$$= \frac{1}{2} \times (240 + 90) + \frac{1}{2} \times (240 - 90)\cos(2 \times 59°) = 129.8\text{kPa}$$

$$\tau = \frac{1}{2}(\sigma'_1 - \sigma'_3)\sin 2\alpha_f = \frac{1}{2} \times (240 - 90)\sin(2 \times 59°) = 66.2\text{kPa}$$

$\tau_f = c' + \sigma'\tan\varphi' = 3 + 129.8\tan 28° = 72.0\text{kPa} > \tau = 66.2\text{kPa}$(不会破坏)

6-49 (1) $\frac{1}{2}(\sigma_1 - \sigma_3) = \frac{1}{2} \times (250 - 100) = 75\text{kPa} < c_u = 80\text{kPa}$(不会破坏)

(2) $\sigma_1 = \sigma_3 + 2c_u = 150 + 2 \times 80 = 310\text{kPa}$

$u_f = \sigma_3 + A_f(\sigma_1 - \sigma_3) = 150 + 0.8 \times (310 - 150) = 278\text{kPa}$

(3) $\alpha_f = 45° + \frac{\varphi_u}{2} = 45°$

6-50 $\gamma h \leqslant \frac{p_u}{2} = \frac{cN_c}{2}$

$$h \leqslant \frac{cN_c}{2\gamma} = \frac{25 \times 5.71}{2 \times 20} = 3.6\text{m}$$

6-51 $\sigma_3 = 400\text{kPa}$

$\Delta\sigma_3 = 200\text{kPa}$

$$K_p = \tan^2\left(45° + \frac{\varphi'}{2}\right) = \tan^2\left(45° + \frac{19°}{2}\right) = 1.965$$

$$\sqrt{K_p} = 1.402$$

由式 (6-11$a$), 得

$$u_f = B \cdot \Delta\sigma_3 + A_f(\sigma_1 - \sigma_3)_f$$

根据土的极限平衡条件, 有

$$\sigma'_1 = \sigma'_3 K_p + 2c'\sqrt{K_p}$$

即
$$\sigma_3 + (\sigma_1 - \sigma_3)_f - u_f = (\sigma_3 - u_f)K_p + 2c'\sqrt{K_p}$$

将 $u_f = B \cdot \Delta\sigma_3 + A_f(\sigma_1 - \sigma_3)_f$ 代入上式，得

$$(\sigma_1 - \sigma_3)_f = \frac{(\sigma_3 - B \cdot \Delta\sigma_3)(K_p - 1) + 2c'\sqrt{K_p}}{1 - A_f + A_f K_p}$$

$$= \frac{(400 - 0.8 \times 200)(1.965 - 1) + 2 \times 15 \times 1.402}{1 - 0.29 + 0.29 \times 1.965}$$

$$= 213.8\text{kPa}$$

6-52 堆载前 $\sigma' = \gamma' h = (16 - 10) \times 5 = 30\text{kPa}$

$$\tau_{f1} = c' + \sigma'\tan\varphi' = 2 + 30\tan 20° = 12.9\text{kPa}$$

堆载后且当固结度达90%时 $\sigma' = 30 + 50 \times 0.9 = 75\text{kPa}$

$$\tau_{f2} = 2 + 75\tan 20° = 29.3\text{kPa}$$

$$\tau_{f2} - \tau_{f1} = 29.3 - 12.9 = 16.4\text{kPa}$$

6-53 （1）图略。

（2） $\beta_0 = \frac{\pi}{2}$

$$\Delta\sigma_1 = \frac{p_0}{\pi}\left(\frac{\pi}{2} + 1\right)$$

$$\Delta\sigma_3 = \frac{p_0}{\pi}\left(\frac{\pi}{2} - 1\right)$$

$$\sigma'_1 = \gamma' b + \gamma_w b + \Delta\sigma_1 - u$$

$$\sigma'_3 = \gamma' b K_0 + \gamma_w b + \Delta\sigma_3 - u$$

$$\sin\varphi' = \frac{\frac{1}{2}(\sigma'_1 - \sigma'_3)}{c' \cdot \cot\varphi' + \frac{1}{2}(\sigma'_1 + \sigma'_3)} = \frac{c_u}{c' \cdot \cot\varphi' + \frac{1}{2}(\sigma'_1 + \sigma'_3)}$$

$$c_u = \frac{1}{2}(\sigma'_1 + \sigma'_3)\sin\varphi' + c' \cdot \cos\varphi'$$

$$= \frac{1}{2}[(1 + K_0)\gamma' b + 2\gamma_w b + p_0 - 2u]\sin\varphi' + c' \cdot \cos\varphi'$$

6-54 $K_p = \tan^2\left(45° + \frac{\varphi'}{2}\right) = \tan^2\left(45° + \frac{30°}{2}\right) = 3$

$$\sqrt{K_p} = 1.732$$

$$\beta_0 = \frac{\pi}{2}$$

$$\sigma_1 = \gamma' h + \gamma_w h + \frac{p}{\pi}\left(\frac{\pi}{2} + 1\right)$$

$$\sigma_3 = \gamma' h K_0 + \gamma_w h + \frac{p}{\pi}\left(\frac{\pi}{2} - 1\right)$$

$t=0$ 时：$\sigma'_1 = \sigma_1 - \gamma_w h - \Delta u$

$$= \gamma' h + \frac{p}{\pi}\left(\frac{\pi}{2}+1\right) - \Delta u$$

$$= 10 \times 3 + \frac{150}{3.14} \times \left(\frac{3.14}{2}+1\right) - 17.7 = 135.1\text{kPa}$$

$$\sigma'_3 = \sigma_3 - \gamma_w h - \Delta u$$

$$= \gamma' h K_0 + \frac{p}{\pi}\left(\frac{\pi}{2}-1\right) - \Delta u$$

$$= 10 \times 3 \times 0.5 + \frac{150}{3.14} \times \left(\frac{3.14}{2}-1\right) - 17.7 = 24.5\text{kPa}$$

$$\sigma'_{1f} = \sigma'_3 K_p + 2c'\sqrt{K_p}$$

$$= 24.5 \times 3 + 2 \times 20 \times 1.732 = 142.8\text{kPa} > \sigma'_1 = 135.1\text{kPa}（不会破坏）$$

$t=\infty$ 时：

$$\sigma'_1 = \sigma_1 - \gamma_w h = \gamma' h + \frac{p}{\pi}\left(\frac{\pi}{2}+1\right) = 135.1 + 17.7 = 152.8\text{kPa}$$

$$\sigma'_3 = \sigma_3 - \gamma_w h = \gamma' h K_0 + \frac{p}{\pi}\left(\frac{\pi}{2}-1\right) = 24.5 + 17.7 = 42.2\text{kPa}$$

$$\sigma'_{1f} = \sigma'_3 K_p + 2c'\sqrt{K_p}$$

$$= 42.2 \times 3 + 2 \times 20 \times 1.732 = 195.9\text{kPa} > \sigma'_1 = 152.8\text{kPa}（不会破坏）$$

# 第 7 章　土　压　力

## 一、学习要点

### 1. 挡土墙侧的土压力

◆根据挡土墙的位移情况和墙后土体所处的应力状态，土压力可分为以下三种：

1）主动土压力：当挡土墙向离开土体方向偏移至土体达到极限平衡状态时，作用在墙上的土压力称为主动土压力，用 $E_a$ 表示。重力式挡土墙通常按主动土压力计算。

2）被动土压力：当挡土墙向土体方向偏移至土体达到极限平衡状态时，作用在墙上的土压力称为被动土压力，用 $E_p$ 表示。桥台受到桥上荷载推向土体时，土对桥台产生的侧压力属被动土压力。

3）静止土压力：当挡土墙静止不动，土体处于弹性平衡状态时，土对墙的压力称为静止土压力，用 $E_0$ 表示。作用在房屋地下室外墙上的土压力可按静止土压力计算。

◆在相同条件下，主动土压力小于静止土压力，而静止土压力又小于被动土压力，即 $E_a < E_0 < E_p$，而且产生被动土压力所需的位移 $\Delta_p$ 大大超过产生主动土压力所需的位移 $\Delta_a$。

### 2. 静止土压力的计算

◆在填土表面下任意深度 $z$ 处，静止土压力强度 $\sigma_0$ 等于土在自重作用下无侧向变形时的水平向自重应力 $\sigma_{cx}$，即

$$\sigma_0 = \sigma_{cx} = K_0\sigma_{cz} = K_0\gamma z \tag{7-1}$$

式中　$K_0$——土的静止侧压力（土压力）系数，查表取用，也可近似按 $K_0 = 1 - \sin\varphi'$ 计算；

$\sigma_{cz}$——任意深度 $z$ 处土的竖向自重应力；

$\gamma$——墙后填土的重度，地下水位以下用浮重度；

$\varphi'$——土的有效内摩擦角。

◆计算土压力时，沿挡土墙纵向一般取单位长度（1m）来计算。当有地下水时，土压力和水压力需分别计算。

◆静止土压力合力 $E_0$ 的大小等于土压力强度 $\sigma_0$ 沿墙高分布图形的面积，图形的形心为 $E_0$ 的作用位置，作用方向为水平方向。在均质土中，静止土压力呈三角形分布，合力 $E_0$ 作用在距墙底为 1/3 墙高处，其大小为：

$$E_0 = \frac{1}{2}\gamma H^2 K_0 \tag{7-2}$$

式中　$H$——挡土墙高度。

### 3. 朗肯土压力理论

◆朗肯土压力理论是根据半空间的应力状态和土的极限平衡条件而得出的土压力计算方法。其基本假设是：①墙背垂直；②墙背光滑；③墙后填土面水平。

◆主动土压力

当墙后土体处于主动朗肯状态时，在距离填土面为 $z$ 深度处的一点 $M$ 的主应力为：$\sigma_1=\gamma z$（垂直方向），$\sigma_3=\sigma_a$（水平方向），代入土的极限平衡条件：

$$\sigma_3 = \sigma_1 \tan^2\left(45° - \frac{\varphi}{2}\right) - 2c\tan\left(45° - \frac{\varphi}{2}\right)$$

得黏性土和粉土的朗肯主动土压力公式为：

$$\sigma_a = \gamma z \tan^2\left(45° - \frac{\varphi}{2}\right) - 2c\tan\left(45° - \frac{\varphi}{2}\right) \tag{7-3a}$$

或

$$\sigma_a = \gamma z K_a - 2c\sqrt{K_a} \tag{7-3b}$$

对无黏性土，$c=0$，式（7-3$b$）成为：

$$\sigma_a = \gamma z K_a \tag{7-4}$$

式中 $\sigma_a$——沿深度方向分布的主动土压力（kPa）；

$\gamma$——墙后填土的重度（$kN/m^3$），地下水位以下用浮重度；

$\varphi$——填土的内摩擦角（°）；

$c$——填土的黏聚力（kPa）；

$z$——所计算的点离填土面的距离（m）；

$K_a$——朗肯主动土压力系数，$K_a=\tan^2\left(45° - \frac{\varphi}{2}\right)$。

◆被动土压力

当墙后土体处于被动朗肯状态时，在距离填土面为 $z$ 深度处的一点 $M$ 的主应力为：$\sigma_1=\sigma_p$（水平方向），$\sigma_3=\gamma z$（垂直方向），代入土的极限平衡条件：

$$\sigma_1 = \sigma_3 \tan^2\left(45° + \frac{\varphi}{2}\right) + 2c\tan\left(45° + \frac{\varphi}{2}\right)$$

得黏性土和粉土的朗肯被动土压力公式为：

$$\sigma_p = \gamma z \tan^2\left(45° + \frac{\varphi}{2}\right) + 2c\tan\left(45° + \frac{\varphi}{2}\right) \tag{7-5a}$$

或

$$\sigma_p = \gamma z K_p + 2c\sqrt{K_p} \tag{7-5b}$$

对无黏性土，$c=0$，式（7-5$b$）成为：

$$\sigma_p = \gamma z K_p \tag{7-6}$$

式中 $\sigma_p$——沿深度方向分布的被动土压力（kPa）；

$K_p$——朗肯被动土压力系数，$K_p=\tan^2\left(45° + \frac{\varphi}{2}\right)$。

◆几种常见情况的主动土压力计算

（1）均质填土

无黏性填土的主动土压力分布图呈三角形（图 7-1$b$），墙底压力为 $\gamma HK_a$，土压力合力 $E_a$ 为：

$$E_a = \frac{1}{2}\gamma H^2 K_a \tag{7-7}$$

黏性填土的主动土压力分布如图7-1（$c$）所示，墙底压力为$\gamma HK_a - 2c\sqrt{K_a}$，临界深度$z_0$为：

$$z_0 = \frac{2c}{\gamma\sqrt{K_a}} \tag{7-8}$$

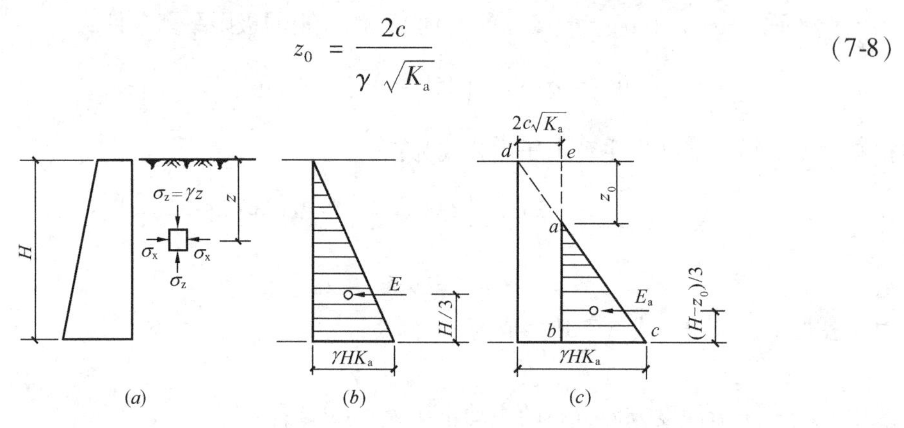


图7-1　均质填土的主动土压力

（$a$）主动土压力的作用；（$b$）无黏性土；（$c$）黏性土

单位墙长主动土压力的合力$E_a$（分布图形的面积）为：

$$E_a = \frac{1}{2}(H - z_0)(\gamma HK_a - 2c\sqrt{K_a}) \tag{7-9}$$

$E_a$的作用点通过三角形的形心，即作用在离墙底（$H - z_0$）/3处。

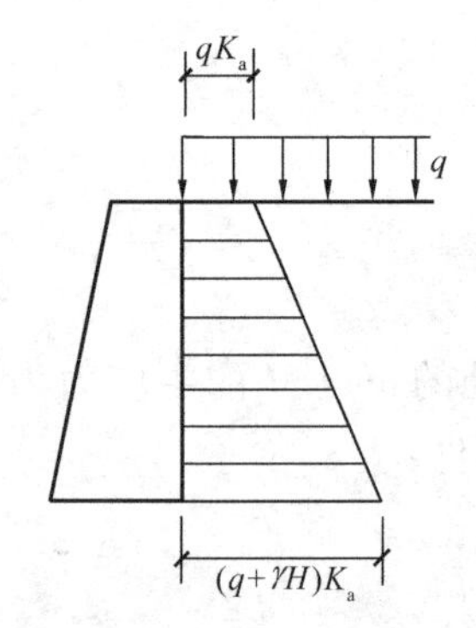


图7-2　填土面有超载时无黏性土的主动土压力

（2）填土面上有均布荷载（超载）

当挡土墙的条件符合朗肯土压力理论的基本假设时，可不将均布荷载$q$换算成当量的土重，而直接按下述公式计算。

对无黏性土：

$$\sigma_a = \sigma_c K_a = (q + \gamma z)K_a \tag{7-10}$$

式中　$\sigma_c$——竖向自重应力。

主动土压力分布如图7-2所示。

对黏性土：

$$\sigma_a = (q + \gamma z)K_a - 2c\sqrt{K_a} \tag{7-11}$$

临界深度：

$$z_0 = \frac{2c}{\gamma\sqrt{K_a}} - \frac{q}{\gamma} \tag{7-12}$$

如图7-3所示，随着填土面超载$q$值的不同，黏性土主动土压力可呈现三种不同的分布。若临界深度$z_0 < 0$，则墙顶$A$点的主动土压力强度$\sigma_{aA} = qK_a - 2c\sqrt{K_a} > 0$，$\sigma_a$为梯形分布（图7-3$a$）；若$z_0 = 0$，则$\sigma_{aA} = 0$，$\sigma_a$为三角形分布（图7-3$b$）；若$z_0 > 0$，则$\sigma_{aA} < 0$，在$z_0$范围内令$\sigma_a = 0$，$\sigma_a$为不通过$A$点的三角形分布（图7-3$c$）。

（3）成层填土

当填土由分层填土组成时，可按各层的土质情况，分别确定每一层土作用于墙背的土

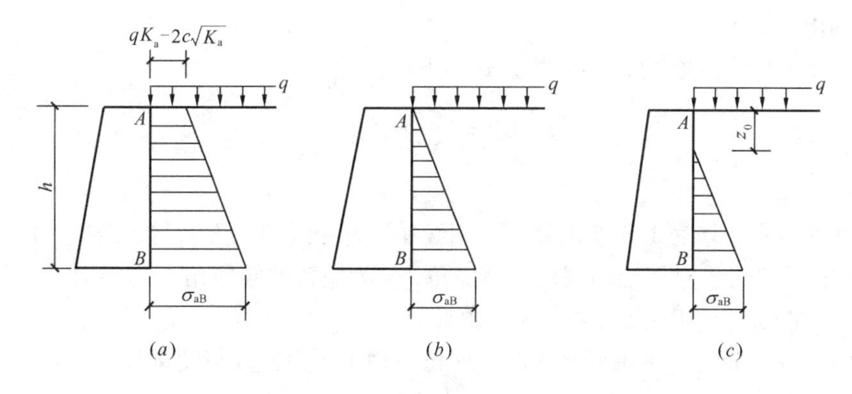


图 7-3 填土面有超载时黏性土的主动土压力

(a) $z_0<0$；(b) $z_0=0$；(c) $z_0>0$

（图中 $\sigma_{aB}=(q+\gamma H)K_a-2c\sqrt{K_a}$）

压力。第一层的土压力按均质土计算；计算第二层的土压力时，可将第一层的土重视为超载，按有超载时的情况计算。

以图 7-4 为例，设上层土的指标为 $\gamma_1$、$c_1$、$\varphi_1$，下层土的指标为 $\gamma_2$、$c_2$、$\varphi_2$，则

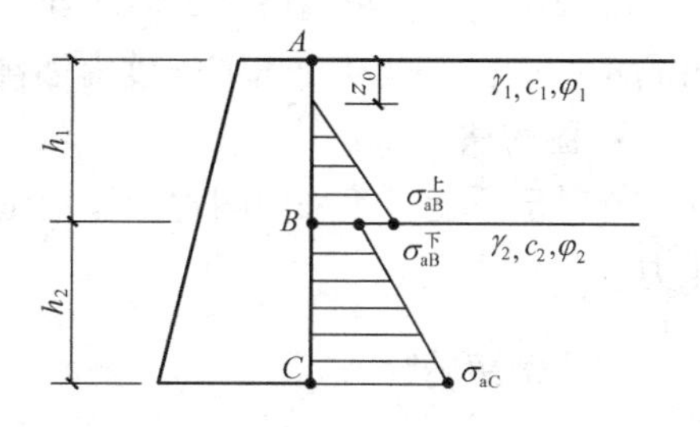


图 7-4 成层填土的主动土压力

$$z_0=\frac{2c_1}{\gamma_1\sqrt{K_{a1}}}$$

$$\sigma_{aB}^{上}=\gamma_1 h_1 K_{a1}-2c_1\sqrt{K_{a1}}$$

$$\sigma_{aB}^{下}=\gamma_1 h_1 K_{a2}-2c_2\sqrt{K_{a2}}$$

$$\sigma_{aC}=(\gamma_1 h_1+\gamma_2 h_2)K_{a2}-2c_2\sqrt{K_{a2}}$$

在上述计算中，

$$K_{a1}=\tan^2\left(45°-\frac{\varphi_1}{2}\right)$$

$$K_{a2}=\tan^2\left(45°-\frac{\varphi_2}{2}\right)$$

注意，由于 $B$ 点处在二层土的交界处，该点土压力需计算二次，略偏上按上层土的 $c_1$、$\varphi_1$ 计算，略偏下按下层土的 $c_2$、$\varphi_2$ 计算，但该处的竖向自重应力不变，即 $\sigma_c=\gamma_1 h_1$。同理，在 $C$ 点处，$\sigma_c=\gamma_1 h_1+\gamma_2 h_2$。

（4）墙后填土有地下水

墙后填土中如有地下水存在，则通常将土压力与水压力分开计算，二者之和为总侧压力。对地下水位以下的土层，一般不计地下水对土体抗剪强度的影响，即假定 $c$、$\varphi$ 值不变，但采用浮重度 $\gamma'$ 来计算土压力。静水压力从地下水位处起算。

**4. 库伦土压力理论**

◆库伦土压力理论是根据墙后土体处于极限平衡状态并形成一滑动楔体时，从楔体的静力平衡条件得出的土压力计算理论。其基本假设是：①墙后的填土是理想的散粒体（黏聚力 $c=0$）；②滑动破坏面为一平面；③滑动土楔体视为刚体。

◆主动土压力

库伦主动土压力（合力）的计算公式如下：

$$E_{\mathrm{a}} = \frac{1}{2}\gamma H^2 K_{\mathrm{a}} \tag{7-13}$$

式中　$K_{\mathrm{a}}$——库伦主动土压力系数，可查表确定。

$E_{\mathrm{a}}$的作用点在距墙底 1/3 墙高处，作用线在墙背法线的上方，与法线成$\delta$角（与水平面成$\alpha+\delta$角），$\delta$为土对挡土墙墙背的摩擦角，$\alpha$为墙背的倾斜角（俯斜时取正号，仰斜时取负号）。主动土压力强度沿墙高为三角形分布。

当墙背直立、光滑，填土面水平时，库伦主动土压力公式与朗肯公式相同。

◆被动土压力

库伦被动土压力（合力）的计算公式如下：

$$E_{\mathrm{p}} = \frac{1}{2}\gamma H^2 K_{\mathrm{p}} \tag{7-14}$$

式中　$K_{\mathrm{p}}$——库伦被动土压力系数。

$E_{\mathrm{p}}$的作用点在距墙底 1/3 墙高处，作用线在墙背法线的下方，与法线成$\delta$角（与水平面成$\alpha-\delta$角）。被动土压力强度沿墙高也为三角形分布。

**5. 图解法**

◆对于不能直接采用朗肯或库伦土压力理论计算的挡土墙，可以采用图解法来确定土压力。

## 二、例题精解

**【例 7-1】** 图 7-5（$a$）所示挡土墙高 5m，墙后填土分为二层，填土面上作用有均布荷载 $q=10\mathrm{kPa}$，试绘静止土压力分布图。

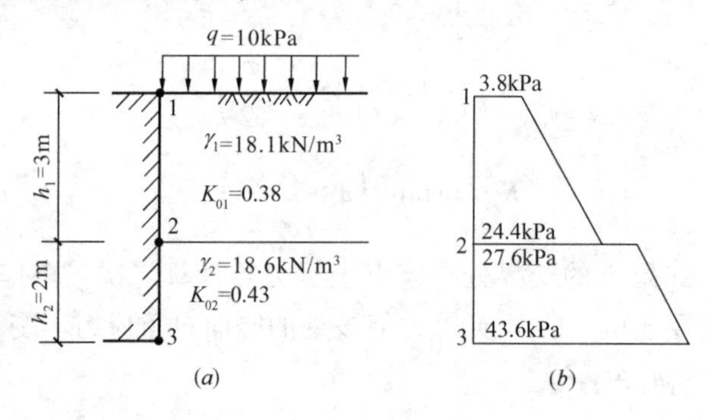


图 7-5

**【解】** 当挡土墙墙后填土面上作用有均布荷载 $q$ 时，静止土压力强度的计算公式为：

$$\sigma_0 = K_0\sigma_{cz} = K_0(q+\gamma z)$$

第一层顶：　$\sigma_{01} = K_{01}q = 0.38\times10 = 3.8\mathrm{kPa}$

第一层底：　$\sigma_{02} = K_{01}(q+\gamma_1 h_1) = 0.38\times(10+18.1\times3) = 24.4\mathrm{kPa}$

第二层顶：　$\sigma_{02} = K_{02}(q+\gamma_1 h_1) = 0.43\times(10+18.1\times3) = 27.6\mathrm{kPa}$

第二层底：　$\sigma_{02} = K_{02}(q+\gamma_1 h_1+\gamma_2 h_2)$

$$=0.43\times(10+18.1\times3+18.6\times2)=43.6\text{kPa}$$

绘静止土压力分布图如图 7-5（$b$）所示。

**【例 7-2】** 某挡土墙高 5m，填土重度 $\gamma=18.5\text{kN/m}^3$，浮重度 $\gamma'=9.0\text{kN/m}^3$，静止土压力系数 $K_0=0.5$，地下水位距填土面 2.5m，试计算作用在墙背的静止土压力 $E_0$（包括水压力）及作用点位置，并绘出侧压力沿墙高的分布图。

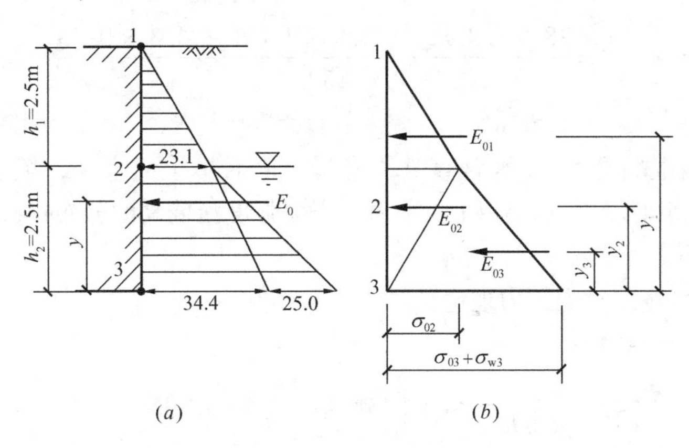


图 7-6

**【解】** 如图 7-6 所示。

1 点：　$\sigma_{01}=0$

2 点：　$\sigma_{02}=K_0\gamma h_1=0.5\times18.5\times2.5=23.1\text{kPa}$

3 点：　土压力　$\sigma_{03}=K_0(\gamma h_1+\gamma' h_2)$

$$=0.5\times(18.5\times2.5+9\times2.5)=34.4\text{kPa}$$

水压力　$\sigma_{w3}=\gamma_w h_2=10\times2.5=25.0\text{kPa}$

总侧压力 $\sigma=\sigma_{03}+\sigma_{w3}=34.4+25.0=59.4\text{kPa}$

绘侧压力分布图如图 7-6($a$)所示。

为求土压力合力 $E_0$及其作用位置，将分布图分解为三个小三角形，如图 7-6($b$)所示。在求出各小三角形的面积 $E_{0i}$(即分力)和形心位置 $y_i$(即分力作用位置)后，按合力公式求合力 $E_0$及作用位置 $y$。计算过程如下：

$$E_{01}=\frac{1}{2}\sigma_{02}h_1=\frac{1}{2}\times23.1\times2.5=28.9\text{kN/m}$$

$$y_1=h_2+\frac{1}{3}h_1=2.5+\frac{1}{3}\times2.5=3.33\text{m}$$

$$E_{02}=\frac{1}{2}\sigma_{02}h_2=\frac{1}{2}\times23.1\times2.5=28.9\text{kN/m}$$

$$y_2=\frac{2}{3}h_2=\frac{2}{3}\times2.5=1.67\text{m}$$

$$E_{03}=\frac{1}{2}(\sigma_{03}+\sigma_{w3})h_2=\frac{1}{2}\times59.4\times2.5=74.3\text{kN/m}$$

$$y_3=\frac{1}{3}h_2=\frac{1}{3}\times2.5=0.83\text{m}$$

$$E_0 = \sum_{i=1}^{3} E_{0i} = E_{01} + E_{02} + E_{03}$$

$$= 28.9 + 28.9 + 74.3 = 132.1\text{kN/m}$$

$$y = \frac{\sum E_{0i} y_i}{E_0}$$

$$= \frac{28.9 \times 3.33 + 28.9 \times 1.67 + 74.3 \times 0.83}{132.1}$$

$$= 1.56\text{m}$$

**【例 7-3】** 挡土墙高 5m，墙背直立、光滑，墙后填土面水平，填土重度 $\gamma = 19\text{kN/m}^3$，$\varphi = 34°$，$c = 5\text{kPa}$，试确定：(1) 主动土压力强度沿墙高的分布；(2) 主动土压力的大小和作用点位置。

**【解】** 本题可按朗肯土压力理论计算。

(1) 主动土压力系数：

$$K_a = \tan^2\left(45° - \frac{\varphi}{2}\right) = \tan^2\left(45° - \frac{34°}{2}\right) = 0.283, \quad \sqrt{K_a} = 0.532$$

墙底处的主动土压力强度：

$$\sigma_a = \gamma H K_a - 2c\sqrt{K_a} = 19 \times 5 \times 0.283 - 2 \times 5 \times 0.532 = 21.6\text{kPa}$$

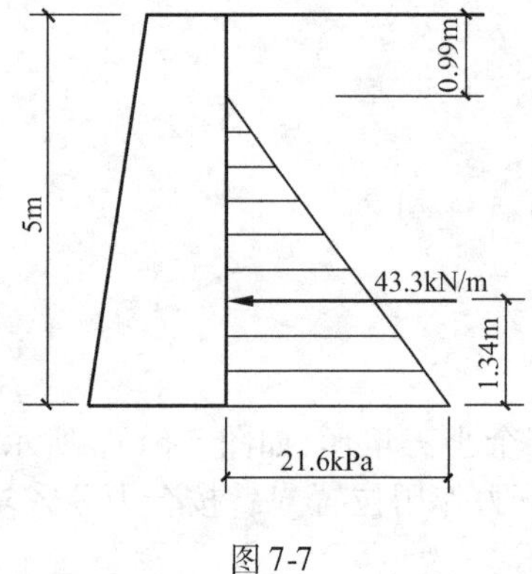

图 7-7

临界深度：

$$z_0 = \frac{2c}{\gamma\sqrt{K_a}} = \frac{2 \times 5}{19 \times 0.532} = 0.99\text{m}$$

主动土压力强度分布图如图 7-7 所示。

(2) 主动土压力：

$$E_a = \frac{1}{2}\sigma_a (H - z_0)$$

$$= \frac{1}{2} \times 21.6 \times (5 - 0.99)$$

$$= 43.3\text{kN/m}$$

$E_a$作用点距墙底的距离为：

$$\frac{1}{3}(H - z_0) = \frac{1}{3} \times (5 - 0.99) = 1.34\text{m}$$

**【例 7-4】** 某挡土墙高 6m，墙背直立、光滑，墙后填土面水平，填土分为二层，第一层为砂土，第二层为黏性土，各层土的物理力学性质指标如图 7-8 (*a*) 所示，试求：主动土压力强度，并绘出土压力沿墙高的分布图。

**【解】** $K_{a1} = \tan^2\left(45° - \frac{\varphi_1}{2}\right) = \tan^2\left(45° - \frac{30°}{2}\right) = 0.333$

$$K_{a2} = \tan^2\left(45° - \frac{\varphi_2}{2}\right) = \tan^2\left(45° - \frac{20°}{2}\right) = 0.490, \sqrt{K_{a2}} = 0.700$$

墙顶处：　　$\sigma_a = 0$

第一层底：　$\sigma_a = \gamma_1 h_1 K_{a1} = 18 \times 2 \times 0.333 = 12.0\text{kPa}$

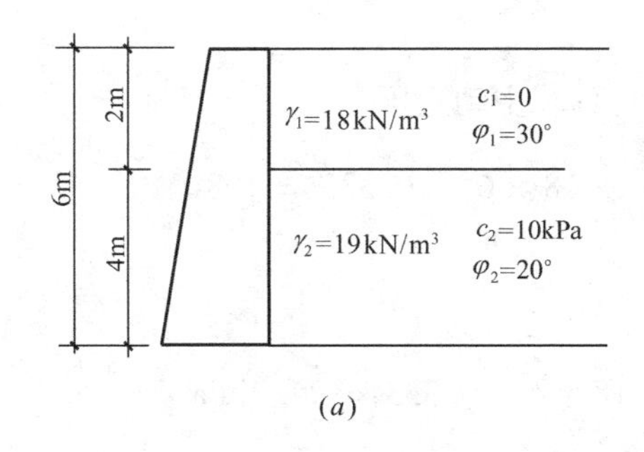

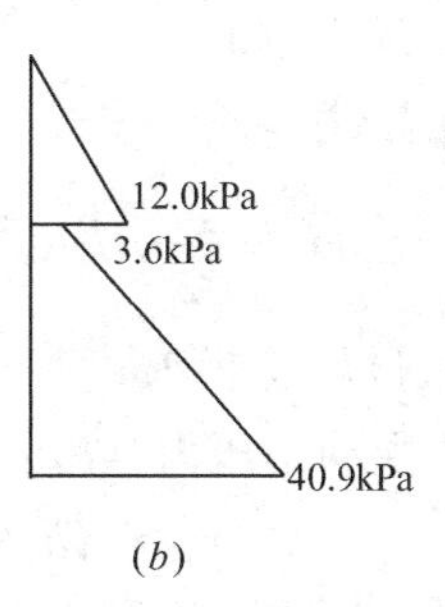


图 7-8

第二层顶：

$$\sigma_a = \gamma_1 h_1 K_{a2} - 2c_2\sqrt{K_{a2}}$$
$$= 18 \times 2 \times 0.49 - 2 \times 10 \times 0.7 = 3.6\text{kPa}$$

第二层底：

$$\sigma_a = (\gamma_1 h_1 + \gamma_2 h_2)K_{a2} - 2c_2\sqrt{K_{a2}}$$
$$= (18 \times 2 + 19 \times 4) \times 0.49 - 2 \times 10 \times 0.7 = 40.9\text{kPa}$$

土压力沿墙高的分布图如图 7-8（$b$）所示。

**【例 7-5】** 高度为 4m 的挡土墙，墙背直立、光滑，墙后填土面水平，填土面上作用有均布荷载 $q=15$kPa（图 7-9）。试作出主动土压力强度的分布图，并求合力 $E_a$ 的大小及作用点位置。

**【解】** $K_a = \tan^2\left(45° - \dfrac{\varphi}{2}\right) = \tan^2\left(45° - \dfrac{26°}{2}\right) = 0.390$，$\sqrt{K_a} = 0.625$

$$\sigma_{aA} = qK_a - 2c\sqrt{K_a} = 15 \times 0.39 - 2 \times 3 \times 0.625 = 2.1\text{kPa}$$
$$\sigma_{aB} = (q + \gamma H)K_a - 2c\sqrt{K_a}$$
$$= (15 + 18 \times 4) \times 0.39 - 2 \times 3 \times 0.625 = 30.2\text{kPa}$$

$\sigma_a$的分布图为梯形，如图 7-9 所示。

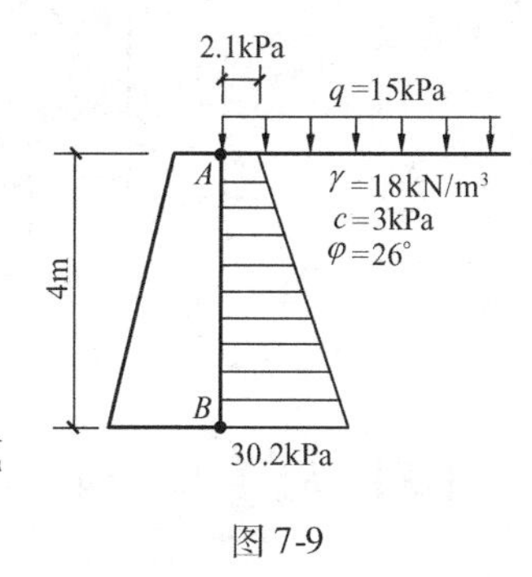


图 7-9

$E_a$的大小为 $\sigma_a$分布图形（梯形）的面积，即

$$E_a = \frac{1}{2}(\sigma_{aA} + \sigma_{aB})H$$
$$= \frac{1}{2} \times (2.1 + 30.2) \times 4 = 64.6\text{kN/m}$$

合力作用点距墙底的距离（即梯形形心位置）可按下式计算：

$$y = \frac{2\sigma_{aA} + \sigma_{aB}}{3(\sigma_{aA} + \sigma_{aB})}H = \frac{2 \times 2.1 + 30.2}{3 \times (2.1 + 30.2)} \times 4 = 1.42\text{m}$$

**【例 7-6】** 挡土墙高 6m，墙背直立、光滑，墙后填土面水平，填土重度 $\gamma = 18\text{kN/m}^3$，$\varphi = 30°$，$c=0$，试确定：（1）墙后无地下水时的主动土压力；（2）当地下水位离墙底 2m 时，作用在挡土墙上的总压力（包括水压力和土压力），地下水位以下填土的饱和重度为 $19\text{kN/m}^3$。

**【解】** $K_a = \tan^2\left(45° - \dfrac{\varphi}{2}\right) = \tan^2\left(45° - \dfrac{30°}{2}\right) = 0.333$

（1）墙后无地下水时

因填土为无黏性土，可按式（7-7）计算主动土压力：

$$E_a = \frac{1}{2}\gamma H^2 K_a = \frac{1}{2} \times 18 \times 6^2 \times 0.333 = 108\text{kN/m}$$

（2）地下水位离墙底 2m 时

在地下水位处的主动土压力强度：

$$\sigma_a = \gamma h_1 K_a = 18 \times 4 \times 0.333 = 24.0\text{kPa}$$

在墙底处的主动土压力强度和水压力：

$$\sigma_a = (\gamma h_1 + \gamma' h_2) K_a = (18 \times 4 + 9 \times 2) \times 0.333 = 30.0\text{kPa}$$

$$\sigma_w = \gamma_w h_2 = 10 \times 2 = 20\text{kPa}$$

作用在挡土墙上的总压力：

$$E = \frac{1}{2} \times 24 \times 4 + \frac{1}{2} \times (24 + 30 + 20) \times 2 = 122\text{kN/m}$$

**【例 7-7】** 高度为 6m 的挡土墙，墙背直立、光滑，墙后填土面水平，填土面上作用有均布荷载 $q = 20\text{kPa}$（图 7-10$a$）。试作出主动土压力强度的分布图，并求合力 $E_a$ 的大小及作用点位置。

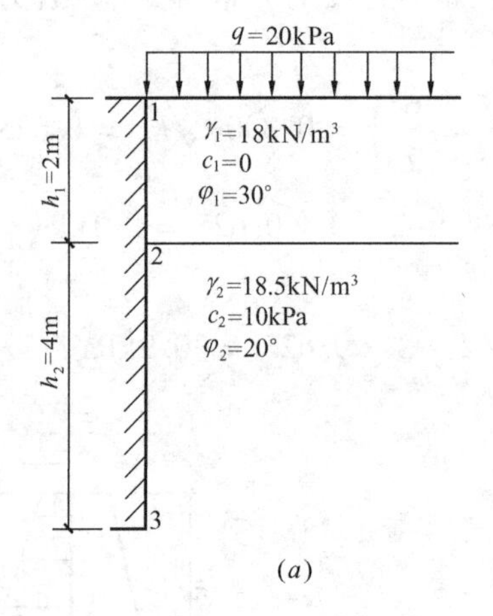


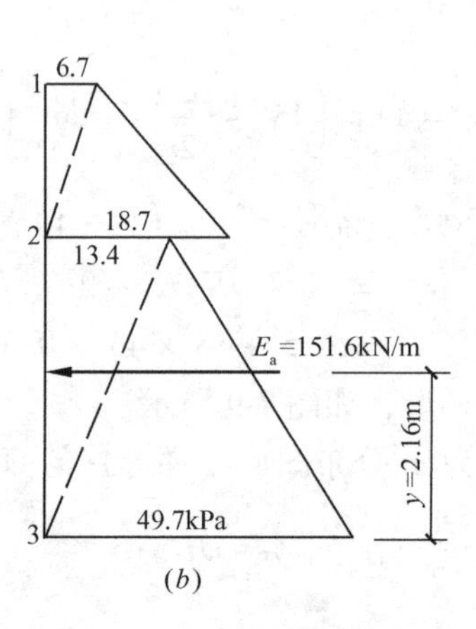


图 7-10

**【解】** $K_{a1} = \tan^2\left(45° - \frac{\varphi_1}{2}\right) = \tan^2\left(45° - \frac{30°}{2}\right) = 0.333$

$$K_{a2} = \tan^2\left(45° - \frac{\varphi_2}{2}\right) = \tan^2\left(45° - \frac{20°}{2}\right) = 0.490, \sqrt{K_{a2}} = 0.700$$

上层土：

$$\sigma_{a1} = qK_{a1} = 20 \times 0.333 = 6.7\text{kPa}$$

$$\sigma_{a2} = (q + \gamma_1 h_1) K_{a1}$$
$$= (20 + 18 \times 2) \times 0.333 = 18.7\text{kPa}$$

下层土：

$$\sigma_{a2} = (q + \gamma_1 h_1) K_{a2} - 2c_2\sqrt{K_{a2}}$$

$$=(20+18\times2)\times0.49-2\times10\times0.7=13.4\text{ kPa}$$

$$\sigma_{a3}=(q+\gamma_1h_1+\gamma_2h_2)K_{a2}-2c_2\sqrt{K_{a2}}$$

$$=(20+18\times2+18.5\times4)\times0.49-2\times10\times0.7=49.7\text{kPa}$$

合力：$$E_a=\frac{1}{2}(\sigma_{a1}+\sigma_{a2}^{上})h_1+\frac{1}{2}(\sigma_{a2}^{下}+\sigma_{a3})h_2$$

$$=\frac{1}{2}\times(6.7+18.7)\times2+\frac{1}{2}\times(13.4+49.7)\times4$$

$$=151.6\text{kN/m}$$

设合力$E_a$作用点距墙底的距离为$y$，参照［例7-2］的计算方法，将主动土压力分布图（图7-10$b$）分解为四个三角形，$y$的计算过程如下：

$$y=\frac{\sum E_{ai}y_i}{E_a}$$

$$=\left[\frac{1}{2}\sigma_{a1}h_1\left(h_2+\frac{2}{3}h_1\right)+\frac{1}{2}\sigma_{a2}^{上}h_1\left(h_2+\frac{1}{3}h_1\right)+\frac{1}{2}\sigma_{a2}^{下}h_2\cdot\frac{2}{3}h_2\right.$$

$$\left.+\frac{1}{2}\sigma_{a3}h_2\cdot\frac{1}{3}h_2\right]/E_a$$

$$=\left[\frac{1}{2}\times6.7\times2\times\left(4+\frac{2}{3}\times2\right)+\frac{1}{2}\times18.7\times2\times\left(4+\frac{1}{3}\times2\right)\right.$$

$$\left.+\frac{1}{2}\times13.4\times4\times\frac{2}{3}\times4+\frac{1}{2}\times49.7\times4\times\frac{1}{3}\times4\right]/151.6$$

$$=2.16\text{m}$$

**【例7-8】** 某挡土墙高4m，墙背倾斜角$\alpha=20°$，填土面倾角$\beta=10°$，填土重度$\gamma=20\text{kN/m}^3$，$\varphi=30°$，$c=0$，填土与墙背的摩擦角$\delta=15°$，如图7-11（$a$）所示。试按库伦理论求：（1）主动土压力大小、作用点位置和方向；（2）主动土压力沿墙高的分布图。

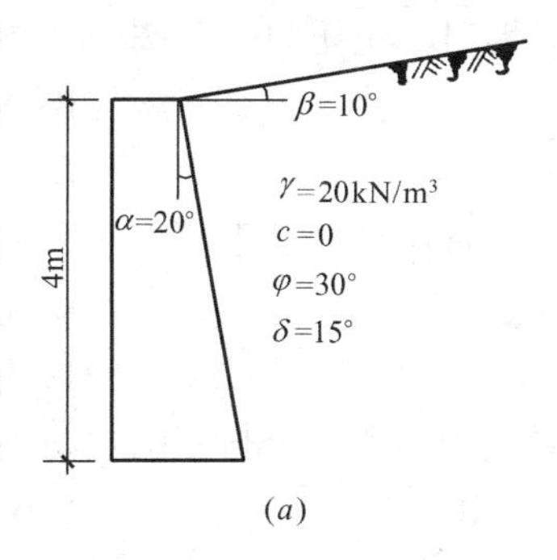


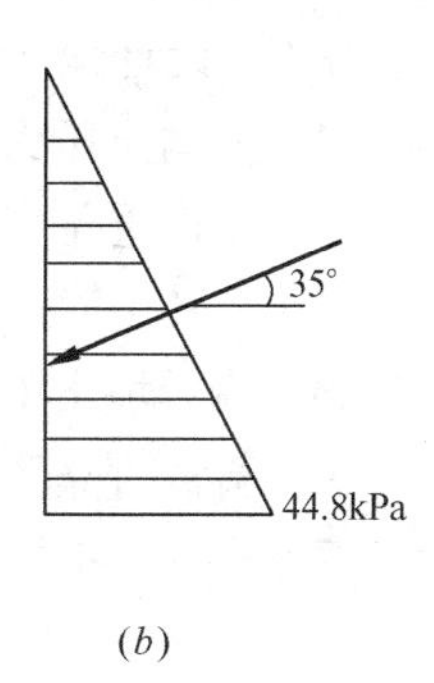


图7-11

**【解】** （1）由$\delta=15°$、$\alpha=20°$、$\beta=10°$、$\varphi=30°$查库伦主动土压力系数表，得$K_a=0.560$，代入式（7-13），得

$$E_a=\frac{1}{2}\gamma H^2K_a=\frac{1}{2}\times20\times4^2\times0.56=89.6\text{kN/m}$$

$E_a$的作用点位置距墙底的垂直距离：$H/3=4/3=1.33\text{m}$

作用方向：与水平面的夹角为$\alpha+\delta=20°+15°=35°$，如图7-11（$b$）所示。

（2）墙底处的主动土压力强度

$$\sigma_a = \gamma H K_a = 20 \times 4 \times 0.56 = 44.8\text{kPa}$$

绘土压力分布图如图 7-11（*b*）所示。

## 三、习题

第一部分

**1. 选择题**

7-1　在影响挡土墙土压力的诸多因素中，（　　）是最主要的因素。

A. 挡土墙的高度　　B. 挡土墙的刚度

C. 挡土墙的位移方向及大小　　D. 墙后填土类型

7-2　用朗肯土压力理论计算挡土墙土压力时，适用条件之一是（　　）。

A. 墙后填土干燥　　B. 墙背粗糙

C. 墙背直立　　D. 墙背倾斜

7-3　当挡土墙后的填土处于被动极限平衡状态时，挡土墙(　　)。

A. 在外荷载作用下推挤墙背土体　　B. 被土压力推动而偏离墙背土体

C. 被土体限制而处于原来的位置　　D. 受外力限制而处于原来的位置

7-4　当挡土墙后的填土处于主动极限平衡状态时，挡土墙(　　)。

A. 在外荷载作用下推挤墙背土体

B. 被土压力推动而偏离墙背土体

C. 被土体限制而处于原来的位置

D. 受外力限制而处于原来的位置

7-5　设计仅起挡土作用的重力式挡土墙时，土压力一般按(　　)计算。

A. 主动土压力　　B. 被动土压力

C. 静止土压力　　D. 静水压力

7-6　设计地下室外墙时，土压力一般按(　　)计算。

A. 主动土压力　　B. 被动土压力

C. 静止土压力　　D. 静水压力

7-7　采用库伦土压力理论计算挡土墙土压力时，基本假设之一是(　　)。

A. 墙后填土干燥　　B. 填土为无黏性土

C. 墙背直立　　D. 墙背光滑

7-8　下列指标或系数中，哪一个与库伦主动土压力系数无关？(　　)

A. $\gamma$　　B. $\alpha$　　C. $\delta$　　D. $\varphi$

7-9　当挡土墙向离开土体方向偏移至土体达到极限平衡状态时，作用在墙上的土压力称为(　　)。

A. 主动土压力　　B. 被动土压力　　C. 静止土压力

7-10　当挡土墙向土体方向偏移至土体达到极限平衡状态时，作用在墙上的土压力称为(　　)。

A. 主动土压力　　B. 被动土压力　　C. 静止土压力

7-11　当挡土墙静止不动，土体处于弹性平衡状态时，土对墙的压力称为(　　)。

A. 主动土压力　　B. 被动土压力　　C. 静止土压力

7-12　在相同条件下，三种土压力之间的大小关系是(　　)。

A. $E_a < E_0 < E_p$　　B. $E_a < E_p < E_0$

C. $E_0 < E_a < E_p$　　D. $E_0 < E_p < E_a$

7-13　产生三种土压力所需的挡土墙位移值，最大的是(　　)。

A. 产生主动土压力所需的位移值

B. 产生静止土压力所需的位移值

C. 产生被动土压力所需的位移值

7-14　按朗肯土压力理论计算挡土墙的主动土压力时，墙背是何种应力平面？(　　)

A. 大主应力作用面　　B. 小主应力作用面

C. 滑动面　　D. 与大主应力作用面呈45°角

7-15　对墙背粗糙的挡土墙，按朗肯理论计算的主动土压力将(　　)。

A. 偏大　　B. 偏小　　C. 基本相同

7-16　当墙后填土处于主动朗肯状态时，滑动面与水平面的夹角为(　　)。

A. $45° - \varphi/2$　　B. 45°　　C. $45° + \varphi/2$　　D. 90°

7-17　在黏性土中挖土，最大直立高度为(　　)。

A. $z = 2c \cdot \tan\left(45° - \dfrac{\varphi}{2}\right)/\gamma$　　B. $z = 2c \cdot \tan\left(45° + \dfrac{\varphi}{2}\right)/\gamma$

C. $z = 2c \cdot \cot\left(45° - \dfrac{\varphi}{2}\right)/\gamma$

7-18　库伦土压力理论通常适用于(　　)。

A. 黏性土　　B. 无黏性土　　C. 各类土

**2. 判断改错题**

7-19　当挡土墙向离开土体方向移动或转动时，作用在墙背上的土压力就是主动土压力。

7-20　作用在地下室外墙上的土压力也可以按被动土压力计算。

7-21　按哪一种土压力（主动、静止或被动土压力）计算完全取决于挡土墙的位移方向（向前、静止不动或向后位移）。

7-22　静止土压力强度 $\sigma_0$ 等于土在自重作用下无侧向变形时的水平向自重应力 $\sigma_{cx}$。

7-23　朗肯土压力理论的基本假设是：墙背直立、粗糙且墙后填土面水平。

7-24　按朗肯土压力理论计算主动土压力时，墙后填土中破裂面与水平面的夹角为 $45° - \varphi/2$。

7-25　墙后填土愈松散，其对挡土墙的主动土压力愈小。

7-26　墙背和填土之间存在的摩擦力将使主动土压力减小、被动土压力增大。

7-27　库伦土压力理论假设墙后填土中的滑动破裂面是平面，且通过墙踵。

7-28　库伦土压力理论可以计算墙后填土为成层土的情况。

7-29　挡土墙墙背倾角 $\alpha$ 愈大，主动土压力愈小。

7-30　墙后填土的固结程度越高，作用在墙上的总推力就越大。

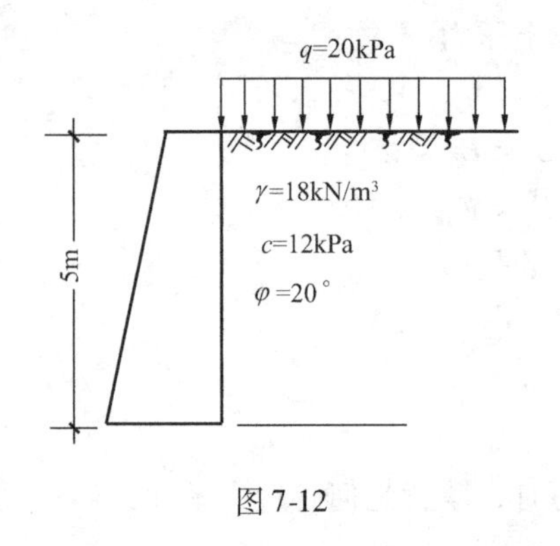

图 7-12

### 3. 计算证明题

7-31　挡土墙高 5m，墙背直立、光滑，墙后填土面水平，作用有连续均布荷载 $q=20\text{kPa}$，土的物理力学指标如图 7-12 所示，试求主动土压力。

7-32　某挡土墙高 5m，假定墙背垂直光滑，墙后填土面水平，填土的黏聚力 $c=11\text{kPa}$，内摩擦角 $\varphi=20°$，重度 $\gamma=18\text{kN/m}^3$，试作出墙背主动土压力（强度）分布图并求主动土压力的合力。

7-33　某挡土墙墙高 4.5m，墙后填土为砂土，其内摩擦角 $\varphi=35°$，重度 $\gamma=19\text{kN/m}^3$，填土面与水平面的夹角 $\beta=20°$，墙背倾角 $\alpha=5°$，墙背外摩擦角 $\delta=20°$，试求主动土压力 $E_a$。

7-34　高度为6m 的挡土墙，墙背直立、光滑，墙后填土面水平，其上作用有均布荷载 $q=10\text{kPa}$，填土 $\gamma=18\text{kN/m}^3$，$c=0$，$\varphi=35°$。试作出主动土压力分布图并求合力的大小及作用位置。

7-35　某挡土墙墙背直立、光滑，墙后填土面水平，填土分为两层，上层为砂土，下层为黏性土，如图 7-13 所示。试列出 $A$ 、$B$ 两点主动土压力强度的计算公式。

7-36　图 7-14 所示挡土墙满足朗肯土压力理论的基本假设，填土为砂土，试根据图中所给资料，写出墙背 $A$ 、$B$ 两点总侧压力强度（包括主动土压力和水压力）$\sigma_A$ 和 $\sigma_B$ 的计算公式。

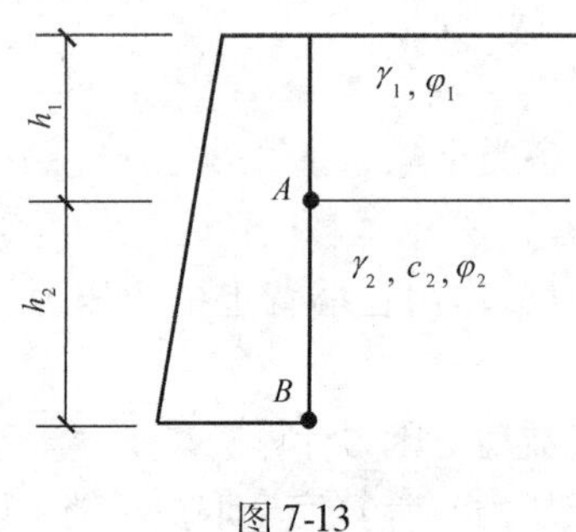

图 7-13

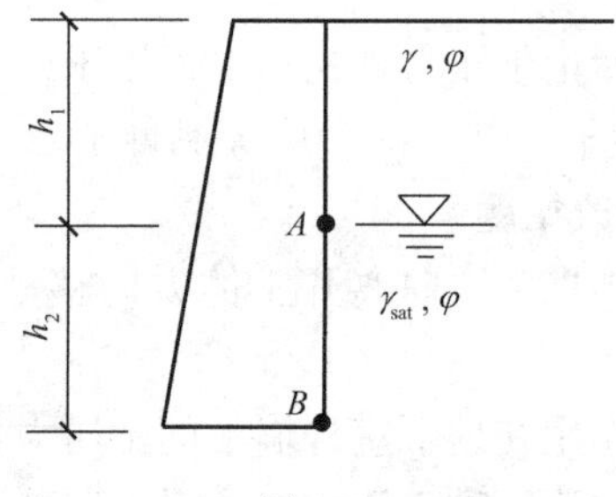

图 7-14

第二部分

7-37　如图 7-15 所示挡土墙，高 4m，墙背直立、光滑，墙后填土面水平。试求总侧压力（主动土压力与水压力之和）的大小和作用位置。

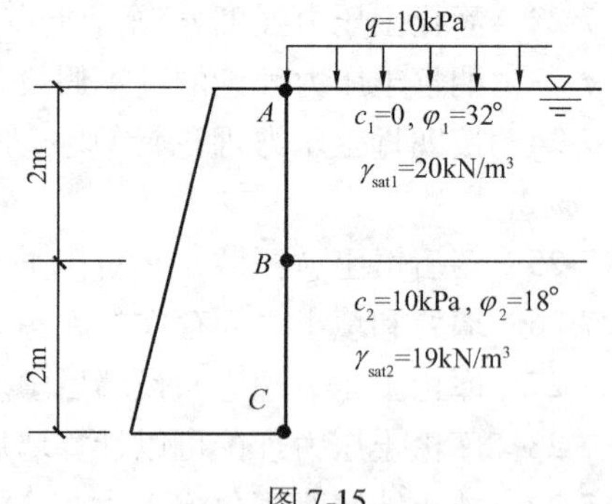

图 7-15

7-38　高度为 $H$ 的挡土墙，墙背直立、墙后填土面水平。填土是重度为 $\gamma$、内摩擦角 $\varphi=0$、黏聚力为 $c$ 的黏土，墙与土之间的黏聚力为 $c_a$、外摩擦角 $\delta=0$。若忽略拉裂的可能性，试证明作用于墙背的主动土压力为：

$$E_a = \frac{1}{2}\gamma H^2 - 2cH\sqrt{1 + \frac{c_a}{c}}$$

7-39　某重力式挡土墙高6.1m，墙背垂直、光滑，墙后填土面水平。填土为中砂，其内摩擦角为30°，重度为$17.3\text{kN/m}^3$。试按楔体法求主动土压力合力的大小。

7-40　高度为6m的挡土墙，墙背直立、光滑，墙后填土面水平，其上作用有均布荷载$q=20\text{kPa}$。填土分为两层，上层填土厚2.5m，$\gamma_1=16\text{kN/m}^3$，$c_1=12\text{kPa}$，$\varphi_1=20°$，地下水位在填土表面下2.5m处与下层填土面齐平，下层填土$\gamma_{sat}=20\text{kN/m}^3$，$c_2=10\text{kPa}$，$\varphi_2=35°$。试作出墙背主动土压力分布图，并求作用在墙背上的总侧压力合力的大小和作用点位置。

7-41　高度为8m的挡土墙，墙背直立、光滑，墙后填土面水平，填土面上有均布荷载$q=20\text{kPa}$。填土分为两层，地表下3.5m范围内土层$\gamma_1=18.5\text{kN/m}^3$，$c_1=15\text{kPa}$，$\varphi_1=22°$；3.5～8m内土层$\gamma_{sat}=20.0\text{kN/m}^3$，$c_2=10\text{kPa}$，$\varphi_2=25°$，地下水位在土层分界面处。试求：

（1）为测量作用在墙背上的主动土压力，土压力盒的最小埋置深度应是多少？

（2）作用在墙背上的总侧压力及作用点位置。

## 四、习题参考答案

第一部分

7-1　C　7-2　C　7-3　A　7-4　B　7-5　A　7-6　C　7-7　B　7-8　A　7-9　A

7-10　B　7-11　C　7-12　A　7-13　C　7-14　B　7-15　A　7-16　C　7-17　C

7-18　B

7-19　×，只有在位移量大到使墙后土体达到极限平衡状态时，作用在墙背的才是主动土压力。

7-20　×，地下室外墙受楼盖和基础底板的约束，位移很小，故一般按静止土压力计算。

7-21　×，不仅与位移方向有关，还与位移大小（或墙后土体所处的应力状态）有关。

7-22　✓

7-23　×，改“粗糙”为“光滑”。

7-24　×，夹角应为$45°+\varphi/2$。

7-25　×，与密实填土相比，松散填土虽然重度会小一些，但抗剪强度指标减小更多，故总的来看会使主动土压力增大。

7-26　✓

7-27　✓

7-28　×，库伦土压力理论在理论上只适用于均匀的无黏性填土。

7-29　×，$\alpha$愈大，$E_a$愈大。

7-30　×，改“越大”为“越小”。

7-31　$K_a = \tan^2\left(45° - \frac{\varphi}{2}\right) = \tan^2\left(45° - \frac{20°}{2}\right) = 0.490$，$\sqrt{K_a} = 0.700$

临界深度：

$$z_0 = \frac{2c}{\gamma\sqrt{K_a}} - \frac{q}{\gamma} = \frac{2\times12}{18\times0.7} - \frac{20}{18} = 0.79\text{m}$$

墙底处：

$$\sigma_a = (q+\gamma H)K_a - 2c\sqrt{K_a} = (20+18\times5)\times0.49 - 2\times12\times0.7 = 37.1\text{kPa}$$

主动土压力：

$$E_a = \frac{1}{2}\sigma_a(H - z_0) = \frac{1}{2}\times37.1\times(5-0.79) = 78.1\text{kN/m}$$

$E_a$作用点距墙底的距离为：

$$\frac{1}{3}(H - z_0) = \frac{1}{3}\times(5-0.79) = 1.4\text{m}$$

7-32　$K_a = \tan^2\left(45° - \frac{\varphi}{2}\right) = \tan^2\left(45° - \frac{20°}{2}\right) = 0.490,\ \sqrt{K_a} = 0.700$

临界深度：

$$z_0 = \frac{2c}{\gamma\sqrt{K_a}} = \frac{2\times11}{18\times0.7} = 1.75\text{m}$$

墙底处：

$$\sigma_a = \gamma HK_a - 2c\sqrt{K_a} = 18\times5\times0.49 - 2\times11\times0.7 = 28.7\text{kPa}$$

主动土压力：

$$E_a = \frac{1}{2}\sigma_a(H - z_0) = \frac{1}{2}\times28.7\times(5-1.75) = 46.6\text{kN/m}$$

$E_a$作用点距墙底的距离为：

$$\frac{1}{3}(H - z_0) = \frac{1}{3}\times(5-1.75) = 1.08\text{m}$$

7-33　由$\delta=20°$、$\alpha=5°$、$\beta=20°$、$\varphi=35°$查库伦主动土压力系数表，得$K_a=0.379$，代入式（7-13），得

$$E_a = \frac{1}{2}\gamma H^2K_a = \frac{1}{2}\times19\times4.5^2\times0.379 = 72.9\text{kN/m}$$

$E_a$的作用点位置距墙底的垂直距离：$H/3=4.5/3=1.5\text{m}$

作用方向：与水平面的夹角为$\alpha+\delta=5°+20°=25°$。

7-34　$K_a = \tan^2\left(45° - \frac{\varphi}{2}\right) = \tan^2\left(45° - \frac{35°}{2}\right) = 0.271$

墙顶处主动土压力强度：

$$\sigma_{aA} = qK_a = 10\times0.271 = 2.7\text{kPa}$$

墙底处主动土压力强度：

$$\sigma_{aB} = (q+\gamma H)K_a = (10+18\times6)\times0.271 = 32.0\text{kPa}$$

合力：

$$E_a = \frac{1}{2}(\sigma_{aA}+\sigma_{aB})H = \frac{1}{2}\times(2.7+32.0)\times6 = 104.1\text{kN/m}$$

$E_a$作用点距墙底的距离：

$$y=\frac{2\sigma_{aA}+\sigma_{aB}}{3(\sigma_{aA}+\sigma_{aB})}H=\frac{2\times2.7+32.0}{3\times(2.7+32.0)}\times6=2.16\text{m}$$

7-35　上层土在 $A$ 点处：

$$\sigma_{aA1}=\gamma_1h_1\tan^2\left(45°-\frac{\varphi_1}{2}\right)$$

下层土在 $A$ 点处：

$$\sigma_{aA2}=\gamma_1h_1\tan^2\left(45°-\frac{\varphi_2}{2}\right)-2c_2\tan\left(45°-\frac{\varphi_2}{2}\right)$$

在 $B$ 点：

$$\sigma_{aB}=(\gamma_1h_1+\gamma_2h_2)\tan^2\left(45°-\frac{\varphi_2}{2}\right)-2c_2\tan\left(45°-\frac{\varphi_2}{2}\right)$$

7-36　$\sigma_A=\sigma_{aA}=\gamma h_1\tan^2\left(45°-\frac{\varphi}{2}\right)$

$$\sigma_B=\sigma_{aB}+\sigma_{wB}=[\gamma h_1+(\gamma_{sat}-\gamma_w)h_2]\tan^2\left(45°-\frac{\varphi}{2}\right)+\gamma_wh_2$$

第二部分

7-37　$K_{a1}=\tan^2\left(45°-\frac{\varphi_1}{2}\right)=\tan^2\left(45°-\frac{32°}{2}\right)=0.307$

$$\gamma'_1=\gamma_{sat1}-\gamma_w=20-10=10\text{kN/m}^3$$

$$K_{a2}=\tan^2\left(45°-\frac{\varphi_2}{2}\right)=\tan^2\left(45°-\frac{18°}{2}\right)=0.528,\sqrt{K_{a2}}=0.727$$

$$\gamma'_2=\gamma_{sat2}-\gamma_w=19-10=9\text{kN/m}^3$$

在 $A$ 点：

$$\sigma_A=\sigma_{aA}=qK_{a1}=10\times0.307=3.1\text{kPa}$$

上层土在 $B$ 点处：

$$\begin{aligned}\sigma_B&=\sigma_{aB1}+\sigma_{wB}\\&=(q+\gamma'_1h_1)K_{a1}+\gamma_wh_1\\&=(10+10\times2)\times0.307+10\times2\\&=29.2\text{kPa}\end{aligned}$$

下层土在 $B$ 点处：

$$\begin{aligned}\sigma_B&=\sigma_{aB2}+\sigma_{wB}\\&=(q+\gamma'_1h_1)K_{a2}-2c_2\sqrt{K_{a2}}+\gamma_wh_1\\&=(10+10\times2)\times0.528-2\times10\times0.727+10\times2\\&=21.3\text{kPa}\end{aligned}$$

在 $C$ 点：

$$\begin{aligned}\sigma_C&=\sigma_{aC}+\sigma_{wC}\\&=(q+\gamma'_1h_1+\gamma'_2h_2)K_{a2}-2c_2\sqrt{K_{a2}}+\gamma_w(h_1+h_2)\end{aligned}$$

$$= (10 + 10 \times 2 + 9 \times 2) \times 0.528 - 2 \times 10 \times 0.727 + 10 \times 4$$
$$= 50.8\text{kPa}$$

合力：

$$E = \frac{1}{2} \times (3.1 + 29.2) \times 2 + \frac{1}{2} \times (21.3 + 50.8) \times 2 = 104.4\text{kN/m}$$

$E_a$作用点距墙底的距离：$y = 1.44\text{m}$。

7-38 设破坏滑动面为平面，过墙踵，与水平面的夹角为 $\theta$，则作用于滑动楔体上的力有：

（1）土楔体的自重 $G$，$G = \frac{1}{2}\gamma H^2 \cot\theta$，方向向下；

（2）破坏面上的反力 $R$，其大小未知，作用方向为破坏面的法线方向；

（3）破坏面上的黏聚力，其值为 $cH/\sin\theta$，作用方向为破坏面的切线方向；

（4）墙背对土楔体的反力 $E$，方向水平，其最大值即为主动土压力 $E_a$；

（5）墙背与土之间的黏聚力，其值为 $c_a H$，方向向上。

由静力平衡条件可得：

$$E = \frac{1}{2}\gamma H^2 - cH\left(1 + \frac{c_a}{c}\right)\tan\theta - cH\cot\theta$$

令 $\frac{\mathrm{d}E}{\mathrm{d}\theta} = 0$，可导得 $\tan\theta = \sqrt{\frac{c}{c + c_a}}$，$\cot\theta = \sqrt{1 + \frac{c_a}{c}}$，代入上式，得

$$E_a = \frac{1}{2}\gamma H^2 - 2cH\sqrt{1 + \frac{c_a}{c}}$$

7-39 破坏滑动面与墙背的夹角为：$45° - \frac{\varphi}{2} = 45° - \frac{30°}{2} = 30°$

土楔体的重力为：

$$G = \frac{1}{2}\gamma H^2 \tan 30°$$

土楔体受到的作用力除重力外，还有墙背的反力 $E_a$（方向水平）和滑动面的反力 $R$（方向与滑动面法线方向呈30°角）。由静力平衡条件可得：

$$E_a = G\tan 30° = \frac{1}{2}\gamma H^2 \tan^2 30° = \frac{1}{2} \times 17.3 \times 6.1^2 \times 0.333 = 107.2\text{kN/m}$$

7-40 $K_{a1} = \tan^2\left(45° - \frac{\varphi_1}{2}\right) = \tan^2\left(45° - \frac{20°}{2}\right) = 0.490, \sqrt{K_{a1}} = 0.700$

$$K_{a2} = \tan^2\left(45° - \frac{\varphi_2}{2}\right) = \tan^2\left(45° - \frac{35°}{2}\right) = 0.271, \sqrt{K_{a2}} = 0.521$$

临界深度：

$$z_0 = \frac{2c_1}{\gamma_1\sqrt{K_{a1}}} - \frac{q}{\gamma_1} = \frac{2 \times 12}{16 \times 0.7} - \frac{20}{16} = 0.89\text{m}$$

第一层底：

$$\sigma_a = (q + \gamma_1 h_1)K_{a1} - 2c_1\sqrt{K_{a1}}$$
$$= (20 + 16 \times 2.5) \times 0.49 - 2 \times 12 \times 0.7 = 12.6\text{kPa}$$

第二层顶：

$$\begin{aligned}\sigma_a &= (q+\gamma_1 h_1)K_{a2} - 2c_2\sqrt{K_{a2}}\\ &= (20+16\times 2.5)\times 0.271 - 2\times 10\times 0.521\\ &= 5.8\text{kPa}\end{aligned}$$

第二层底：

$$\begin{aligned}\sigma_a &= (q+\gamma_1 h_1+\gamma'_2 h_2)K_{a2} - 2c_2\sqrt{K_{a2}}\\ &= (20+16\times 2.5+10\times 3.5)\times 0.271 - 2\times 10\times 0.521\\ &= 15.3\text{kPa}\\ \sigma_w &= \gamma_w h_2 = 10\times 3.5 = 35\text{kPa}\\ \sigma &= 15.3+35 = 50.3\text{kPa}\end{aligned}$$

合力：

$$E = \frac{1}{2}\times 12.6\times(2.5-0.89)+\frac{1}{2}\times(50.3+5.8)\times 3.5 = 108.3\text{kN/m}$$

$E_a$作用点距墙底的距离：$y=1.55\text{m}$。

7-41（1）土压力盒的最小埋置深度为：

$$z_0 = \frac{2c_1}{\gamma_1\sqrt{K_{a1}}} - \frac{q}{\gamma_1} = \frac{2\times 15}{18.5\times 0.675} - \frac{20}{18.5} = 1.32\text{m}$$

（2）第一层底：$\sigma_a = 18.3\text{kPa}$

第二层顶：$\sigma_a = 21.7\text{kPa}$

第二层底：$\sigma = 84.9\text{kPa}$

$$E = 259.8\text{kN/m}$$

$$y = 2.07\text{m}$$

# 第8章　地 基 承 载 力

## 一、学习要点

### 1. 浅基础的地基破坏模式

◆地基变形的三个阶段

如图8-1中$p$-$s$曲线所示，地基的变形一般可分为三个阶段：

1）线性变形阶段（压缩阶段）：相应于$p$-$s$曲线中的$Oa$段。此时荷载$p$与沉降$s$基本上呈直线关系，地基中任意点的剪应力均小于土的抗剪强度，土体处于弹性平衡状态。地基的变形主要是由于土的体积减小而产生的压密变形。

2）塑性变形阶段（剪切阶段）：相应于$p$-$s$曲线中的$ab$段。此时荷载与沉降之间不再呈直线关系而呈曲线形状。在此阶段，地基土在局部范围因剪应力达到土的抗剪强度而处于极限平衡状态。产生剪切破坏的区域称为塑性区。随着荷载的增加，塑性区逐步扩大，由基础边缘开始逐渐向纵深发展。

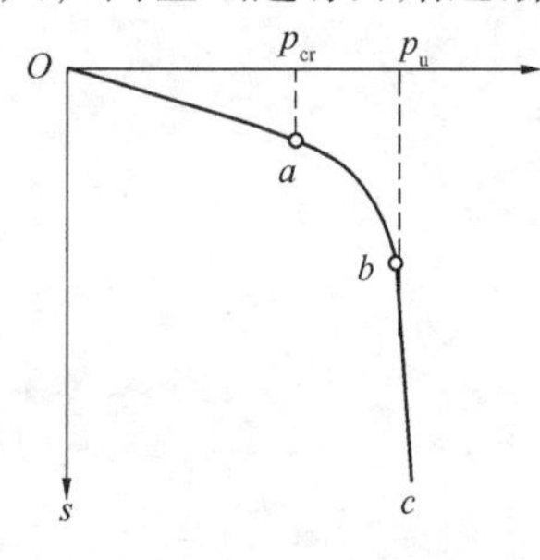


图8-1　$p$-$s$曲线

3）破坏阶段（隆起阶段）：相应于$p$-$s$曲线中的$bc$段。随着荷载的继续增加，塑性区不断扩大，最终在地基中形成一个连续的滑动面。此时基础急剧下沉，四周的地面隆起，地基发生整体剪切破坏。

◆地基破坏的三种模式

地基在竖向荷载作用下的剪切破坏模式可分为整体剪切破坏、局部剪切破坏和冲切（刺入）剪切破坏三种。

1）整体剪切破坏

这种破坏模式的$p$-$s$曲线可以明显地区分出三个变形阶段，当荷载增加到某一数值时，在基础边缘处的土开始发生剪切破坏，随着荷载的不断增加，塑性区不断扩大，最终在地基中形成一连续的滑动面，基础急剧下沉或向一侧倾倒，同时基础四周的地面隆起，地基发生整体剪切破坏。这种破坏模式一般在密砂和坚硬的黏土中最有可能发生，破坏具有一定的突然性。

2）冲切剪切破坏

其破坏特征是，在荷载作用下基础产生较大沉降，基础周围的部分土体也产生下陷，破坏时基础好像“刺入”地基土层中，不出现明显的破坏区和滑动面，基础没有明显的倾斜，其$p$-$s$曲线没有转折点，是一种典型的以变形为特征的破坏模式。在压缩性较大的松砂、软土地基或基础埋深较大时相对容易发生冲切剪切破坏。

3）局部剪切破坏

其特点介于整体剪切破坏和冲切剪切破坏之间。这是一种过渡性的破坏模式。破坏时地基的塑性变形区域局限于基础下方，滑动面也不延伸到地面。地面可能会轻微隆起，但基础不会明显倾斜或倒塌，$p$-$s$ 曲线转折点也不明显。

**2. 地基临塑荷载和临界荷载**

◆地基临塑荷载

当地基中刚要出现但尚未出现塑性区时的基底压力，称为地基临塑荷载。临塑荷载的计算公式为：

$$p_{cr} = \frac{\pi(c \cdot \cot\varphi + q)}{\cot\varphi + \varphi - \pi/2} + q \tag{8-1}$$

式中　$p_{cr}$——地基的临塑荷载；

$c$、$\varphi$——地基土的黏聚力和内摩擦角，$\varphi$ 在三角函数符号后用度表示，单独出现时以弧度表示；

$q$——基础两侧荷载，$q = \gamma_m d$（$d$ 为从设计地面算起的基础埋深）；

$\gamma_m$——基底以上土的加权平均重度，地下水位以下用浮重度。

地基的临塑荷载可用做地基承载力特征值，但偏于保守。

◆临界荷载

当基底下塑性区的最大深度等于基础宽度的 1/4 或 1/3 时，相应的基底压力用 $p_{1/4}$ 或 $p_{1/3}$ 表示，称为地基的临界荷载，其表达式如下：

$$p_{1/4} = \frac{\pi(c \cdot \cot\varphi + q + \gamma b/4)}{\cot\varphi + \varphi - \pi/2} + q \tag{8-2}$$

$$p_{1/3} = \frac{\pi(c \cdot \cot\varphi + q + \gamma b/3)}{\cot\varphi + \varphi - \pi/2} + q \tag{8-3}$$

式中　$\gamma$——地基持力层土的重度，地下水位以下用浮重度；

$b$——基础底面宽度。

地基的临界荷载可用作地基承载力特征值。

◆从上述三式可以看出：

1）$p_{cr}$ 与基础宽度 $b$ 无关，而 $p_{1/4}$、$p_{1/3}$ 与 $b$ 有关；

2）$p_{cr}$、$p_{1/4}$、$p_{1/3}$ 都随埋深 $d$ 的增加而增大；

3）地下水的存在会使 $p_{cr}$、$p_{1/4}$、$p_{1/3}$ 减小，对无黏性土地基尤其明显。

**3. 地基极限承载力**

◆地基极限承载力是指地基剪切破坏发展到即将失稳时所能承受的极限荷载，亦称地基极限荷载。

地基极限承载力的理论公式有很多，如太沙基、汉森、魏锡克、斯肯普顿极限承载力公式等。

◆太沙基极限承载力公式

对于均质地基上基底粗糙的条形基础，太沙基极限承载力公式的表达形式为：

$$p_u = cN_c + qN_q + \frac{1}{2}\gamma b N_\gamma \tag{8-4}$$

式中　$p_u$——地基极限承载力；

$N_c$、$N_q$、$N_\gamma$——无量纲的承载力系数，仅与土的内摩擦角 $\varphi$ 有关，可查表 8-1 确定。

**太沙基承载力系数** **表 8-1**

| $\varphi$ | 0° | 5° | 10° | 15° | 20° | 25° | 30° | 35° | 40° | 45° |
|---|---|---|---|---|---|---|---|---|---|---|
| $N_c$ | 5.71 | 7.34 | 9.61 | 12.9 | 17.7 | 25.1 | 37.2 | 57.8 | 95.7 | 172.2 |
| $N_q$ | 1.00 | 1.64 | 2.69 | 4.45 | 7.44 | 12.7 | 22.5 | 41.4 | 81.3 | 173.3 |
| $N_\gamma$ | 0 | 0.51 | 1.20 | 1.80 | 4.0 | 11.0 | 21.8 | 45.4 | 125 | 326 |

对于地基发生局部剪切破坏的情况，太沙基建议对土的抗剪强度指标进行折减，即取 $c^*=2c/3$，$\varphi^*=\arctan[(2\tan\varphi)/3]$。

对于方形和圆形基础，太沙基建议按下列半经验公式计算地基极限承载力：

对方形基础（宽度为 $b$）

$$p_u=1.2cN_c+qN_q+0.4\gamma bN_\gamma \tag{8-5}$$

对圆形基础（半径为 $b$）

$$p_u=1.2cN_c+qN_q+0.6\gamma bN_\gamma \tag{8-6}$$

对宽度为 $b$、长度为 $l$ 的矩形基础，可按 $b/l$ 值在条形基础和方形基础的计算极限承载力之间用插值法求得。

◆饱和软黏土地基的短期极限承载力

斯肯普顿提出的地基短期承载力计算公式如下：

$$p_u=(\pi+2)c_u+\gamma_m d=5.14c_u+\gamma_m d \tag{8-7}$$

式中　$c_u$——土的不排水抗剪强度。

## 二、例题精解

**【例 8-1】** 一条形基础，宽 1.5m，埋深 1.0m。地基土层分布为：第一层素填土，厚 0.8m，密度 1.80g/cm$^3$，含水量 35%；第二层黏性土，厚 6m，密度 1.82g/cm$^3$，含水量 38%，土粒相对密度 2.72，土的黏聚力 10kPa，内摩擦角 13°。求该基础的临塑荷载 $p_{cr}$，临界荷载 $p_{1/4}$ 和 $p_{1/3}$。若地下水位上升到基础底面，假定土的抗剪强度指标不变，其 $p_{cr}$，$p_{1/4}$，$p_{1/3}$ 相应为多少？

**【解】**

$$q=18.0\times0.8+18.2\times0.2=18.04\text{kPa}$$

$$p_{cr}=\frac{\pi(c\cdot\cot\varphi+q)}{\cot\varphi+\varphi-\pi/2}+q$$

$$=\frac{\pi(10\cdot\cot13°+18.04)}{\cot13°+\pi\times13°/180°-\pi/2}+18.04$$

$$=82.6\text{kPa}$$

$$p_{1/4}=\frac{\pi(c\cdot\cot\varphi+q+\gamma b/4)}{\cot\varphi+\varphi-\pi/2}+q$$

$$=\frac{\pi(10\cdot\cot13°+18.04+18.2\times1.5/4)}{\cot13°+\pi\times13°/180°-\pi/2}+18.04$$

$$=89.7\text{kPa}$$

$$p_{1/3}=\frac{\pi(c\cdot\cot\varphi+q+\gamma b/3)}{\cot\varphi+\varphi-\pi/2}+q$$

$$=\frac{\pi(10\cdot\cot 13^\circ+18.04+18.2\times1.5/3)}{\cot 13^\circ+\pi\times13^\circ/180^\circ-\pi/2}+18.04$$

$$=92.1\text{kPa}$$

当地下水位上升到基础底面时，持力层土的孔隙比和浮重度分别为：

$$e=\frac{d_s(1+w)\rho_w}{\rho}-1$$

$$=\frac{2.72\times(1+0.38)\times1}{1.82}-1=1.062$$

$$\gamma'=\frac{d_s-1}{1+e}\gamma_w=\frac{2.72-1}{1+1.062}\times10=8.3\text{kN/m}^3$$

临塑荷载和临界荷载为：

$$p_{cr}=\frac{\pi(c\cdot\cot\varphi+q)}{\cot\varphi+\varphi-\pi/2}+q=82.6\text{kPa}$$

$$p_{1/4}=\frac{\pi(c\cdot\cot\varphi+q+\gamma b/4)}{\cot\varphi+\varphi-\pi/2}+q$$

$$=\frac{\pi(10\cdot\cot 13^\circ+18.04+8.3\times1.5/4)}{\cot 13^\circ+\pi\times13^\circ/180^\circ-\pi/2}+18.04$$

$$=85.8\text{kPa}$$

$$p_{1/3}=\frac{\pi(c\cdot\cot\varphi+q+\gamma b/3)}{\cot\varphi+\varphi-\pi/2}+q$$

$$=\frac{\pi(10\cdot\cot 13^\circ+18.04+8.3\times1.5/3)}{\cot 13^\circ+\pi\times13^\circ/180^\circ-\pi/2}+18.04$$

$$=86.9\text{kPa}$$

**【例8-2】** 某条形基础宽1.5m，埋深1.2m，地基为黏性土，密度$1.84\text{g/cm}^3$，饱和密度$1.88\text{g/cm}^3$，土的黏聚力8kPa，内摩擦角15°。试按太沙基理论计算：

（1）整体剪切破坏时地基极限承载力为多少？取安全系数为2.5，地基容许承载力为多少？

（2）分别加大基础埋深至1.6、2.0m，承载力有何变化？

（3）若分别加大基础宽度至1.8、2.1m，承载力有何变化？

（4）若地基土内摩擦角为20°，黏聚力为12kPa，承载力有何变化？

（5）比较以上计算结果，可得出哪些规律？

**【解】**（1）由$\varphi=15^\circ$查表8-1，得$N_c=12.9$，$N_q=4.45$，$N_\gamma=1.80$，代入式（8-4）得：

$$p_u=cN_c+qN_q+\frac{1}{2}\gamma bN_\gamma$$

$$= 8 \times 12.9 + 18.4 \times 1.2 \times 4.45 + \frac{1}{2} \times 18.4 \times 1.5 \times 1.8$$

$$= 226.3\text{kPa}$$

$$[\sigma] = \frac{p_u}{K} = \frac{226.3}{2.5} = 90.5\text{kPa}$$

（2）基础埋深为 1.6m 时：

$$p_u = 8 \times 12.9 + 18.4 \times 1.6 \times 4.45 + \frac{1}{2} \times 18.4 \times 1.5 \times 1.8 = 259.0\text{kPa}$$

基础埋深为 2.0m 时：

$$p_u = 8 \times 12.9 + 18.4 \times 2.0 \times 4.45 + \frac{1}{2} \times 18.4 \times 1.5 \times 1.8 = 291.8\text{kPa}$$

（3）基础宽度为 1.8m 时：

$$p_u = 8 \times 12.9 + 18.4 \times 1.2 \times 4.45 + \frac{1}{2} \times 18.4 \times 1.8 \times 1.8 = 231.3\text{kPa}$$

基础宽度为 2.1m 时：

$$p_u = 8 \times 12.9 + 18.4 \times 1.2 \times 4.45 + \frac{1}{2} \times 18.4 \times 2.1 \times 1.8 = 236.2\text{kPa}$$

（4）内摩擦角为 20°，黏聚力为 12kPa 时：

$$N_c = 17.7, N_q = 7.44, N_\gamma = 4.0$$

$$p_u = 12 \times 17.7 + 18.4 \times 1.2 \times 7.44 + \frac{1}{2} \times 18.4 \times 1.5 \times 4.0 = 431.9\text{kPa}$$

（5）比较上述计算结果可以看出，地基极限承载力随着基础埋深、基础宽度和土的抗剪强度指标的增加而增大，影响最大的是土的抗剪强度指标，其次是基础埋深。

**【例 8-3】** 试推导：对于中心荷载作用下无埋深的条形基础，当土的内摩擦角为 0°时，其地基极限承载力 $p_u =(2+\pi)c_u$。

**【解】** 对于中心荷载作用下无埋深的条形基础，魏锡克极限承载力公式可写成：$p_u = cN_c + qN_q + (1/2)\gamma b N_\gamma$（式中 $q$ 为地面超载）。当土的内摩擦角为 0°时，$N_c = 2+\pi$，$N_q = 1$，$N_\gamma = 0$，故 $p_u = (2+\pi)c_u + q$，若地面超载 $q = 0$，则 $p_u = (2+\pi)c_u$。

注意：本题结论亦可从其他极限承载力公式推导，但不可从太沙基公式推导，因为太沙基公式假定基底是完全粗糙的。当土的内摩擦角为 0°时，假定基底完全粗糙不合理。

**【例 8-4】** 某圆形基础直径为 2.4m，埋深为 1.0m，地基为砂土，$\varphi = 35°$，$\gamma = 18.07\text{kN/m}^3$，试按太沙基公式求地基的极限承载力。

**【解】** $\varphi = 35°$时，$N_q = 41.4$，$N_\gamma = 45.4$，与 $c = 0$ 一并代入式（8-6），得

$$p_u = 1.2cN_c + qN_q + 0.6\gamma b N_\gamma$$

$$= 18.07 \times 1 \times 41.4 + 0.6 \times 18.07 \times 1.2 \times 45.4$$

$$= 1339\text{kPa}$$

## 三、习题

第一部分

**1. 选择题**

8-1 设基础底面宽度为 $b$，则临塑荷载 $p_{cr}$是指基底下塑性变形区的深度 $z_{max} =$（ ）

时的基底压力。

A. $b/3$　　B. $>b/3$

C. $b/4$　　D. 0，但塑性区即将出现

8-2　浅基础的地基极限承载力是指(　　)。

A. 地基中将要出现但尚未出现塑性区时的荷载

B. 地基中的塑性区发展到一定范围时的荷载

C. 使地基土体达到整体剪切破坏时的荷载

D. 使地基中局部土体处于极限平衡状态时的荷载

8-3　对于（　　），较易发生整体剪切破坏。

A. 高压缩性土　　B. 中压缩性土

C. 低压缩性土　　D. 软土

8-4　对于（　　），较易发生冲切剪切破坏。

A. 低压缩性土　　B. 中压缩性土

C. 密实砂土　　D. 软土

8-5　地基临塑荷载（　　）。

A. 与基础埋深无关　　B. 与基础宽度无关

C. 与地下水位无关　　D. 与地基土软硬无关

8-6　地基临界荷载（　　）

A. 与基础埋深无关　　B. 与基础宽度无关

C. 与地下水位无关　　D. 与地基土排水条件有关

8-7　在黏性土地基上有一条形刚性基础，基础宽度为 $b$，在上部荷载作用下，基底持力层内最先出现塑性区的位置在（　　）。

A. 条形基础中心线下　　B. 离中心线 $b/3$ 处

C. 离中心线 $b/4$ 处　　D. 条形基础边缘处

8-8　黏性土地基上，有两个宽度不同埋深相同的条形基础，问哪个基础的临塑荷载大？(　　)

A. 宽度大的临塑荷载大

B. 宽度小的临塑荷载大

C. 两个基础的临塑荷载一样大

8-9　在 $\varphi=0$ 的黏土地基上，有两个埋深相同、宽度不同的条形基础，问哪个基础的极限荷载大？(　　)

A. 宽度大的极限荷载大

B. 宽度小的极限荷载大

C. 两个基础的极限荷载一样大

8-10　地基的极限承载力公式是根据下列何种假设推导得到的？(　　)

A. 根据塑性区发展的大小得到的

B. 根据建筑物的变形要求推导得到的

C. 根据地基中滑动面的形状推导得到的

**2. 判断改错题**

8-11 地基破坏模式主要有整体剪切破坏和冲切剪切破坏两种。

8-12 对均质地基来说，增加浅基础的底面宽度，可以提高地基的临塑荷载和极限承载力。

8-13 地基的临塑荷载可以作为极限承载力使用。

8-14 如果以临塑荷载 $p_{cr}$ 作为地基承载力特征值，对于大多数地基来说，将是十分危险的。

8-15 由于土体几乎没有抗拉强度，故地基土的破坏模式除剪切破坏外，还有受拉破坏。

8-16 地基承载力特征值在数值上与地基极限承载力相差不大。

8-17 塑性区是指地基中已发生剪切破坏的区域。随着荷载的增加，塑性区会逐渐发展扩大。

8-18 太沙基极限承载力公式适用于均质地基上基底光滑的浅基础。

8-19 一般压缩性小的地基土，若发生失稳，多为整体剪切破坏形式。

8-20 地基土的强度破坏是剪切破坏，而不是受压破坏。

8-21 地基的临塑荷载大小与条形基础的埋深有关，而与基础宽度无关，因此只改变基础宽度不能改变地基的临塑荷载。

8-22 局部剪切破坏的特征是，随着荷载的增加，基础下的塑性区仅仅发生到某一范围。

8-23 太沙基承载力公式适用于地基土是整体或局部剪切破坏的情况。

**3. 计算题**

8-24 一条形筏板基础，基底宽度 $b=12\text{m}$，埋深 $d=2\text{m}$，建于均匀黏土地基上，黏土的 $\gamma=18\text{kN/m}^3$，$\varphi=15°$，$c=15\text{kPa}$，试求：

（1）临塑荷载 $p_{cr}$，临界荷载 $p_{1/4}$ 和 $p_{1/3}$；

（2）按太沙基公式计算 $p_u$；

（3）若地下水位在基础底面处（$\gamma'=9.9\text{kN/m}^3$），$p_{cr}$、$p_{1/4}$ 及 $p_{1/3}$ 又各为多少？

8-25 某方形基础边长为 2.25m，埋深为 1.5m。地基土为砂土，$\varphi=38°$，$c=0$。试按太沙基公式求下列两种情况下的地基极限承载力。假定砂土的重度为 $18\text{kN/m}^3$（地下水位以上）和 $20\text{kN/m}^3$（地下水位以下）。

（1）地下水位与基底平齐；

（2）地下水位与地面平齐。

第二部分

8-26 饱和软黏土地基的重度为 $\gamma$，无侧限抗压强度为 $q_u$。现在其上营建宽度为 $b$、埋深为 $d$ 的墙下条形基础，当基础荷载达到极限值、基础下的土体处于塑性平衡状态时，塑流边界如图 8-2 所示。试绘出 $oa$、$bc$ 面上的土压力分布图，并导出相应的地基极限承载力公式。

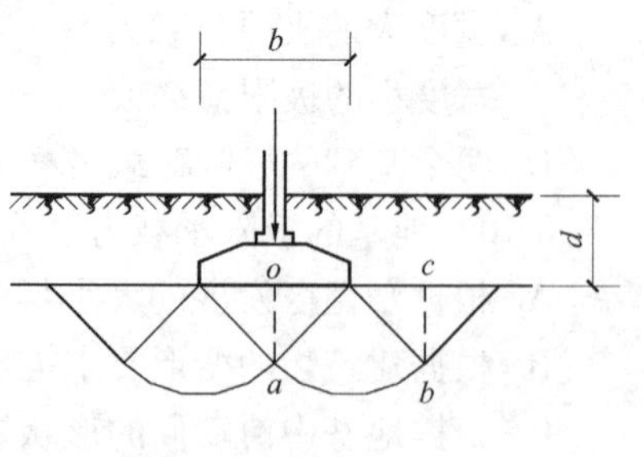

图 8-2

8-27 在一软土地基上快速修筑一土堤，软土的不

排水强度参数 $c_u=25\text{kPa}$，$\varphi_u=0$，土堤填土的重度为 $17\text{kN/m}^3$，试问土堤若一次性堆高，最多能达到几米？（设控制稳定安全系数 $K=1.25$）

8-28　在 $\gamma=17\text{kN/m}^3$，$c=20\text{kPa}$，$\varphi=0$ 的地基上有一宽度为 3m，埋深为 1m 的条形均布荷载，当地基中出现如图 8-3 所示圆弧滑动面时，试计算极限荷载 $p_u$（不考虑滑动土体的质量）。

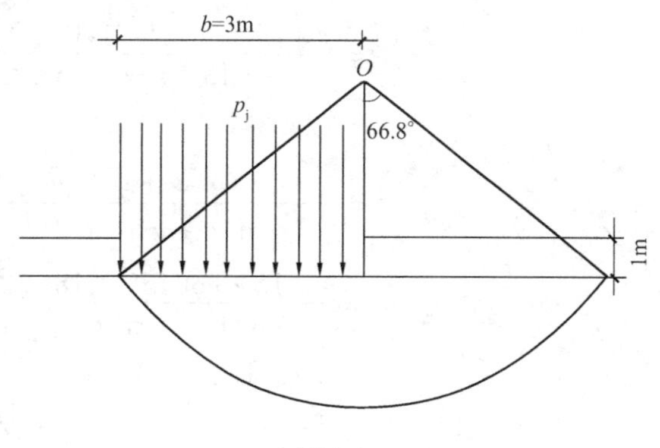


图 8-3

8-29　在 $c=25\text{kPa}$，$\varphi=0$ 的黏性土地基表面快速修筑一 5m 高的土堤，堤身填土重度 $\gamma=17\text{kN/m}^3$，问地基会不会滑动？

8-30　在 $c=15\text{kPa}$，$\varphi=0$ 的黏性土地基表面快速修筑一 5m 高的土堤，堤身填土重度 $\gamma=17\ \text{kN/m}^3$，要求堤身安全度达到 1.2，现土堤两侧采用反压马道确保安全，求反压马道的最小高度。

## 四、习题参考答案

第一部分

8-1　D　8-2　C　8-3　C　8-4　D　8-5　B　8-6　D　8-7　D　8-8　C　8-9　C　8-10　C

8-11　×，有三种，再加上局部剪切破坏。

8-12　×，不能提高临塑荷载。

8-13　×，临塑荷载和极限承载力是两个不同的概念。

8-14　×，不仅不危险，反而偏于保守。

8-15　×，土体的破坏通常都是剪切破坏。

8-16　×，地基承载力特征值 $f_a$ 与地基极限承载力 $p_u$ 的关系是 $f_a=p_u/K$，$K$ 为安全系数，其值大于 1。

8-17　√

8-18　×，改“光滑”为“粗糙”。

8-19　√

8-20　√

8-21　√

8-22　√

8-23　√

8-24（1）

$$p_{cr}=\frac{\pi(c\cdot\cot\varphi+q)}{\cot\varphi+\varphi-\pi/2}+q$$

$$=\frac{\pi(15\cdot\cot15°+18\times2)}{\cot15°+\pi\times15°/180°-\pi/2}+18\times2$$

$$=155.3\text{kPa}$$

$$p_{1/4} = \frac{\pi(c \cdot \cot\varphi + q + \gamma b/4)}{\cot\varphi + \varphi - \pi/2} + q$$

$$= \frac{\pi(15 \cdot \cot 15° + 18 \times 2 + 18 \times 12/4)}{\cot 15° + \pi \times 15°/180° - \pi/2} + 18 \times 2$$

$$= 225.3\text{kPa}$$

$$p_{1/3} = \frac{\pi(c \cdot \cot\varphi + q + \gamma b/3)}{\cot\varphi + \varphi - \pi/2} + q$$

$$= \frac{\pi(15 \cdot \cot 15° + 18 \times 2 + 18 \times 12/3)}{\cot 15° + \pi \times 15°/180° - \pi/2} + 18 \times 2$$

$$= 248.6\text{kPa}$$

（2）$N_c = 12.9$，$N_q = 4.45$，$N_\gamma = 1.80$，代入式（8-4）得：

$$p_u = cN_c + qN_q + \frac{1}{2}\gamma b N_\gamma$$

$$= 15 \times 12.9 + 18 \times 2 \times 4.45 + \frac{1}{2} \times 18 \times 12 \times 1.8$$

$$= 548.1\text{kPa}$$

（3）$p_{cr} = 155.3\text{kPa}$

$$p_{1/4} = \frac{\pi(15 \cdot \cot 15° + 18 \times 2 + 9.9 \times 12/4)}{\cot 15° + \pi \times 15°/180° - \pi/2} + 18 \times 2 = 193.8\text{kPa}$$

$$p_{1/3} = \frac{\pi(15 \cdot \cot 15° + 18 \times 2 + 9.9 \times 12/3)}{\cot 15° + \pi \times 15°/180° - \pi/2} + 18 \times 2 = 206.6\text{kPa}$$

8-25（1）由 $\varphi = 38°$查表 8-1，得 $N_q = 65.3$，$N_\gamma = 93.2$

$$p_u = 1.2cN_c + qN_q + 0.4\gamma b N_\gamma$$

$$= 18 \times 1.5 \times 65.3 + 0.4 \times (20 - 10) \times 2.25 \times 93.2$$

$$= 2602\text{kPa}$$

（2）$p_u = (20 - 10) \times 1.5 \times 65.3 + 0.4 \times (20 - 10) \times 2.25 \times 93.2 = 1818\text{kPa}$

第二部分

8-26 计算饱和软黏土地基的短期承载力时，应采用不排水抗剪强度指标 $\varphi_u$、$c_u$，其中 $\varphi_u = 0$，$c_u = q_u/2$。相应地，主动和被动土压力系数 $K_a = K_p = 1$。

由于 $\varphi_u = 0$，故 $ad$ 与 $od$ 的夹角为45°，$od$、$dc$、$oa$、$cb$ 的边长均为 $b/2$；$ad$ 的边长为 $\frac{\sqrt{2}}{2}b$。$oa$ 面上受到的是主动土压力，其在 $o$、$a$ 点的数值分别为 $\sigma_{ao} = p_u - 2c_u$、$\sigma_{aa} = p_u + \gamma b/2 - 2c_u$；$cb$ 面上受到的是被动土压力，其在 $c$、$b$ 点的数值分别为 $\sigma_{pc} = \gamma d + 2c_u$、$\sigma_{pb} = \gamma(d + b/2) + 2c_u$；设 $oc$ 面基础边缘处为 $d$ 点，则 $od$ 面上的均布荷载为 $p_u$，$dc$ 面上的均布荷载为 $\gamma d$；圆弧面 $ab$ 上的抗滑力为 $c_u$。取 $oabc$ 为隔离体，由隔离体的静力平衡条件可导得 $p_u = (2 + \pi)c_u + \gamma d$。

8-27 软土地基短期极限承载力为：

$$p_u = (2 + \pi)c_u = 5.14 \times 25 = 128.5\text{kPa}$$

土堤堆高：

$$h = \frac{p_u}{\gamma K} = \frac{128.5}{17 \times 1.25} = 6.0\text{m}$$

8-28　半径 $R = b/\sin 66.8° = 1.088b$

滑动力矩 $= p_u b^2/2$

抗滑力矩 $= c \cdot 2\theta R \cdot R + \gamma d b^2/2$

$= c \times 2 \times 66.8° \times (\pi/180°) \times (1.088b)^2 + \gamma d b^2/2$

$= 2.76b^2 c + \gamma d b^2/2$

$$p_u b^2/2 = 2.76b^2 c + \gamma d b^2/2$$

$$p_u = 5.52c + \gamma d = 5.52 \times 20 + 17 \times 1 = 127.4\text{kPa}$$

8-29　$p_u = 5.14c = 5.14 \times 25 = 128.5\text{kPa} > q = 17 \times 5 = 85\text{kPa}$

不会滑动。

8-30　由 $p_u = 5.14c_u + \gamma_m d$ 得

$$d = \frac{p_u - 5.14c}{\gamma} = \frac{17 \times 5 \times 1.2 - 5.14 \times 15}{17} = 1.5\text{m}$$

# 第9章　土坡稳定性

## 一、学习要点

### 1. 概述

◆当土坡内某一滑动面上作用的滑动力达到土的抗剪强度时，土坡即发生滑动破坏。

◆导致土坡滑动失稳的原因：

1）外界荷载作用或土坡环境变化等导致土体内部剪应力加大。例如路堑或基坑的开挖，堤坝施工中上部填土荷载的增加，降雨导致土体饱和，增加重度，土体内地下水的渗流力、坡顶荷载过量或由于地震、打桩等引起的动力荷载等。

2）外界各种因素影响导致土体抗剪强度降低，促使土坡失稳破坏。例如超孔隙水压力的产生，气候变化产生的干裂、冻融，黏土夹层因雨水等侵入而软化，以及黏性土蠕变导致的土体强度降低等。

◆土坡的稳定安全度用稳定安全系数 $K$ 表示，它通常是指整个滑动面上土的平均抗剪强度 $\tau_f$ 与平均剪应力 $\tau$ 之比，即 $K=\tau_f/\tau$。

### 2. 无黏性土坡的稳定性

◆无黏性土坡稳定安全系数 $K$ 的表达式为：

$$K=\frac{\tan\varphi}{\tan\beta} \tag{9-1}$$

式中　$\varphi$——土的内摩擦角；

$\beta$——土坡坡角。

由式（9-1）可知，无黏性土坡的稳定性与坡高 $h$ 无关。当坡角 $\beta<\varphi$ 时，土坡处于稳定状态；当 $\beta=\varphi$ 时，$K=1$，土坡处于极限平衡状态。为了保证土坡具有足够的安全储备，可取 $K\geqslant1.1\sim1.5$。

◆自然休止角

无黏性土坡在自然稳定状态下的极限坡角，称为自然休止角，其值等于内摩擦角。

◆无黏性土坡存在渗流时的稳定安全系数

当渗流为顺坡流动时，土坡稳定安全系数为：

$$K=\frac{\gamma'\tan\varphi}{\gamma_{sat}\tan\beta} \tag{9-2}$$

式中　$\gamma'$、$\gamma_{sat}$——分别为土的浮重度和饱和重度。

### 3. 黏性土坡的稳定性

◆黏性土坡的滑动面大多为一曲面，通常可近似地假定为圆弧滑动面。常用的稳定分析方法有整体圆弧滑动法、稳定数法（泰勒图表法）、条分法等。整体圆弧滑动法和稳定数法主要适用于均质的简单土坡；条分法对非均质土坡、土坡外形复杂、土坡部分在水下时均适用。

◆整体圆弧滑动法

对于均质简单土坡，假定土坡失稳破坏时滑动面为一圆柱面，将滑动面以上土体视为刚体，并以其为脱离体，分析在极限平衡条件下其上作用的各种力，分别求得抗滑力矩$M_r$和滑动力矩$M_s$，二者之比值即为稳定安全系数$K$，即

$$K = \frac{M_r}{M_s} \tag{9-3}$$

计算时，需要通过试算找出最危险的滑动面。对于均质黏性土坡，最危险滑动面常通过坡脚，最危险滑动面的圆心位置可能在图 9-1 中$DE$的延长线附近，相应于最小安全系数的滑动面即为最危险滑动面。图中的角度$a$、$b$值可由表 9-1 查得。

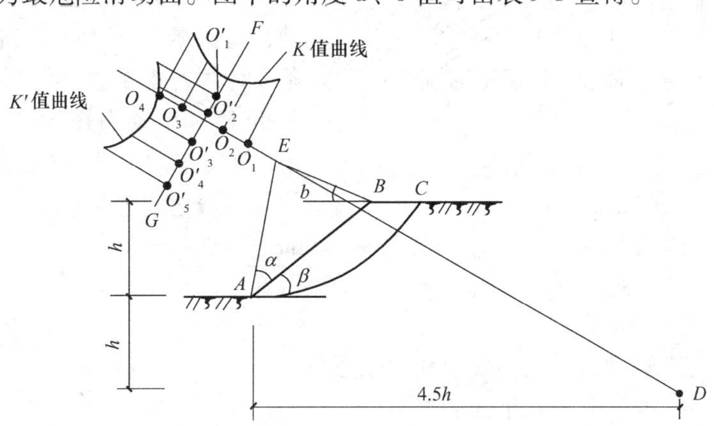


图 9-1　简单土坡滑动圆弧中心的确定

**不同边坡的 $a$、$b$ 数据表**　　　　**表 9-1**

| 坡　比 | 坡　角 | $a$ | $b$ | 坡　比 | 坡　角 | $a$ | $b$ |
|---|---|---|---|---|---|---|---|
| 1∶0.58 | 60° | 29° | 40° | 1∶3 | 18.43° | 25° | 35° |
| 1∶1 | 45° | 28° | 37° | 1∶4 | 14.04° | 25° | 36° |
| 1∶1.5 | 33.69° | 26° | 35° | 1∶5 | 11.31° | 25° | 37° |
| 1∶2 | 26.57° | 25° | 35° | | | | |

◆稳定数法

黏性土坡的稳定性与土的抗剪强度指标$c$、$\varphi$、土的重度$\gamma$、土坡的坡角$\beta$和坡高$h$等 5 个参数有密切关系。这 5 个参数间的关系可以通过$N_s$-$\beta$关系曲线（图 9-2）来反映。$N_s$称为稳定数，其定义为：

$$N_s = \frac{c}{\gamma h_{cr}} \tag{9-4}$$

式中　$h_{cr}$——土坡的临界高度。

采用稳定数法可以解决简单土坡稳定分析中的下述问题：

1）已知稳定安全系数$K$、坡角$\beta$及土的$c$、$\varphi$、$\gamma$，求稳定坡高$h$；

2）已知$K$、$h$、$c$、$\varphi$、$\gamma$，求稳定坡角$\beta$；

3）已知$h$、$\beta$、$c$、$\varphi$、$\gamma$，求稳定安全系数$K$。

◆瑞典条分法

瑞典条分法又称为费伦纽斯法，是条分法中最简单、最古老的一种。该法假定土坡沿着圆弧面滑动，并认为土条间的作用力对土坡的整体稳定性影响不大，可以忽略（由此而引起的误差一般在10%～15%之间）。因此它只满足滑动土体整体力矩平衡条件，而不满足土条的静力平衡条件，这样得到的稳定安全系数一般偏低（偏低8%～10%）。

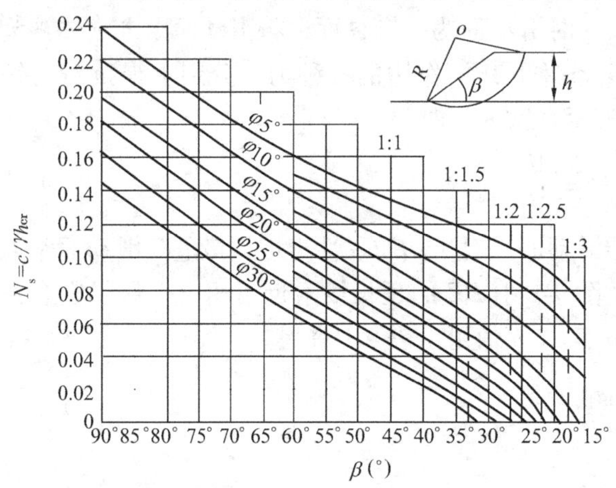


图9-2 $N_s$-$\beta$关系曲线图

分析时假定土坡沿着某一圆弧面滑动，将圆弧滑动体分成若干竖直的土条，计算各土条力系对圆弧圆心的抗滑力矩$M_r$和滑动力矩$M_s$，抗滑力矩和滑动力矩之比为土坡稳定安全系数$K$。$K$的最终表达式为：

$$K=\frac{M_r}{M_s}=\frac{\sum G_i\cos\alpha_i\tan\varphi_i+\sum c_i l_i}{\sum G_i\sin\alpha_i} \tag{9-5}$$

式中 $G_i$——土条$i$的重力；

$c_i$、$\varphi_i$——土条$i$滑动面上的黏聚力和内摩擦角；

$\alpha_i$——土条$i$的底面与水平面的夹角；

$l_i$——土条$i$在滑动面处的弧长，也可近似取直线长度。

◆毕肖普条分法

与瑞典条分法不同，毕肖普条分法可以考虑土条间的作用力。若只考虑土条间的法向作用力而忽略切向作用力，则可得到简化毕肖普公式如下：

$$K=\frac{\sum\frac{1}{m_{\alpha i}}(c_i l_i\cos\alpha_i+G_i\tan\varphi_i)}{\sum G_i\sin\alpha_i} \tag{9-6}$$

$$m_{\alpha i}=\cos\alpha_i+\frac{\sin\alpha_i\tan\varphi_i}{K} \tag{9-7}$$

试算时，可先假定$K=1.0$，由式（9-7）算出各$\alpha_i$所对应的$m_{\alpha i}$值，代入式（9-6）中，求得土坡的稳定安全系数$K'$。若$K'$与$K$之差大于规定的误差，则用$K'$查$m_{\alpha i}$，再次计算出安全系数$K''$，如此反复迭代计算，直至前后两次计算的安全系数非常接近，满足规定的精度要求为止。通常迭代3～4次即可满足精度的要求。

式（9-6）属于总应力法。为了考虑孔隙水压力的影响，可以采用有效应力法进行计算，其表达式如下：

$$K=\frac{\sum\frac{1}{m'_{\alpha i}}[c'_i l_i\cos\alpha_i+(G_i-u_i l_i\cos\alpha_i)\tan\varphi'_i]}{\sum G_i\sin\alpha_i} \tag{9-8}$$

$$m'_{\alpha i}=\cos\alpha_i+\frac{\sin\alpha_i\tan\varphi'_i}{K} \tag{9-9}$$

式中　$u_i$——土条 $i$ 滑动面上的平均孔隙水压力；

$c'_i$、$\varphi'_i$——土条 $i$ 滑动面上的有效黏聚力和有效内摩擦角。

同理，对瑞典条分法，式（9-5）也可以改用有效应力法来计算。

## 二、例题精解

**【例 9-1】** 某砂土场地需放坡开挖基坑，已知砂土的自然休止角 $\varphi=32°$，试求：

（1）放坡时的极限坡角 $\beta_{cr}$；

（2）若取安全系数 $K=1.3$，求稳定坡角 $\beta$；

（3）若取坡角 $\beta=23°$，求稳定安全系数 $K$。

**【解】**（1）$\beta_{cr}=\varphi=32°$

（2）由 $K=\dfrac{\tan\varphi}{\tan\beta}$，得

$$\beta=\arctan\left(\frac{\tan\varphi}{K}\right)=\arctan\left(\frac{\tan 32°}{1.3}\right)=25.7°$$

（3）$K=\dfrac{\tan\varphi}{\tan\beta}=\dfrac{\tan 32°}{\tan 23°}=1.47$

**【例 9-2】** 某地基土的天然重度 $\gamma=18.6\text{kN/m}^3$，内摩擦角 $\varphi=10°$，黏聚力 $c=12\text{kPa}$，当采用坡度 1∶1 开挖基坑时，其最大开挖深度可为多少？

**【解】** 由 $\beta=45°$、$\varphi=10°$ 查图 9-2 得 $N_s=0.108$，代入式（9-4），得：

$$h_{cr}=\frac{c}{\gamma N_s}=\frac{12}{18.6\times0.108}=6.0\text{m}$$

**【例 9-3】** 已知某挖方土坡，土的物理力学指标为 $\gamma=18.9\text{kN/m}^3$，$\varphi=10°$，$c=12\text{kPa}$，若取安全系数 $K=1.5$，试问：

（1）将坡角做成 $\beta=60°$ 时边坡的最大高度；

（2）若挖方的开挖高度为 6m，坡角最大能做成多大？

**【解】**（1）由 $\beta=60°$、$\varphi=10°$ 查图 9-2 得 $N_s=0.141$，代入式（9-4），得：

$$h_{cr}=\frac{c}{\gamma N_s}=\frac{12}{18.9\times0.141}=4.5\text{m}$$

$$h=\frac{h_{cr}}{K}=\frac{4.5}{1.5}=3.0\text{m}$$

（2）

$$h_{cr}=Kh=1.5\times6=9\text{m}$$

$$N_s=\frac{c}{\gamma h_{cr}}=\frac{12}{18.9\times9}=0.071$$

由 $N_s=0.071$、$\varphi=10°$ 查图 9-2 得 $\beta=28°$。

**【例 9-4】** 某简单黏性土坡坡高 $h=8\text{m}$，边坡坡度为 1∶2，土的内摩擦角 $\varphi=19°$，黏聚力 $c=10\text{kPa}$，重度 $\gamma=17.2\text{kN/m}^3$，坡顶作用着线荷载 $Q=100\text{kN/m}$，试用瑞典条分法计算土坡的稳定安全系数。

**【解】**（1）按比例绘出该土坡的截面图，如图 9-3 所示，垂直截面方向取 1m 长进行计算（作图时宜画大一些，图 9-3 已缩小）。

（2）由土坡坡度 1∶2 查表 9-1 得角 $a=25°$，$b=35°$，作图得 $E$ 点。现假定 $E$ 点为滑

动圆弧的圆心，$EA$ 长作为半径 $r$，从图上量得 $r=15.7\text{m}$，作假设圆弧滑动面$\overset{\frown}{AC}$。

(3) 取土条宽度 $b=0.1r=1.57\text{m}$，共分为 15 个土条。取 $E$ 点竖直线通过的土条为 0 号，右边分别为 $i=1\sim9$，左边分别为 $i=(-1)\sim(-5)$。

(4) 计算各土条的重力 $G_i$。$G_i=bh_i\times1\times\gamma$，其中 $h_i$为各土条的中间高度，可从图中按比例量出。其中两端土条（编号为“$-5$”和“9”）的宽度与 $b$ 不同，故要换算成同面积及同宽度 $b$ 时的高度。换算时土条 $-5$ 和 9 可视为三角形，算得其面积分别为 $A_{-5}=5.08\text{m}^2$和 $A_9=4.4\text{m}^2$，得到土条 $-5$ 和 9 的相应高度分别为：

$$h_{-5}=\frac{A_{-5}}{b}=3.2\text{m},h_9=\frac{A_9}{b}=2.8\text{m}$$

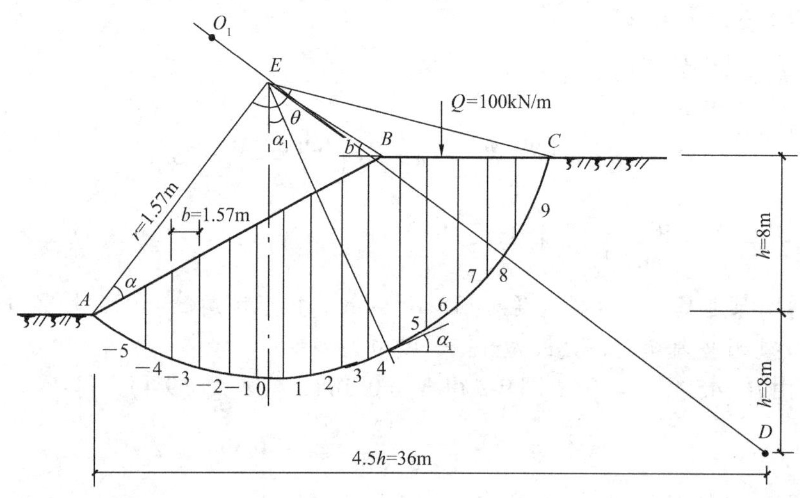


图 9-3

列表计算各土条的 $\sin\alpha_i$、$\cos\alpha_i$、$h_i\sin a_i$、$h_i\cos\alpha_i$、$\Sigma h_i\sin\alpha_i$ 和 $\Sigma h_i\cos\alpha_i$，见表 9-2 所示，其中

$$\sin\alpha_i=ib/r=0.1ir/r=0.1i$$

$$\cos\alpha_i=\sqrt{1-\sin^2\alpha_i}$$

(5) 量出$\overset{\frown}{AC}$弧的圆心角 $\theta=90.5°$，计算$\overset{\frown}{AC}$弧长：

$$\overset{\frown}{AC}=\frac{\pi\theta}{180°}r=\frac{3.14\times90.5°\times15.7}{180°}=24.8\text{m}$$

(6) 计算稳定安全系数。由于 $c$、$\varphi$、$\gamma$ 为常量，同时坡顶作用有荷载 $Q$，故可将式 (9-5) 改写成如下形式，并代入各值进行计算：

$$K=\frac{\tan\varphi\Sigma(G_i+Q_i)\cos\alpha_i+c\Sigma l_i}{\Sigma(G_i+Q_i)\sin\alpha_i}$$

$$=\frac{\tan\varphi(\Sigma G_i\cos\alpha_i+Q\cos\alpha_6)+c\Sigma l_i}{\Sigma G_i\sin\alpha_i+Q\sin\alpha_6}$$

$$=\frac{\tan\varphi(\Sigma\gamma bh_i\cos\alpha_i+Q\cos\alpha_6)+c\overset{\frown}{AC}}{\Sigma\gamma bh_i\sin\alpha_i+Q\sin\alpha_6}$$

$$= \frac{\tan\varphi(\gamma b\,\Sigma h_i\cos\alpha_i + Q\cos\alpha_6) + c\,\widehat{AC}}{\gamma b\,\Sigma h_i\sin\alpha_i + Q\sin\alpha_6}$$

$$= \frac{\tan 19° \times (17.2 \times 1.57 \times 95.6 + 100 \times 0.8) + 10 \times 24.8}{17.2 \times 1.57 \times 24.43 + 100 \times 0.6}$$

$$= 1.62$$

以上是滑动圆心位于 $E$ 点的计算结果。实际上 $E$ 不一定为最危险的滑动圆心，$K=1.62$ 也不一定为最小稳定安全系数。故应再假定其他滑动圆心（一般可按 $0.2h$ 的距离在 $DE$ 的延长线上移动）进行计算，方法与上述相同，本例从略。

**土坡稳定安全系数的计算** **表 9-2**

| 分条号 $i$ | $h_i$（m） | $\sin\alpha_i=0.1i$ | $\cos\alpha_i$ | $h_i\sin\alpha_i$ | $h_i\cos\alpha_i$ |
|---|---|---|---|---|---|
| -5 | 3.2 | -0.5 | 0.866 | -1.60 | 2.77 |
| -4 | 4.1 | -0.4 | 0.917 | -1.64 | 3.76 |
| -3 | 5.4 | -0.3 | 0.954 | -1.62 | 5.15 |
| -2 | 6.5 | -0.2 | 0.980 | -1.30 | 6.37 |
| -1 | 7.6 | -0.1 | 0.995 | -0.76 | 7.56 |
| 0 | 8.4 | 0 | 1.000 | 0 | 8.40 |
| 1 | 9.1 | 0.1 | 0.995 | 0.91 | 9.05 |
| 2 | 9.6 | 0.2 | 0.980 | 1.92 | 9.41 |
| 3 | 10 | 0.3 | 0.954 | 3.00 | 9.54 |
| 4 | 10 | 0.4 | 0.917 | 4.00 | 9.17 |
| 5 | 9.5 | 0.5 | 0.866 | 4.75 | 8.23 |
| 6 | 8.4 | 0.6 | 0.800 | 5.04 | 6.72 |
| 7 | 7.1 | 0.7 | 0.714 | 4.97 | 5.07 |
| 8 | 5.3 | 0.8 | 0.600 | 4.24 | 3.18 |
| 9 | 2.8 | 0.9 | 0.436 | 2.52 | 1.22 |
| $\Sigma$ | | | | 24.43 | 95.60 |

**【例 9-5】** 试用简化毕肖普公式计算［例 9-4］的土坡稳定安全系数。设 $Q=0$ 并近似取 $b_i=l_i\cos\alpha_i$。

**【解】** 由［例 9-4］计算结果：$\Sigma h_i\sin\alpha_i = 24.43$

由式（9-6）：

$$K = \frac{\Sigma\frac{1}{m_{\alpha i}}(c_i l_i\cos\alpha_i + G_i\tan\varphi_i)}{\Sigma G_i\sin\alpha_i}$$

$$= \frac{\Sigma\frac{1}{m_{\alpha i}}(cb + \gamma b h_i\tan 19°)}{\Sigma\gamma b h_i\sin\alpha_i}$$

$$= \frac{\Sigma\frac{1}{m_{\alpha i}}\left(\frac{c}{\gamma} + h_i\tan 19°\right)}{\Sigma h_i\sin\alpha_i}$$

$$= \frac{\Sigma\frac{1}{m_{\alpha i}}\left(\frac{10}{17.2} + 0.344h_i\right)}{24.43}$$

$$= \frac{\Sigma \frac{1}{m_{\alpha i}}(0.581 + 0.344 h_i)}{24.43}$$

$$= \frac{\Sigma \eta_i / m_{\alpha i}}{24.43}$$

式中　$\eta_i = 0.581 + 0.344 h_i$

$$m_{\alpha i} = \cos \alpha_i + \frac{\sin \alpha_i \tan 19°}{K} = \cos \alpha_i + \frac{0.344 \sin \alpha_i}{K}$$

第一次试算时，参考［例 9-4］的计算结果，取 $K = 1.6$，求得

$$K = \frac{49.283}{24.43} = 2.02$$

第二次试算时，假定 $K = 2.02$，求得

$$K = \frac{49.906}{24.43} = 2.04$$

计算过程见表 9-3。

**例 9-5 计算表**　　　　**表 9-3**

| $h_i$ | $\cos\alpha_i$ | $\sin\alpha_i$ | $\eta_i$ | $m_{\alpha i}$ $K=1.6$ | $\eta_i / m_{\alpha i}$ $K=1.6$ | $m_{\alpha i}$ $K=2.02$ | $\eta_i / m_{\alpha i}$ $K=2.02$ |
|---|---|---|---|---|---|---|---|
| 3.2 | 0.866 | −0.5 | 1.682 | 0.759 | 2.216 | 0.781 | 2.154 |
| 4.1 | 0.917 | −0.4 | 1.991 | 0.831 | 2.396 | 0.849 | 2.345 |
| 5.4 | 0.954 | −0.3 | 2.439 | 0.890 | 2.740 | 0.903 | 2.701 |
| 6.5 | 0.980 | −0.2 | 2.817 | 0.937 | 3.006 | 0.946 | 2.978 |
| 7.6 | 0.995 | −0.1 | 3.195 | 0.974 | 3.280 | 0.978 | 3.267 |
| 8.4 | 1.000 | 0 | 3.471 | 1.000 | 3.471 | 1.000 | 3.471 |
| 9.1 | 0.995 | 0.1 | 3.711 | 1.017 | 3.649 | 1.012 | 3.667 |
| 9.6 | 0.980 | 0.2 | 3.883 | 1.023 | 3.796 | 1.014 | 3.829 |
| 10.0 | 0.954 | 0.3 | 4.021 | 1.019 | 3.946 | 1.005 | 4.001 |
| 10.0 | 0.917 | 0.4 | 4.021 | 1.003 | 4.009 | 0.985 | 4.082 |
| 9.5 | 0.866 | 0.5 | 3.849 | 0.974 | 3.978 | 0.951 | 4.047 |
| 8.4 | 0.800 | 0.6 | 3.471 | 0.929 | 3.736 | 0.902 | 3.848 |
| 7.1 | 0.714 | 0.7 | 3.023 | 0.865 | 3.495 | 0.833 | 3.629 |
| 5.3 | 0.600 | 0.8 | 2.404 | 0.772 | 3.114 | 0.736 | 3.266 |
| 2.8 | 0.436 | 0.9 | 1.544 | 0.630 | 2.451 | 0.589 | 2.621 |
| | | | | $\Sigma$ | 49.283 | | 49.906 |

## 三、习题

### 1. 选择题

9-1　无黏性土坡的稳定性（　　）。

A. 与密实度无关　　　　B. 与坡高无关

C. 与土的内摩擦角无关　　　　D. 与坡角无关

9-2　某无黏性土坡坡角 $\beta=24°$，内摩擦角 $\varphi=36°$，则稳定安全系数为(　　)。

A. $K=1.46$　　　　B. $K=1.50$

C. $K=1.63$　　　　D. $K=1.70$

9-3　在地基稳定分析中，如果采用 $\varphi=0$ 分析法，这时土的抗剪强度指标应该采用下列哪种方法测定？(　　)

A. 三轴固结不排水试验　　　　B. 直剪试验慢剪

C. 现场十字板试验　　　　D. 标准贯入试验

9-4　瑞典条分法在分析时忽略了（　　）。

A. 土条间的作用力　　　　B. 土条间的法向作用力

C. 土条间的切向作用力

9-5　简化毕肖普公式忽略了（　　）。

A. 土条间的作用力　　　　B. 土条间的法向作用力

C. 土条间的切向作用力

**2. 填空题**

9-6　无黏性土坡稳定安全系数的表达式为________________。

9-7　无黏性土坡在自然稳定状态下的极限坡角，称为________________。

9-8　瑞典条分法稳定安全系数是指________________和________________之比。

9-9　黏性土坡的稳定性与土体的__________、__________、__________、__________和__________等5个参数有密切关系。

9-10　简化毕肖普公式只考虑了土条间的__________作用力而忽略了__________作用力。

**3. 判断改错题**

9-11　黏性土坡的稳定性与坡高无关。

9-12　用条分法分析黏性土坡的稳定性时，需假定几个可能的滑动面，这些滑动面均是最危险的滑动面。

9-13　稳定数法适用于非均质土坡。

9-14　毕肖普条分法的计算精度高于瑞典条分法。

9-15　毕肖普条分法只适用于有效应力法。

**4. 计算题**

9-16　一简单土坡，$c=20\text{kPa}$，$\varphi=20°$，$\gamma=18\text{kN/m}^3$。（1）如坡角 $\beta=60°$，安全系数 $K=1.5$，试用稳定数法确定最大稳定坡高；（2）如坡高 $h=8.5\text{m}$，安全系数仍为1.5，试确定最大稳定坡角；（3）如坡高 $h=8\text{m}$，坡角 $\beta=70°$，试确定稳定安全系数 $K$。

9-17　某砂土场地经试验测得砂土的自然休止角 $\varphi=30°$，若取稳定安全系数 $K=1.2$，问开挖基坑时土坡坡角应为多少？若取 $\beta=20°$，则 $K$ 又为多少？

9-18　试用瑞典条分法计算例9-4中当线荷载 $Q$ 刚作用于坡顶时的土坡稳定安全系数。

## 四、习题参考答案

9-1　B　9-2　C　9-3　C　9-4　A　9-5　C

9-6　$K=\tan\varphi/\tan\beta$

9-7　自然休止角

9-8　抗滑力矩，滑动力矩

9-9　抗剪强度指标 $\varphi$、$c$，重度 $\gamma$，土坡的坡角 $\beta$，坡高 $h$

9-10　法向，切向

9-11　×，只有无黏性土坡的稳定性才与坡高无关。

9-12　×，只有最小安全系数所对应的滑动面才是最危险的滑动面。

9-13　×，只适用于均质土坡。

9-14　✓

9-15　×，毕肖普条分法也适用于总应力法。

9-16（1）由 $\beta=60°$、$\varphi=20°$查图 9-2 得 $N_s=0.099$，代入式（9-4），得：

$$h_{cr}=\frac{c}{\gamma N_s}=\frac{20}{18\times0.099}=11.22\text{m}$$

$$h=\frac{h_{cr}}{K}=\frac{11.22}{1.5}=7.48\text{m}$$

（2）
$$h_{cr}=Kh=1.5\times8.5=12.75\text{m}$$

$$N_s=\frac{c}{\gamma h_{cr}}=\frac{20}{18\times12.75}=0.087$$

由 $N_s=0.087$、$\varphi=20°$查图 9-2 得 $\beta=55°$。

（3）由 $\beta=70°$、$\varphi=20°$查图 9-2 得 $N_s=0.125$，代入式（9-4），得：

$$h_{cr}=\frac{c}{\gamma N_s}=\frac{20}{18\times0.125}=8.89\text{m}$$

$$K=\frac{h_{cr}}{h}=\frac{8.89}{8}=1.11$$

9-17
$$\beta=\arctan\left(\frac{\tan\varphi}{K}\right)=\arctan\left(\frac{\tan30°}{1.2}\right)=25.7°$$

$$K=\frac{\tan\varphi}{\tan\beta}=\frac{\tan30°}{\tan20°}=1.59$$

9-18　由于荷载 $Q$ 刚作用于坡顶，土体还来不及排水固结，故计算抗滑力矩时不应考虑 $Q$ 的作用，于是：

$$\begin{aligned}K&=\frac{\tan\varphi\sum G_i\cos\alpha_i+c\sum l_i}{\sum(G_i+Q_i)\sin\alpha_i}\\&=\frac{\tan\varphi\sum G_i\cos\alpha_i+c\sum l_i}{\sum G_i\sin\alpha_i+Q\sin\alpha_6}\\&=\frac{\tan\varphi\sum\gamma bh_i\cos\alpha_i+c\,\widehat{AC}}{\sum\gamma bh_i\sin\alpha_i+Q\sin\alpha_6}\\&=\frac{\tan\varphi\cdot\gamma b\sum h_i\cos\alpha_i+c\,\widehat{AC}}{\gamma b\sum h_i\sin\alpha_i+Q\sin\alpha_6}\\&=\frac{\tan19°\times17.2\times1.57\times95.6+10\times24.8}{17.2\times1.57\times24.43+100\times0.6}\\&=1.58\end{aligned}$$

# 第10章 浅 基 础

## 一、学习要点

### 1. 概述

◆浅基础设计内容

(1) 选择基础的材料、类型，进行基础平面布置；

(2) 确定地基持力层和基础埋置深度；

(3) 确定地基承载力；

(4) 确定基础的底面尺寸，必要时进行地基变形与稳定性验算；

(5) 进行基础结构设计（对基础进行内力分析、截面计算并满足构造要求）；

(6) 绘制基础施工图，提出施工说明。

◆浅基础设计方法

浅基础设计方法可分为常规设计法和相互作用设计法。

常规设计法通常是将上部结构、基础和地基三者分离开来，分别对三者进行计算。常规设计法在满足下列条件时可认为是可行的：

1）地基沉降较小或较均匀；

2）基础刚度较大。

◆地基基础设计原则

(1) 对地基计算的要求

根据地基复杂程度、建筑物规模和功能特征以及由于地基问题可能造成建筑物破坏或影响正常使用的程度，《建筑地基基础设计规范》GB 50007—2011 将地基基础设计分为三个安全等级。

根据建筑物地基基础设计等级及长期荷载作用下地基变形对上部结构的影响程度，地基基础设计应符合下列规定：

1）所有建筑物的地基计算均应满足承载力计算的有关规定；

2）设计等级为甲、乙级的建筑物，均应按地基变形设计；

3）《建筑地基基础设计规范》GB 50007—2011 表 3.0.2 所列范围内设计等级为丙级的建筑物可不做变形验算，如有下列情况之一时，仍应做变形验算：

①地基承载力特征值小于 130kPa，且体形复杂的建筑；

②在基础上及其附近有地面堆载或相邻基础荷载差异较大，可能引起地基产生过大的不均匀沉降时；

③软弱地基上的建筑物存在偏心荷载时；

④相邻建筑距离过近，可能发生倾斜时；

⑤地基内有厚度较大或厚薄不匀的填土，其自重固结未完成时；

4）对经常受水平荷载作用的高层建筑、高耸结构和挡土墙等，以及建造在斜坡上或边坡附近的建筑物和构筑物，尚应验算其稳定性；

5）基坑工程应进行稳定性验算；

6）当地下水埋藏较浅，建筑地下室或地下构筑物存在上浮问题时，尚应进行抗浮验算。

（2）关于荷载取值的规定

地基基础设计时，所采用的作用效应与相应的抗力限值应按下列规定采用：

1）按地基承载力确定基础底面积及埋深时，传至基础底面上的作用效应应按正常使用极限状态下作用的标准组合；相应的抗力应采用地基承载力特征值。

2）计算地基变形时，传至基础底面上的作用效应应按正常使用极限状态下作用的准永久组合，不应计入风荷载和地震作用；相应的限值应为地基变形允许值。

3）计算挡土墙、地基或滑坡稳定以及基础抗浮稳定时，作用效应应按承载能力极限状态下作用的基本组合，但其分项系数均为1.0。

4）在确定基础高度、支挡结构截面、计算基础或支挡结构内力、确定配筋和验算材料强度时，上部结构传来的作用效应和相应的基底反力、挡土墙土压力以及滑坡推力，应按承载能力极限状态下作用的基本组合，采用相应的分项系数。

当需要验算基础裂缝宽度时，应按正常使用极限状态下作用的标准组合。

5）由永久作用控制的基本组合值可取标准组合值的1.35倍。

**2. 浅基础的类型**

◆浅基础根据结构形式可分为扩展基础、联合基础、柱下条形基础、柱下交叉条形基础、筏形基础、箱形基础和壳体基础等。

◆扩展基础

墙下条形基础和柱下独立基础（单独基础）统称为扩展基础。扩展基础的作用是把墙或柱的荷载侧向扩展到土中，使之满足地基承载力和变形的要求。扩展基础包括无筋扩展基础和钢筋混凝土扩展基础。

无筋扩展基础系指由砖、毛石、混凝土或毛石混凝土、灰土和三合土等材料组成的无需配置钢筋的墙下条形基础或柱下独立基础。无筋扩展基础适用于多层民用建筑和轻型厂房。

钢筋混凝土扩展基础常简称为扩展基础，系指墙下钢筋混凝土条形基础和柱下钢筋混凝土独立基础，常在荷载较大或基础埋置深度较小时使用。现浇柱的独立基础可做成锥形或阶梯形；预制柱则采用杯口基础。

◆联合基础、柱下条形基础、柱下交叉条形基础

联合基础主要指同列相邻二柱公共的钢筋混凝土基础，即双柱联合基础。联合基础常用在独立基础面积不足或荷载偏心过大等情况，或用于调整相邻两柱的沉降差，或防止两者之间的相向倾斜等。

当地基较为软弱、柱荷载或地基压缩性分布不均匀，以至于采用扩展基础可能产生较大的不均匀沉降时，常将同一方向（或同一轴线）上若干柱子的基础连成一体而形成柱下条形基础。这种基础的抗弯刚度较大，因而具有调整不均匀沉降的能力，并能将所承受的集中柱荷载较均匀地分布到整个基底面积上。柱下条形基础是常用于软弱地基上框架或

排架结构的一种基础形式。

如果地基软弱且在两个方向分布不均，需要基础在两方向都具有一定的刚度来调整不均匀沉降，则可在柱网下沿纵、横两向分别设置钢筋混凝土条形基础，从而形成柱下交叉条形基础。

◆筏形基础

在建筑物的柱、墙下方做成一块满堂的基础，即筏形（片筏）基础。筏形基础由于其底面积大，故可减小基底压力，同时也可提高地基土的承载力，并能更有效地增强基础的整体性，调整不均匀沉降。

按所支承的上部结构类型分，有用于砌体承重结构的墙下筏形基础和用于框架、剪力墙结构的柱下筏形基础。柱下筏形基础又可分为平板式和梁板式两种类型。

◆箱形基础

箱形基础是由钢筋混凝土的底板、顶板、外墙和内隔墙组成的有一定高度的整体空间结构，适用于软弱地基上的高层、重型或对不均匀沉降有严格要求的建筑物。与筏形基础相比，箱形基础具有更大的抗弯刚度，只能产生大致均匀的沉降或整体倾斜，从而基本上消除了因地基变形而使建筑物开裂的可能性。箱形基础埋深较大，基础中空，从而使开挖卸去的土重部分抵偿了上部结构传来的荷载（补偿效应），因此，与一般实体基础相比，它能显著减小基底压力、降低基础沉降量。此外，箱基的抗震性能较好。

箱基的钢筋水泥用量很大、工期长、造价高、施工技术比较复杂，在进行深基坑开挖时，还需考虑降低地下水位、坑壁支护及对周边环境的影响等问题。

**3. 基础埋置深度的选择**

◆基础埋置深度（简称埋深）

基础埋置深度是指基础底面至天然地面的距离。一般来说，在满足地基稳定和变形要求及有关条件的前提下，基础应尽量浅埋。

◆与建筑物有关的条件

确定基础的埋深时，首先要考虑的是建筑物在使用功能和用途方面的要求。对位于土质地基上的高层建筑，为了满足稳定性要求，其基础埋深应随建筑物高度适当增大。在抗震设防区，筏形和箱形基础的埋深不宜小于建筑物高度的1/15；桩筏或桩箱基础的埋深（不计桩长）不宜小于建筑物高度的1/18。对位于岩石地基上的高层建筑，其基础埋深应满足抗滑要求。受有上拔力的基础如输电塔基础，也要求有较大的埋深以满足抗拔要求。烟囱、水塔等高耸结构均应满足抗倾覆稳定性的要求。

◆工程地质条件

直接支承基础的土层称为持力层，其下的各土层称为下卧层。为了满足建筑物对地基承载力和地基变形的要求，基础应尽可能埋置在良好的持力层上。当地基受力层（或沉降计算深度）范围内存在软弱下卧层时，软弱下卧层的承载力和地基变形也应满足要求。

下面针对工程中常遇到的四种土层分布情况，说明基础埋深的确定原则：

（1）在地基受力层范围内，自上而下都是良好土层。这时基础埋深由其他条件和最小埋深确定。

（2）自上而下都是软弱土层。对于轻型建筑，仍可考虑按情况（1）处理。如果地基承载力或地基变形不能满足要求，则应考虑采用连续基础、人工地基或深基础方案。哪一种方案较好，需要从安全可靠、施工难易、造价高低等方面综合确定。

(3) 上部为软弱土层而下部为良好土层。这时，持力层的选择取决于上部软弱土层的厚度。一般来说，软弱土层厚度小于2m者，应选取下部良好土层作为持力层；若软弱土层较厚，可按情况（2）处理。

(4) 上部为良好土层而下部为软弱土层。这种情况在我国沿海地区较为常见，地表普遍存在一层厚度为2～3m的所谓“硬壳层”，硬壳层以下为孔隙比大、压缩性高、强度低的软土层。对于一般中小型建筑物或6层以下的住宅，宜选择这一硬壳层作为持力层，基础尽量浅埋，即采用“宽基浅埋”方案，以便加大基底至软弱土层的距离。此时，最好采用钢筋混凝土基础（基础截面高度较小）。

◆水文地质条件

有地下水存在时，基础应尽量埋置在地下水位以上，以避免地下水对基坑开挖、基础施工和使用期间的影响。对底面低于地下水位的基础，应考虑施工期间的基坑降水、坑壁围护、是否可能产生流砂、涌土等问题，并采取保护地基土不受扰动的措施。对于具有侵蚀性的地下水，应采用抗侵蚀的水泥品种和相应的措施。此外，设计时还应该考虑由于地下水的浮托力而引起的基础底板内力的变化、地下室或地下贮罐上浮的可能性以及地下室的防渗问题。

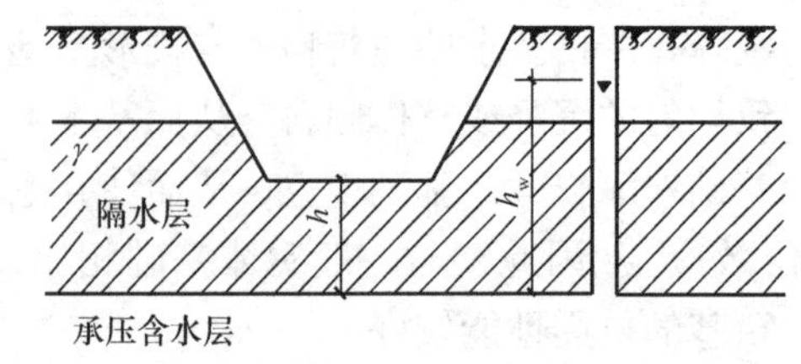


图10-1　基坑下埋藏有承压含水层的情况

当持力层下埋藏有承压含水层时，为防止坑底土被承压水冲破（即流土），要求坑底土的总覆盖压力大于承压含水层顶部的静水压力（图10-1），即

$$\gamma h > \gamma_w h_w \tag{10-1}$$

式中　$\gamma$——土的重度，对潜水位以下的土取饱和重度；

$\gamma_w$——水的重度；

$h$——基坑底面至承压含水层顶面的距离；

$h_w$——承压水位。

◆地基冻融条件

当地基土的温度低于0℃时，土中部分孔隙水将冻结而形成冻土。冻土可分为季节性冻土和多年冻土两类。季节性冻土在冬季冻结而夏季融化，每年冻融交替一次。

如果季节性冻土由细粒土（粉砂、粉土、黏性土）组成，冻结前的含水量较高且冻结期间的地下水位低于冻结深度不足1.5～2.0m，那么不仅处于冻结深度范围内的土中水将被冻结形成冰晶体，而且未冻结区的自由水和部分结合水会不断地向冻结区迁移、聚集，使冰晶体逐渐扩大，引起土体发生膨胀和隆起，形成冻胀现象。位于冻胀区的基础所受到的冻胀力如大于基底压力，基础就有被抬起的可能。到了夏季，土体因温度升高而解冻，造成含水量增加，使土体处于饱和及软化状态，强度降低，建筑物下陷，这种现象称为融陷。

对于结合水含量极少的粗粒土，因不发生水分迁移，故不存在冻胀问题。处于坚硬状态的黏性土，因为结合水的含量很少，冻胀作用也很微弱。《建筑地基基础设计规范》GB 50007—2011根据冻胀对建筑物的危害程度，把地基土的冻胀性分为不冻胀、弱冻胀、冻胀、强冻胀和特强冻胀五类。

不冻胀土的基础埋深可不考虑冻结深度。对于埋置于可冻胀土中的基础，其最小埋深 $d_{min}$ 可按下式确定：

$$d_{min} = z_d - h_{max} \tag{10-2}$$

式中，$z_d$（场地冻深深度）和 $h_{max}$（基底下允许冻土层最大厚度）可按《建筑地基基础设计规范》GB 50007—2011 的有关规定确定。对于冻胀、强冻胀和特强冻胀地基上的建筑物，尚应采取相应的防冻害措施。

◆场地环境条件

基础应埋置于地表以下，其埋深不宜小于0.5m（岩石地基除外）；基础顶面一般应至少低于设计地面0.1m。

靠近原有建筑物修建新基础时，新基础的埋深不宜超过原有基础的底面，否则新、旧基础间应保持一定的净距，其值不宜小于两基础底面高差的1~2倍。

如果在基础影响范围内有管道或沟、坑等地下设施通过时，基础底面一般应低于这些设施的底面，否则应采取有效措施，消除基础对地下设施的不利影响。

在河流、湖泊等水体旁建造的建筑物基础，如可能受到流水或波浪冲刷的影响，其底面应位于冲刷线之下。

**4. 浅基础的地基承载力**

◆地基承载力概念

地基承载力是指地基承受荷载的能力。在保证地基稳定的条件下，使建筑物的沉降量不超过允许值的地基承载力称为地基承载力特征值，以 $f_a$ 表示。$f_a$ 的确定取决于两个条件：第一，要有一定的强度安全储备；第二，地基变形不应大于相应的允许值。

地基承载力不是一定值，在许多情况下，地基承载力的大小是由地基变形允许值控制的。

◆地基承载力特征值的确定

确定地基承载力特征值的方法主要有四类：①根据土的抗剪强度指标以理论公式计算；②由现场载荷试验的 $p$-$s$ 曲线确定；③按规范提供的承载力表确定；④在土质基本相同的情况下，参照邻近建筑物的工程经验确定。

（1）按土的抗剪强度指标确定

①地基极限承载力理论公式

根据地基极限承载力计算地基承载力特征值的公式如下：

$$f_a = p_u / K \tag{10-3}$$

式中　$p_u$——地基极限承载力；

$K$——安全系数，其取值与地基基础设计等级、荷载的性质、土的抗剪强度指标的可靠程度以及地基条件等因素有关，对长期承载力一般取 $K=2\sim3$。

②规范推荐的理论公式

当荷载偏心距 $e \leqslant l/30$（$l$ 为偏心方向基础边长）时，可以采用《建筑地基基础设计规范》GB 50007—2011 推荐的、以地基临界荷载 $p_{1/4}$ 为基础的理论公式来计算地基承载力特征值，计算公式如下：

$$f_a = M_b \gamma b + M_d \gamma_m d + M_c c_k \tag{10-4}$$

式中 $M_b$、$M_d$、$M_c$——承载力系数，按 $\varphi_k$值查表 10-1；

$\gamma$——基底以下土的重度，地下水位以下取有效重度（浮重度）；

$b$——基础底面宽度，大于 6m 时按 6m 考虑；对于砂土，小于 3m 时按 3m 考虑；

$\gamma_m$——基础底面以上土的加权平均重度，地下水位以下取有效重度；

$d$——基础埋置深度，取值方法与式（10-6）同；

$\varphi_k$、$c_k$——基底下一倍基宽深度内土的内摩擦角、黏聚力标准值。

地基短期承载力计算公式为：

$$f_a = 3.14c_u + \gamma_m d \tag{10-5}$$

**承载力系数 $M_b$、$M_d$、$M_c$** **表 10-1**

| 土的内摩擦角标准值 $\varphi_k$（°） | $M_b$ | $M_d$ | $M_c$ | 土的内摩擦角标准值 $\varphi_k$（°） | $M_b$ | $M_d$ | $M_c$ |
|---|---|---|---|---|---|---|---|
| 0 | 0 | 1.00 | 3.14 | 22 | 0.61 | 3.44 | 6.04 |
| 2 | 0.03 | 1.12 | 3.32 | 24 | 0.80 | 3.87 | 6.45 |
| 4 | 0.06 | 1.25 | 3.51 | 26 | 1.10 | 4.37 | 6.90 |
| 6 | 0.10 | 1.39 | 3.71 | 28 | 1.40 | 4.93 | 7.40 |
| 8 | 0.14 | 1.55 | 3.93 | 30 | 1.90 | 5.59 | 7.95 |
| 10 | 0.18 | 1.73 | 4.17 | 32 | 2.60 | 6.35 | 8.55 |
| 12 | 0.23 | 1.94 | 4.42 | 34 | 3.40 | 7.21 | 9.22 |
| 14 | 0.29 | 2.17 | 4.69 | 36 | 4.20 | 8.25 | 9.97 |
| 16 | 0.36 | 2.43 | 5.00 | 38 | 5.00 | 9.44 | 10.80 |
| 18 | 0.43 | 2.72 | 5.31 | 40 | 5.80 | 10.84 | 11.73 |
| 20 | 0.51 | 3.06 | 5.66 | | | | |

几点说明：

①按理论公式计算地基承载力时，对计算结果影响最大的是土的抗剪强度指标。

②地基承载力不仅与土的性质有关，还与基础的大小、形状、埋深以及荷载情况等有关，而这些因素对承载力的影响程度又随着土质的不同而不同。例如对饱和软土（$\varphi_u=0$，$M_b=0$），增大基底尺寸不可能提高地基承载力，但对 $\varphi_k>0$ 的土，增大基底宽度将使承载力随着 $\varphi_k$的提高而显著增加。

③由式（10-4）可知，地基承载力随埋深 $d$ 线性增加，但对实体基础（如扩展基础），增加的承载力将被基础和回填土重量的相应增加而部分抵偿。特别是对于饱和软土，由于 $M_d=1$，这两方面几乎相抵而收不到明显的效果。

④按土的抗剪强度指标确定的地基承载力特征值没有考虑建筑物对地基变形的要求，因此在基础底面尺寸确定后，还应进行地基变形验算。

（2）按地基载荷试验确定

载荷试验包括浅层平板载荷试验、深层平板试验及螺旋板载荷试验。前者适用于浅层地基，后二者适用于深层地基。

载荷试验的优点是压力的影响深度可达 1.5～2 倍承压板宽度，故能较好地反映天然土体的压缩性。对于成分或结构很不均匀的土层，如杂填土、裂隙土、风化岩等，它则显出用别的方法所难以代替的作用。其缺点是试验工作量和费用较大，时间较长。

对于密实砂土、硬塑黏土等低压缩性土，其 $p$-$s$ 曲线通常有比较明显的起始直线段和极限值，即呈急进破坏的“陡降型”，如图 10-2（$a$）所示。规范规定以直线段末点所对应的压力 $p_1$（比例界限荷载）作为承载力特征值。当 $p_u < 2p_1$ 时，取 $p_u/2$ 作为承载力特征值。

对于松砂、填土、可塑黏土等中、高压缩性土，其 $p$-$s$ 曲线往往无明显的转折点，呈现渐进破坏的“缓变型”，如图 10-2（$b$）所示。由于中、高压缩性土的沉降量较大，故其承载力特征值一般受允许沉降量控制。因此，当压板面积为 0.25～0.50$m^2$ 时，规范规定可取沉降 $s=(0.01 \sim 0.015)b$（$b$ 为承压板宽度或直径）所对应的荷载（此值不应大于最大加载量的一半）作为承载力特征值。

对同一土层，应选择三个以上的试验点，当试验实测值的极差（最大值与最小值之差）不超过其平均值的 30% 时，取其平均值作为该土层的地基承载力特征值 $f_{ak}$。

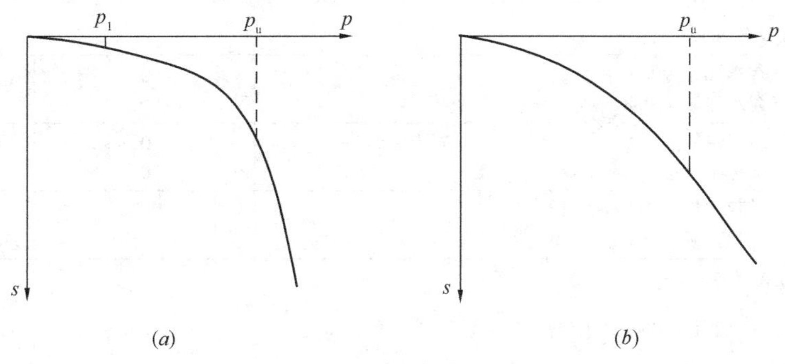


图 10-2　按载荷试验成果确定地基承载力特征值

（$a$）低压缩性土；（$b$）高压缩性土

（3）按规范承载力表确定

我国各地方规范给出了按野外鉴别结果、室内物理、力学指标或现场动力触探试验锤击数查取地基承载力特征值 $f_{ak}$ 的表格。表 10-2 给出的是砂土按标准贯入试验锤击数 $N$ 值（修正后）查取承载力特征值的表格。

**砂土承载力特征值 $f_{ak}$**（kPa）　　**表 10-2**

| 土类 \ $N$ | 10 | 15 | 30 | 50 |
|---|---|---|---|---|
| 中砂、粗砂 | 180 | 250 | 340 | 500 |
| 粉砂、细砂 | 140 | 180 | 250 | 340 |

（4）按建筑经验确定

◆当基础宽度大于 3m 或埋置深度大于 0.5m 时，从载荷试验或其他原位测试、规范表格等方法确定的地基承载力特征值，应按下式进行修正：

$$f_a = f_{ak} + \eta_b \gamma (b-3) + \eta_d \gamma_m (d-0.5) \tag{10-6}$$

式中　$f_a$——修正后的地基承载力特征值；

$f_{ak}$——地基承载力特征值；

$\eta_b$、$\eta_d$——基础宽度和埋深的地基承载力修正系数，按基底下土的类别查表10-3；

$\gamma$——基础底面以下土的重度，地下水位以下取有效重度；

$b$——基础底面宽度，当基底宽度小于3m时按3m考虑，大于6m时按6m考虑；

$\gamma_m$——基础底面以上土的加权平均重度，地下水位以下取有效重度；

$d$——基础埋置深度，一般自室外地面标高算起。在填方整平地区，可自填土地面标高算起，但填土在上部结构施工后完成时，应从天然地面标高算起。对于地下室，如采用箱形基础或筏形基础时，基础埋置深度自室外地面标高算起；当采用独立基础或条形基础时，应从室内地面标高算起。

**承载力修正系数** **表10-3**

| 土的类别 | | $\eta_b$ | $\eta_d$ |
|---|---|---|---|
| 淤泥和淤泥质土 | | 0 | 1.0 |
| 人工填土<br>$e$或$I_L$大于等于0.85的黏性土 | | 0 | 1.0 |
| 红黏土 | 含水比$a_w>0.8$<br>含水比$a_w\leqslant0.8$ | 0<br>0.15 | 1.2<br>1.4 |
| 大面积压实填土 | 压实系数大于0.95、黏粒含量$\rho_c\geqslant10\%$的粉土<br>最大干密度大于$2.1t/m^3$的级配砂石 | 0<br>0 | 1.5<br>2.0 |
| 粉土 | 黏粒含量$\rho_c\geqslant10\%$的粉土<br>黏粒含量$\rho_c<10\%$的粉土 | 0.3<br>0.5 | 1.5<br>2.0 |
| $e$或$I_L$均小于0.85的黏性土 | | 0.3 | 1.6 |
| 粉砂、细砂（不包括很湿与饱和时的稍密状态） | | 2.0 | 3.0 |
| 中砂、粗砂、砾砂和碎石土 | | 3.0 | 4.4 |

注：1. 强风化和全风化的岩石，可参照所风化成的相应土类取值，其他状态下的岩石不修正；

2. 地基承载力特征值按深层平板载荷试验确定时，$\eta_d$取0。

◆地基变形验算

地基变形验算的要求是：建筑物的地基变形计算值$\Delta$应不大于地基变形允许值［$\Delta$］，即要求满足下列条件：

$$\Delta\leqslant[\Delta] \tag{10-7}$$

地基变形按其特征可分为四种：

沉降量——独立基础中心点的沉降值或整幢建筑物基础的平均沉降值；

沉降差——相邻两个柱基的沉降量之差；

倾斜——基础倾斜方向两端点的沉降差与其距离的比值；

局部倾斜——砌体承重结构沿纵向6~10m内基础两点的沉降差与其距离的比值。

砌体承重结构对地基的不均匀沉降是很敏感的，其损坏主要是由于墙体挠曲引起局部出现斜裂缝，故砌体承重结构的地基变形由局部倾斜控制；框架结构和单层排架结构主要因相邻柱基的沉降差使构件受剪扭曲而损坏，因此其地基变形由沉降差控制；高耸结构和高层建筑的整体刚度很大，可近似视为刚性结构，其地基变形应由建筑物的整体倾斜控制，必要时应控制平均沉降量。

如果地基变形计算值$\Delta$大于地基变形允许值［$\Delta$］，一般可以先考虑适当调整基础底面尺寸（如增大基底面积或调整基底形心位置）或埋深，如仍未满足要求，再考虑是否可从建筑、结构、施工诸方面采取有效措施以防止不均匀沉降对建筑物的损害，或改用其他地基基础设计方案。

**5. 基础底面尺寸的确定**

◆按地基持力层承载力计算基底尺寸

（1）轴心荷载作用

在轴心荷载作用下，按地基持力层承载力计算基底尺寸时，要求基础底面压力满足下式要求：

$$p_k \leqslant f_a \tag{10-8}$$

$$p_k = \frac{F_k + G_k}{A} \tag{10-9}$$

式中 $f_a$——修正后的地基持力层承载力特征值；

$p_k$——相应于作用的标准组合时，基础底面处的平均压力值，按式（10-9 ）计算；

$A$——基础底面面积；

$F_k$——相应于作用的标准组合时，上部结构传至基础顶面的竖向力值；

$G_k$——基础自重和基础上的土重，对一般实体基础，可近似地取 $G_k = \gamma_G Ad$（$\gamma_G$为基础及回填土的平均重度，可取 $\gamma_G = 20\text{kN/m}^3$，$d$ 为基础平均埋深），但在地下水位以下部分应扣去浮托力，即 $G_k = \gamma_G Ad - \gamma_w Ah_w$（$h_w$为地下水位至基础底面的距离）。

将式（10-9）代入式（10-8），得基础底面积计算公式如下：

$$A \geqslant \frac{F_k}{f_a - \gamma_G d + \gamma_w h_w} \tag{10-10}$$

在轴心荷载作用下，柱下独立基础一般采用方形，其边长为：

$$b \geqslant \sqrt{\frac{F_k}{f_a - \gamma_G d + \gamma_w h_w}} \tag{10-11}$$

对于墙下条形基础，可沿基础长边方向取单位长度 1m 进行计算，荷载也为相应的线荷载（kN/m），则条形基础宽度为：

$$b \geqslant \frac{F_k}{f_a - \gamma_G d + \gamma_w h_w} \tag{10-12}$$

在上面的计算中，一般先要对地基承载力特征值$f_{ak}$进行深度修正，然后按计算得到的基底宽度 $b$，考虑是否需要对 $f_{ak}$ 进行宽度修正。最后确定的基底尺寸 $b$ 和 $l$ 均应为 100mm 的倍数。

（2）偏心荷载作用

对偏心荷载作用下的基础，如果是采用魏锡克或汉森一类公式计算地基承载力特征值 $f_a$，则在 $f_a$ 中已经考虑了荷载偏心和倾斜引起地基承载力的折减，此时基底压力只需满足条件（式 10-8）的要求即可。但是如果 $f_a$ 是按载荷试验或规范表格确定的，则除应满足式（10-8）的要求外，尚应满足以下附加条件：

$$p_{kmax} \leqslant 1.2 f_a \tag{10-13}$$

式中 $p_{kmax}$——相应于作用的标准组合时，按直线分布假设计算的基底边缘处的最大压力值；

$f_a$——修正后的地基承载力特征值。

对常见的单向偏心矩形基础，当偏心距 $e \leqslant l/6$ 时，基底最大压力可按下式计算：

$$p_{kmax} = \frac{F_k}{bl} + \gamma_G d - \gamma_w h_w + \frac{6M_k}{bl^2} \tag{10-14}$$

或

$$p_{kmax} = p_k\left(1 + \frac{6e}{l}\right) \tag{10-15}$$

式中 $l$——偏心方向的基础边长，一般为基础长边边长；

$b$——垂直于偏心方向的基础边长，一般为基础短边边长；

$M_k$——相应于作用的标准组合时，基础所有荷载对基底形心的合力矩；

$e$——偏心距，$e = M_k/(F_k + G_k)$；

其余符号意义同前。

为了保证基础不致过分倾斜，通常还要求偏心距 $e$ 应满足下列条件：

$$e \leqslant l/6 \tag{10-16}$$

确定矩形基础底面尺寸时，为了同时满足式（10-8）、式（10-13）和式（10-16）的条件，一般可按下述步骤进行：

1）进行深度修正，初步确定修正后的地基承载力特征值。

2）根据荷载偏心情况，将按轴心荷载作用计算得到的基底面积增大 10% ~40%，即取

$$A = (1.1 \sim 1.4)\frac{F_k}{f_a - \gamma_G d + \gamma_w h_w} \tag{10-17}$$

3）选取基底长边 $l$ 与短边 $b$ 的比值 $n$（一般取 $n \leqslant 2$），于是有

$$b = \sqrt{A/n} \tag{10-18}$$

$$l = nb \tag{10-19}$$

4）考虑是否应对地基承载力进行宽度修正。如需要，在承载力修正后，重复上述 2、3 两个步骤，使所取宽度前后一致。

5）计算偏心距 $e$ 和基底最大压力 $p_{kmax}$，并验算是否满足式（10-13）和式（10-16）的要求。

6）若 $b$、$l$ 取值不适当（太大或太小），可调整尺寸再行验算，如此反复一二次，便可定出合适的尺寸。

◆地基软弱下卧层承载力验算

当地基受力层范围内存在软弱下卧层（承载力显著低于持力层的高压缩性土层）时，除按持力层承载力确定基底尺寸外，还必须对软弱下卧层进行验算，要求作用在软弱下卧层顶面处的附加应力与自重应力之和不超过它的承载力特征值，即

$$\sigma_z + \sigma_{cz} \leqslant f_{az} \tag{10-20}$$

式中 $\sigma_z$——相应于作用的标准组合时，软弱下卧层顶面处的附加应力值；

$\sigma_{cz}$——软弱下卧层顶面处土的自重应力值；

$f_{az}$——软弱下卧层顶面处经深度修正后的地基承载力特征值。

附加应力 $\sigma_z$ 的计算公式如下：

条形基础
$$\sigma_z = \frac{b(p_k - \sigma_{cd})}{b + 2z\tan\theta} \tag{10-21}$$

矩形基础
$$\sigma_z = \frac{lb(p_k - \sigma_{cd})}{(l + 2z\tan\theta)(b + 2z\tan\theta)} \tag{10-22}$$

式中 $b$——条形基础或矩形基础的底面宽度；

$l$——矩形基础的底面长度；

$p_k$——相应于作用的标准组合时的基底平均压力值；

$\sigma_{cd}$——基底处土的自重应力值；

$z$——基底至软弱下卧层顶面的距离；

$\theta$——地基压力扩散角，可按表 10-4 采用。

**地基压力扩散角 $\theta$ 值** 表 10-4

| $E_{s1}/E_{s2}$ | $z=0.25b$ | $z\geqslant0.50b$ | $E_{s1}/E_{s2}$ | $z=0.25b$ | $z\geqslant0.50b$ |
|---|---|---|---|---|---|
| 3 | 6° | 23° | 10 | 20° | 30° |
| 5 | 10° | 25° | | | |

注：1. $E_{s1}$ 为上层土的压缩模量；$E_{s2}$ 为下层土的压缩模量；

2. $z<0.25b$ 时取 $\theta=0°$，必要时，宜由试验确定；$z\geqslant0.50b$ 时 $\theta$ 值不变。

由式（10-22）可知，如要减小作用于软弱下卧层表面的附加应力 $\sigma_z$，可以采取加大基底面积（使扩散面积加大）或减小基础埋深（使 $z$ 值加大）的措施。前一措施虽然可以有效地减小 $\sigma_z$，但却可能使基础的沉降量增加。因为附加应力的影响深度会随着基底面积的增加而加大，从而可能使软弱下卧层的沉降量明显增加。反之，减小基础埋深可以使基底到软弱下卧层的距离增加，使附加应力在软弱下卧层中的影响减小，因而基础沉降随之减小。因此，当存在软弱下卧层时，基础宜浅埋，这样不仅使“硬壳层”充分发挥应力扩散作用，同时也减小了基础沉降。

◆按允许沉降差调整基础底面尺寸的概念

（1）基底尺寸对沉降的影响

由计算地基沉降的弹性力学公式（式 5-12）可得：

$$s = \frac{1-\mu^2}{E_0}\omega b p_0 \tag{10-23}$$

由式（10-23）可知，对同一地基上按条件 $p=f_a$ 设计的两基础，设具有相同的埋深 $d$ 和沉降影响系数 $\omega$，则底面尺寸愈大的基础（即柱荷载 $F$ 越大），其沉降量也愈大。

对同一基础而言（荷载 $F$ 为常量），则

$$s \approx \frac{(1-\mu^2)\omega F}{E_0 l} \tag{10-24}$$

故增大基础底面积或基础长宽比 $n(n = l/b)$ 可以减少沉降量 $s$。

（2）减少基础沉降量的措施

1）增大基础长宽比 $n$（当 $n$ 从 1 增大到 3 时，沉降量约减少 6%）；

2）增大基础底面积 $A$（当 $A$ 增大 10% 时，沉降量约减少 4.6%）。

（3）减少不均匀沉降的措施

当相邻两基础的沉降差超过允许值时，可以考虑采取以下措施减少沉降差：

1）若沉降小的基础的地基强度储备足够大，可适当减小该基础的底面尺寸，使其沉降增大；

2）将沉降小的基础尽量做方，沉降大的基础的长宽比 $n$ 尽量大；

3）将沉降大的基础的底面积增大（有软弱下卧层时例外）。

**6. 扩展基础设计**

◆无筋扩展基础设计

无筋扩展基础设计时可以通过控制材料强度等级和台阶宽高比（台阶的宽度与其高度之比）来确定基础的截面尺寸，而无需进行内力分析和截面强度计算。要求基础每个台阶的宽高比都不得超过相应的台阶宽高比的允许值。设计时一般先选择适当的基础埋深和基础底面尺寸，设基底宽度为 $b$，则按上述要求，基础高度应满足下列条件：

$$h \geqslant \frac{b - b_0}{2\tan\alpha} \tag{10-25}$$

式中　$b_0$——基础顶面处的墙体宽度或柱脚宽度；

$\tan\alpha$——基础台阶宽高比的允许值，可按表 10-5 选用。

**无筋扩展基础台阶宽高比的允许值**　　**表 10-5**

| 基础材料 | 质量要求 | 台阶宽高比的允许值（$\tan\alpha$） | | |
|---|---|---|---|---|
| | | $p_k \leqslant 100$ | $100 < p_k \leqslant 200$ | $200 < p_k \leqslant 300$ |
| 混凝土基础 | C15 混凝土 | 1:1.00 | 1:1.00 | 1:1.25 |
| 毛石混凝土基础 | C15 混凝土 | 1:1.00 | 1:1.25 | 1:1.50 |
| 砖基础 | 砖不低于 MU10，砂浆不低于 M5 | 1:1.50 | 1:1.50 | 1:1.50 |
| 毛石基础 | 砂浆不低于 M5 | 1:1.25 | 1:1.50 | — |
| 灰土基础 | 体积比为 3:7 或 2:8 的灰土，其最小干密度：<br>粉土 1.55t/m³<br>粉质黏土 1.50t/m³<br>黏土 1.45t/m³ | 1:1.25 | 1:1.50 | — |
| 三合土基础 | 石灰:砂:骨料的体积比 1:2:4 ~ 1:3:6<br>每层约虚铺 220mm，夯至 150mm | 1:1.50 | 1:2.00 | — |

注：1. $p_k$ 为荷载效应标准组合时基础底面处的平均压力（kPa）；

2. 阶梯形毛石基础的每阶伸出宽度不宜大于 200mm；

3. 当基础由不同材料叠合组成时，应对接触部分作局部受压承载力计算；

4. 对 $p_k > 300$kPa 的混凝土基础，尚应进行抗剪验算。

砖基础俗称大放脚，其各部分的尺寸应符合砖的模数。砌筑方式有两皮一收和二一间隔收（又称两皮一收与一皮一收相间）两种（图 10-3）。两皮一收是每砌两皮砖，即 120mm，收进 1/4 砖长，即 60mm；二一间隔收是从底层开始，先砌两皮砖，收进 1/4 砖长，再砌一皮砖，收进 1/4 砖长，如此反复。

毛石基础的每阶伸出宽度不宜大于 200mm，每阶高度通常取 400 ~ 600mm，并由两层毛石错缝砌成。混凝土基础每阶高度不应小于 200mm，毛石混凝土基础每阶高度不应小于 300mm。

灰土基础施工时每层虚铺灰土220～250mm，夯实至150mm，称为“一步灰土”。根据需要可设计成二步灰土或三步灰土，即厚度为300mm或450mm，三合土基础厚度不应小于300mm。

无筋扩展基础也可由两种材料叠合组成，例如，上层用砖砌体，下层用混凝土。

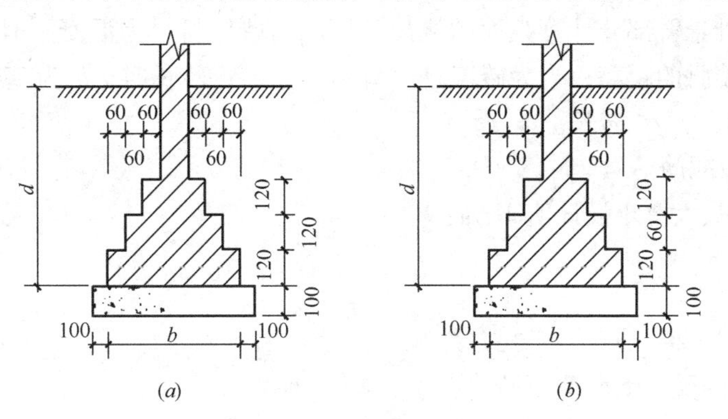


图10-3　砖基础剖面图

（$a$）二皮一收砌法；（$b$）二一间隔收砌法

◆墙下钢筋混凝土条形基础设计

（1）构造要求

1）梯形截面基础的边缘高度，一般不小于200mm；基础高度小于等于250mm时，可做成等厚度板。

2）基础下的垫层厚度一般为100mm，每边伸出基础50～100mm，垫层混凝土强度等级应为C10。

3）底板受力钢筋的最小直径不宜小于10mm，间距不宜大于200mm且不小于100mm。当有垫层时，混凝土的保护层净厚度不应小于40mm，无垫层时不应小于70mm，最小配筋率不应小于0.15%。纵向分布筋直径不小于8mm，间距不大于300mm，每延米分布钢筋的面积应不小于受力钢筋面积的15%。

4）混凝土强度等级不应低于C20。

5）当基础宽度大于或等于2.5m时，底板受力钢筋的长度可取基础宽度的0.9倍，并交错布置。

（2）轴心荷载作用

1）基础高度

基础高度由混凝土的受剪承载力确定：

$$h_0 \geqslant V/0.7\beta_{hs}f_t \tag{10-26}$$

$$V = p_j b_1 \tag{10-27}$$

$$p_j = F/b \tag{10-28}$$

式中　$V$——剪力设计值；

$\beta_{hs}$——受剪切承载力截面高度影响系数，$\beta_{hs} = (800/h_0)^{1/4}$，当$h_0 < 800$mm时，取$h_0 = 800$mm；当$h_0 > 2000$mm时，取$h_0 = 2000$mm；

$p_j$——相应于作用的基本组合时的地基净反力值，可按式（10-28）计算；

$F$——相应于作用的基本组合时上部结构传至基础顶面的竖向力值；

$b$——基础宽度；

$h_0$——基础有效高度；

$f_t$——混凝土轴心抗拉强度设计值；

$b_1$——基础悬臂部分计算截面的挑出长度，当墙体材料为混凝土时，$b_1$为基础边缘至墙脚的距离；当为砖墙且放脚不大于1/4砖长时，$b_1$为基础边缘至墙脚距离加上1/4砖长。

2）基础底板配筋

悬臂根部的最大弯矩设计值 $M$ 为：

$$M = \frac{1}{2}p_j b_1^2 \tag{10-29}$$

符号意义与式（10-26）同。

基础每米长的受力钢筋截面面积：

$$A_s = \frac{M}{0.9f_y h_0} \tag{10-30}$$

式中 $A_s$——钢筋面积；

$f_y$——钢筋抗拉强度设计值；

$h_0$——基础有效高度，$0.9h_0$为截面内力臂的近似值。

将各个数值代入式（10-30）计算时，单位宜统一换为“N”和“mm”。

（3）偏心荷载作用

在偏心荷载作用下，基础边缘处的最大和最小净反力设计值为：

$$\left.\begin{matrix} p_{j\max} \\ p_{j\min} \end{matrix}\right\} = \frac{F}{b} \pm \frac{6M}{b^2} \tag{10-31}$$

或

$$\left.\begin{matrix} p_{j\max} \\ p_{j\min} \end{matrix}\right\} = \frac{F}{b}\left(1 \pm \frac{6e_0}{b}\right) \tag{10-32}$$

式中 $M$——相应于作用的基本组合时作用于基础底面的力矩值；

$e_0$——荷载的净偏心距，$e_0 = M/F$。

基础的高度和配筋仍按式（10-26）和式（10-30）计算，但式中的剪力和弯矩设计值应改按下列公式计算：

$$V = \frac{1}{2}(p_{j\max} + p_{j\text{I}})b_1 \tag{10-33}$$

$$M = \frac{1}{6}(2p_{j\max} + p_{j\text{I}})b_1^2 \tag{10-34}$$

式中 $p_{j\text{I}}$ 为计算截面的净反力设计值，按下式计算：

$$p_{j\text{I}} = p_{j\min} + \frac{b - b_1}{b}(p_{j\max} - p_{j\min}) \tag{10-35}$$

◆柱下钢筋混凝土独立基础设计

（1）构造要求

柱下钢筋混凝土独立基础，除应满足上述墙下钢筋混凝土条形基础的要求外，尚应满足其他一些要求。阶梯形基础每阶高度一般为300～500mm，当基础高度大于等于600mm而小于900mm时，阶梯形基础分二级；当基础高度大于等于900mm时，则分三级。当采用锥形基础时，其边缘高度不宜小于200mm，顶部每边应沿柱边放出50mm。

（2）轴心荷载作用

1）基础高度

基础高度由混凝土受冲切或受剪切承载力确定。设计时一般先按经验假定基础高度，得出 $h_0$，再代入式（10-36）或式（10-37）进行验算，直至抗冲切力或抗剪切力（等式右边）稍大于冲切力或剪切力（等式左边）为止。

当 $b \geqslant b_c + 2h_0$ 时，要求冲切力不大于抗冲切力，即

$$p_j\left[\left(\frac{l}{2}-\frac{a_c}{2}-h_0\right)b-\left(\frac{b}{2}-\frac{b_c}{2}-h_0\right)^2\right] \leqslant 0.7\beta_{hp}f_t(b_c+h_0)h_0 \tag{10-36}$$

当 $b < b_c + 2h_0$ 时，要求剪切力不大于抗剪切力，即

$$V \leqslant 0.7\beta_{hs}f_tA_0 \tag{10-37}$$

式中 $p_j$——相应于作用的基本组合的地基净反力，$p_j = F/bl$；

$l$、$b$——基础长度和宽度；

$a_c$、$b_c$——柱截面的长边边长和短边边长；

$h_0$——基础有效高度（冲切验算时取两个方向配筋的有效高度平均值）；

$\beta_{hp}$——受冲切承载力截面高度影响系数，当基础高度 $h$ 不大于800mm时，$\beta_{hp}$ 取1.0；当 $h$ 大于等于2000mm时，$\beta_{hp}$ 取0.9，其间按线性内插法取用；

$\beta_{hs}$——受剪切承载力截面高度影响系数，$\beta_{hs}$ =（$800/h_0$）1/4，当 $h_0 < 800$mm时，取 $h_0 = 800$mm；当 $h_0 > 2000$mm时，取 $h_0 = 2000$mm；

$f_t$——混凝土轴心抗拉强度设计值；

$V$——相应于作用的基本组合时，基础计算截面处的剪力设计值；

$A_0$——计算截面处基础的有效截面面积。

对于阶梯形基础，例如分成二级的阶梯形，除了对柱边进行冲切（或剪切）验算外，还应对上一阶底边变阶处进行下阶的冲切（或剪切）验算。验算方法与上面柱边冲切（或剪切）验算相同，只是在使用式（10-36）和式（10-37）时，$a_c$、$b_c$ 分别换为上阶的长边 $l_1$ 和短边 $b_1$，$h_0$ 换为下阶的有效高度 $h_{01}$ 便可。

当基础底面全部落在45°冲切破坏锥体底边以内时，则成为刚性基础，无需进行冲切验算；但当基底压力较大时，尚应进行抗剪切验算。

2）底板配筋

当基础台阶宽高比 $\tan\alpha \leqslant 2.5$ 时，底板弯矩设计值可按下述方法计算。

地基净反力 $p_j$ 对柱边Ⅰ-Ⅰ截面（图10-4）产生的弯矩为：

$$M_{\text{I}} = \frac{1}{24}p_j(l-a_c)^2(2b+b_c) \tag{10-38}$$

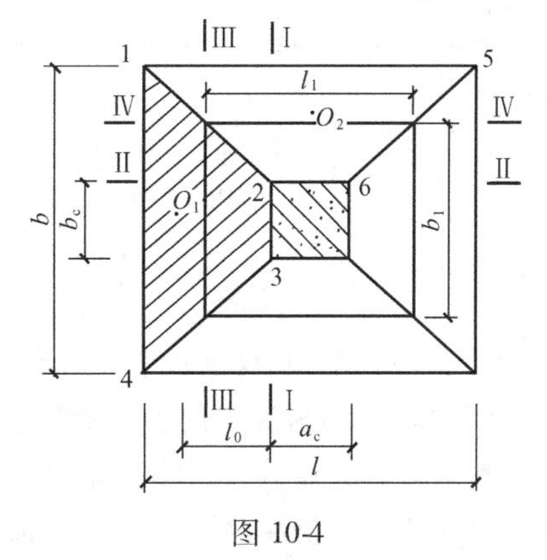


图10-4

平行于 $l$ 方向（垂直于Ⅰ-Ⅰ截面）的受力筋面积可按下式计算：

$$A_{s\mathrm{I}}=\frac{M_{\mathrm{I}}}{0.9f_y h_0} \tag{10-39}$$

柱边Ⅱ-Ⅱ截面的弯矩为：

$$M_{\mathrm{II}}=\frac{1}{24}p_j(b-b_c)^2(2l+a_c) \tag{10-40}$$

钢筋面积为：

$$A_{s\mathrm{II}}=\frac{M_{\mathrm{II}}}{0.9f_y h_0} \tag{10-41}$$

阶梯形基础变阶处也是抗弯的危险截面，按式（10-38）～式（10-41）可以分别计算上阶底边Ⅲ-Ⅲ和Ⅳ-Ⅳ截面的弯矩 $M_{\mathrm{III}}$、钢筋面积 $A_{s\mathrm{III}}$ 和 $M_{\mathrm{IV}}$、$A_{s\mathrm{IV}}$，只要把各式中的 $a_c$、$b_c$ 换成上阶的长边 $l_1$ 和短边 $b_1$，把 $h_0$ 换为下阶的有效高度 $h_{01}$ 便可。然后按 $A_{s\mathrm{I}}$ 和 $A_{s\mathrm{III}}$ 中的大值配置平行于 $l$ 边方向的钢筋，并放置在下排；按 $A_{s\mathrm{II}}$ 和 $A_{s\mathrm{IV}}$ 中的大值配置平行于 $b$ 边方向的钢筋，并放置在上排。

对于基底长短边之比 $2\leqslant n\leqslant 3$ 的独立柱基，基础底板短向钢筋应按下述方法布置：将短向全部钢筋面积乘以（$1-n/6$）后求得的钢筋，均匀分布在与柱中心线重合的宽度等于基础短边的中间带宽范围内，其余的短向钢筋则均匀分布在中间带宽的两侧。长向钢筋应均匀分布在基础全宽范围内。

（3）偏心荷载作用

如果只在矩形基础长边方向产生偏心，则当荷载偏心距 $e\leqslant l/6$ 时，基底净反力设计值的最大和最小值为：

$$\begin{matrix}p_{j\max}\\p_{j\min}\end{matrix}=\frac{F}{lb}\left(1\pm\frac{6e_0}{l}\right) \tag{10-42}$$

或

$$\begin{matrix}p_{j\max}\\p_{j\min}\end{matrix}=\frac{F}{lb}\pm\frac{6M}{bl^2} \tag{10-43}$$

1）基础高度

可按式（10-36）或式（10-37）计算，但应以 $p_{j\max}$ 代替式中的 $p_j$。

2）底板配筋

仍可按式（10-39）和式（10-41）计算钢筋面积，但式（10-39）中的 $M_{\mathrm{I}}$ 应按下式计算：

$$M_{\mathrm{I}}=\frac{1}{48}[(p_{j\max}+p_{j\mathrm{I}})(2b+b_c)+(p_{j\max}-p_{j\mathrm{I}})b](l-a_c)^2 \tag{10-44}$$

$$p_{j\mathrm{I}}=p_{j\min}+\frac{l+a_c}{2l}(p_{j\max}-p_{j\min}) \tag{10-45}$$

式中　$p_{j\mathrm{I}}$——Ⅰ-Ⅰ截面的净反力设计值，按式（10-45）计算。

**7. 减轻不均匀沉降危害的措施**

◆不均匀沉降引起砌体承重结构墙体开裂的一般规律：斜裂缝上段对应的基础（或基础的一部分）沉降较大。如果墙体中间部分的沉降比两端部大（“碟形沉降”），则墙体两端部的斜裂缝将呈八字形，有时（墙体长度大）还在墙体中部下方出现近乎竖直的裂缝。如果墙体两端部的沉降大（“倒碟形沉降”），则斜裂缝将呈倒置八字形。

◆防止或减轻不均匀沉降造成损害的途径有二：一是设法增强上部结构对不均匀沉降的适应能力；二是设法减少不均匀沉降或总沉降量。

具体的措施有：

1）采用柱下条形基础、筏形基础和箱形基础等，以减少地基的不均匀沉降；

2）采用桩基或其他深基础，以减少总沉降量（不均匀沉降相应减少）；

3）对地基某一深度范围或局部进行人工处理；

4）从地基、基础、上部结构相互作用的观点出发，在建筑、结构和施工方面采取本节介绍的某些措施，以增强上部结构对不均匀沉降的适应能力。

◆建筑措施

（1）建筑物的体形应力求简单

（2）控制建筑物的长高比及合理布置墙体

（3）设置沉降缝

为了使各沉降单元的沉降均匀，宜在建筑物的下列部位设置沉降缝：

1）建筑物平面的转折处；

2）建筑物高度或荷载有很大差别处；

3）长高比不合要求的砌体承重结构以及钢筋混凝土框架结构的适当部位；

4）地基土的压缩性有显著变化处；

5）建筑结构或基础类型不同处；

6）分期建造房屋的交界处；

7）拟设置伸缩缝处（沉降缝可兼作伸缩缝）。

（4）邻近建筑物基础间应有一定的净距

（5）调整某些设计标高

◆结构措施

（1）减轻建筑物的自重

（2）设置圈梁

（3）设置基础梁（地梁）

（4）减小或调整基底附加压力

（5）采用对不均匀沉降欠敏感的结构形式

◆施工措施

（1）遵照先重（高）后轻（低）的施工程序

（2）注意堆载、沉桩和降水等对邻近建筑物的影响

（3）注意保护坑底土体

**8. 地基、基础与上部结构相互作用的概念**

◆基底反力的分布规律

（1）柔性基础

柔性基础不能扩散应力，因此基底反力分布与作用于基础上的荷载分布完全一致。

（2）刚性基础

刚性基础的抗弯刚度极大，原来是平面的基底，沉降后依然保持平面。一般来说，无论黏性土或无黏性土地基，只要刚性基础埋深和基底面积足够大、而荷载又不太大时，基底反力均呈马鞍形分布。

刚性基础能跨越基底中部，将所承担的荷载相对集中地传至基底边缘，这种现象称为基础的“架越作用”。

（3）基础相对刚度的影响

对于岩石地基上相对刚度很小的基础，其扩散能力很低，基底将出现反力集中的现象，此时基础的内力很小。对于一般土质地基上相对刚度很大的基础，当荷载不太大时，地基中的塑性区很小，基础的架越作用很明显；随着荷载的增加，塑性区不断扩大，基底反力将逐渐趋于均匀。在接近液态的软土中，反力近乎呈直线分布。

◆地基非均质性对基础受力的影响

当地基压缩性显著不均匀时，按常规设计法求得的基础内力可能与实际情况相差很大。

◆地基变形对上部结构的影响

根据上部结构刚度的大小，可将上部结构分为柔性结构、敏感性结构和刚性结构三类。

以屋架-柱-基础为承重体系的木结构和排架结构是典型的柔性结构。这类结构对基础的不均匀沉降有很大的顺从性，故基础间的沉降差不会在主体结构中引起多少附加应力。

不均匀沉降会引起较大附加应力的结构，称为敏感性结构，例如砖石砌体承重结构和钢筋混凝土框架结构。这种不均匀沉降不仅会在框架中产生可观的附加弯矩，还会引起柱荷载重分配现象，这种现象随着上部结构刚度增大而加剧。

刚性结构指的是烟囱、水塔、高炉、筒仓这类刚度很大的高耸结构物，其下常为整体配置的独立基础。当地基不均匀或在邻近建筑物荷载或地面大面积堆载的影响下，基础转动倾斜，但几乎不会发生相对挠曲。

◆上部结构刚度对基础受力状况的影响

增大上部结构刚度，将减小基础挠曲和内力。框架结构的刚度随层数增加而增加，但增加的速度逐渐减缓，到达一定层数后便趋于稳定。在框架结构中下部一定数量的楼层结构明显起着调整不均匀沉降、削减基础整体弯曲的作用，同时自身也将出现较大的次应力，且层次位置愈低，其作用也愈大。

◆如果地基土的压缩性很低，基础的不均匀沉降很小，则考虑地基-基础-上部结构三者相互作用的意义就不大。因此，在相互作用中起主导作用的是地基，其次是基础，而上部结构则是在压缩性地基上基础整体刚度有限时起重要作用的因素。

**9. 地基计算模型**

◆文克勒地基模型

文克勒地基模型的表达式为：

$$p = ks \tag{10-46}$$

式中 $p$——地基上任一点所受的压力强度；

$s$——该点的地基沉降量；

$k$——基床反力系数（或简称基床系数），其单位为“$kN/m^3$”。

根据这一假设，地基表面某点的沉降与其他点的压力无关，即地基变形只限于基础底面范围之内，地基中只有正应力而没有剪应力。这种模型的基底反力图形与基础底面的竖向位移形状是相似的。如果基础刚度非常大，受荷后基础底面仍保持为平面，则基底反力图按直线规律变化。

文克勒地基模型由于参数少、便于应用，所以仍是目前最常用的地基模型之一。一般认为，凡力学性质与水相近的地基，采用文克勒模型就比较合适。在下述情况下，可以考虑采用文克勒地基模型：

（1）地基主要受力层为软土。由于软土的抗剪强度低，因而能够承受的剪应力值很小。

（2）厚度不超过基础底面宽度之半的薄压缩层地基。这时地基中产生附加应力集中现象，剪应力很小。

（3）基底下塑性区相应较大时。

（4）支承在桩上的连续基础，可以用弹簧体系来代替群桩。

◆弹性半空间地基模型

弹性半空间地基模型将地基视为均质的线性变形半空间，并用弹性力学公式求解地基中的附加应力或位移。此时，地基上任意点的沉降与整个基底反力以及邻近荷载的分布有关。

弹性半空间地基模型具有能够扩散应力和变形的优点，可以反映邻近荷载的影响，但它的扩散能力往往超过地基的实际情况，所以计算所得的沉降量和地表的沉降范围，常较实测结果为大，同时该模型未能考虑到地基的成层性、非均质性以及土体应力应变关系的非线性等重要因素。

◆有限压缩层地基模型

有限压缩层地基模型是把计算沉降的分层总和法应用于地基上梁和板的分析，地基沉降等于沉降计算深度范围内各计算分层在侧限条件下的压缩量之和。这种模型能够较好地反映地基土扩散应力和应变的能力，可以反映邻近荷载的影响，考虑到土层沿深度和水平方向的变化，但仍无法考虑土的非线性和基底反力的塑性重分布。

**10. 文克勒地基上梁的分析**

◆无限长梁的解答

（1）竖向集中力 $F_0$ 作用下

梁的挠度 $w$、梁截面的转角 $\theta$、弯矩 $M$ 和剪力 $V$ 的计算公式如下：

$$w=\frac{F_0\lambda}{2kb}A_x,\theta=-\frac{F_0\lambda^2}{kb}B_x,M=\frac{F_0}{4\lambda}C_x,V=-\frac{F_0}{2}D_x \tag{10-47}$$

$$\left.\begin{aligned}A_x&=e^{-\lambda x}(\cos\lambda x+\sin\lambda x),B_x=e^{-\lambda x}\sin\lambda x\\C_x&=e^{-\lambda x}(\cos\lambda x-\sin\lambda x),D_x=e^{-\lambda x}\cos\lambda x\end{aligned}\right\} \tag{10-48}$$

$$\lambda=\sqrt[4]{\frac{kb}{4EI}} \tag{10-49}$$

式中 $b$——基础宽度；

$k$——地基的基床系数；

$x$——计算截面的坐标（取 $F_0$ 的作用点为坐标原点）；

$\lambda$——梁的柔度特征值；

$EI$——基础的抗弯刚度。

由于式（10-47）是针对梁的右半部（$x>0$）导出的，所以对 $F_0$ 左边的截面（$x<0$）需用 $x$ 的绝对值代入式（10-47）中计算，计算结果为 $w$ 和 $M$ 时正负号不变，但 $\theta$ 和 $V$ 则取相反的符号。基底反力按 $p=kw$ 计算。

（2）集中力偶 $M_0$ 作用下

$$w=\frac{M_0\lambda^2}{kb}B_x,\theta=\frac{M_0\lambda^3}{kb}C_x,M=\frac{M_0}{2}D_x,V=-\frac{M_0\lambda}{2}A_x \tag{10-50}$$

式中系数 $A_x$、$B_x$、$C_x$ 和 $D_x$ 与式（10-48）相同。当计算截面位于 $M_0$ 的左边时，式（10-50）中的 $x$ 取绝对值，$w$ 和 $M$ 取与计算结果相反的符号，而 $\theta$ 和 $V$ 的符号不变。

◆有限长梁的计算

利用无限长梁的计算公式求解有限长梁的计算步骤如下：

1）按式（10-47）和式（10-50）以叠加法计算已知荷载在无限长梁上相应于有限长梁两端的 $A$ 和 $B$ 截面引起的弯矩和剪力 $M_a$、$V_a$ 及 $M_b$、$V_b$；

2）计算梁端边界条件力 $F_A$、$M_A$ 和 $F_B$、$M_B$；

3）再按式（10-47）和式（10-50）以叠加法计算在已知荷载和边界条件力的共同作用下，无限长梁上相应于有限长梁所求截面处的 $w$、$\theta$、$M$ 和 $V$ 值。

◆基床系数的确定

（1）按基础的预估沉降量确定

对于某个特定的地基和基础条件，可用下式估算基床系数：

$$k=p_0/s_m \tag{10-51}$$

式中 $p_0$——基底平均附加压力；

$s_m$——基础的平均沉降量。

对于厚度为 $h$ 的薄压缩层地基：

$$k=E_s/h \tag{10-52}$$

式中 $E_s$——土层的平均压缩模量。

如薄压缩层地基由若干分层组成，则式（10-52）可写成：

$$k=1/\sum\frac{h_i}{E_{si}} \tag{10-53}$$

式中 $h_i$、$E_{si}$——第 $i$ 层土的厚度和压缩模量。

（2）按载荷试验成果确定（略）

**11. 柱下条形基础的简化计算**

◆假定：基底反力为直线（平面）分布。为满足这一假定，要求条形基础具有足够的相对刚度。当柱距相差不大时，通常要求基础上的平均柱距 $l_m$ 应满足下列条件：

$$l_m\leqslant 1.75\left(\frac{1}{\lambda}\right) \tag{10-54}$$

对一般柱距及中等压缩性的地基，按上述条件进行分析，条形基础的高度应不小于平均柱距的1/6。

◆静定分析法（静定梁法）

若上部结构的刚度很小时，宜采用静定分析法。计算时先按直线分布假定求出基底净反力，然后将柱荷载直接作用在基础梁上，再按静力平衡条件计算出任一截面 $i$ 上的弯矩 $M_i$ 和剪力 $V_i$。

◆倒梁法

倒梁法假定上部结构是绝对刚性的，各柱之间没有沉降差异。计算时将基础梁按倒置的普通连续梁（采用弯矩分配法或弯矩系数法）计算。这种计算方法只考虑出现于柱间的局部弯曲，而略去沿基础全长发生的整体弯曲，因而所得的弯矩图正、负弯矩最大值较为均衡，基础不利截面的弯矩最小。

《建筑地基基础设计规范》GB 50007—2011 规定：在比较均匀的地基上，上部结构刚度较好，荷载分布和柱距较均匀（如相差不超过20%），且条形基础梁的高度不小于1/6柱距时，基底反力可按直线分布，基础梁的内力可按倒梁法计算。

当条形基础的相对刚度较大时，由于基础的架越作用，其两端边跨的基底反力会有所增大，故两边跨的跨中弯矩及第一内支座的弯矩值宜乘以1.2的增大系数。

## 二、例题精解

**【例10-1】** 某建筑物场地地表以下土层依次为：（1）中砂，厚2.0m，潜水面在地表下1m处，饱和重度 $\gamma_{sat}=20kN/m^3$；（2）黏土隔水层，厚2.0m，重度 $\gamma=19kN/m^3$；（3）粗砂，含承压水，承压水位高出地表2.0m（取 $\gamma_w=10kN/m^3$）。问基坑开挖深达1m时，坑底有无隆起的危险？若基础埋深 $d=1.5m$，施工时除将中砂层内地下水位降到坑底外，还须设法将粗砂层中的承压水位降低几米才行？

**【解】** 当基坑开挖深度 $d=1.0m$ 时，坑底土的总覆盖压力为：

$$\sigma=\gamma h=20\times1+19\times2=58kPa$$

承压水位距粗砂层顶的距离 $h_w=6m$，粗砂层顶部的静水压力为：

$$u=\gamma_w h_w=10\times6=60kPa$$

因为 $u>\sigma$，所以坑底有隆起的危险。

若基础埋深 $d=1.5m$，坑底土的总覆盖压力为：

$$\sigma=\gamma h=20\times0.5+19\times2=48kPa$$

要使坑底不发生隆起，必须使粗砂层顶部的静水压力不超过其上的总覆盖压力。设应将承压水位降低 $x$，令

$$u=10\times(6-x)\leqslant\sigma=48kPa$$

解得 $x=1.2m$。

**【例10-2】** 某条形基础底宽 $b=1.8m$，埋深 $d=1.2m$，地基土为黏土，内摩擦角标准值 $\varphi_k=20°$，黏聚力标准值 $c_k=12kPa$，地下水位与基底平齐，土的有效重度 $\gamma'=10kN/m^3$，基底以上土的重度 $\gamma_m=18.3kN/m^3$。试确定地基承载力特征值 $f_a$。

【解】 由 $\varphi_k=20°$ 查表10-1，得 $M_b=0.51$，$M_d=3.06$，$M_c=5.66$，代入式（10-4），式中基底土的重度取有效重度（因为地下水位与基底平齐），得

$$f_a = M_b\gamma' b + M_d\gamma_m d + M_c c_k$$
$$= 0.51\times10\times1.8+3.06\times18.3\times1.2+5.66\times12 = 144.3\text{kPa}$$

**【例10-3】** 某基础宽度为2m，埋深为1m。地基土为中砂，其重度为18kN/m³，标准贯入试验锤击数 $N=21$，试确定地基承载力特征值 $f_a$。

【解】 由 $N=21$ 查表10-2，得

$$f_{ak} = 250+\frac{21-15}{30-15}(340-250) = 286\text{kPa}$$

由于基底宽度小于3m，故不作宽度修正。查表10-3，得 $\eta_d=4.4$，代入式（10-6），得地基承载力特征值为：

$$f_a = f_{ak}+\eta_b\gamma(b-3)+\eta_d\gamma_m(d-0.5)$$
$$= 286+4.4\times18\times(1-0.5)$$
$$= 325.6\text{kPa}$$

**【例10-4】** 在某硬塑黏土层上进行载荷试验，其 $p$-$s$ 曲线呈“陡降型”，从该曲线上获得极限荷载 $p_u=520$kPa、比例界限荷载 $p_1=250$kPa，试确定黏土层的承载力特征值 $f_{ak}$。若比例界限荷载 $p_1=280$kPa，则黏土层的承载力特征值又为多少？

【解】 当 $p_1=250$kPa 时，因为 $p_1<p_u/2=260$kPa，故取 $f_{ak}=p_1=250$kPa。

当 $p_1=280$kPa 时，因为 $p_1>p_u/2=260$kPa，故取 $f_{ak}=p_u/2=260$kPa。

**【例10-5】** 在同一粉土层上进行三个载荷试验，整理得地基承载力特征值分别为280、238、225kPa，试求该粉土层的承载力特征值。

【解】 实测值的平均值为：

$$\frac{1}{3}\times(280+238+225) = 247.7\text{kPa}$$

极差为

$$280-225 = 55\text{kPa}$$

极差与平均值之比为

$$\frac{55}{247.7} = 22\% < 30\%$$

故该粉土层的承载力特征值为：

$$f_{ak} = 247.7\text{kPa}$$

**【例10-6】** 某承重墙厚240mm，作用于地面标高处的荷载 $F_k=180$kN/m，拟采用砖基础，埋深为1.2m。地基土为粉质黏土，$\gamma=18$kN/m³，$e_0=0.9$，$f_{ak}=170$kPa。试确定砖基础的底面宽度，并按二皮一收砌法画出基础剖面示意图。

【解】 查表10-3，得 $\eta_d=1.0$，代入式（10-6），得

$$f_a = f_{ak}+\eta_d\gamma_m(d-0.5)$$
$$= 170+1.0\times18\times(1.2-0.5)$$
$$= 182.6\text{kPa}$$

按式（10-12）计算基础底面宽度：

$$b \geqslant \frac{F_k}{f_a-\gamma_G d} = \frac{180}{182.6-20\times1.2} = 1.13\text{m}$$

为符合砖的模数，取 $b=1.2\text{m}$，砖基础所需的台阶数为：

$$n=\frac{1200-240}{2\times60}=8$$

基础剖面示意图如图 10-5 所示，基底下做 C10 混凝土垫层。

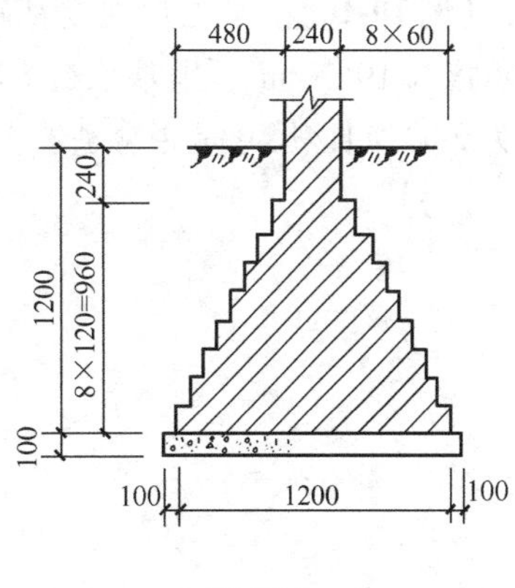


图 10-5

**【例 10-7】** 已知某承重砖墙作用在条形基础顶面的轴心荷载 $F_k=200\text{kN/m}$，基础埋深 $d=0.5\text{m}$，地基承载力特征值 $f_{ak}=165\text{kPa}$。试确定条形基础的底面宽度。

**【解】** 因基础埋深不大于 0.5m，不满足承载力修正的条件，故取 $f_a=f_{ak}=165\text{kPa}$。

$$b\geqslant\frac{F_k}{f_a-20d}=\frac{200}{165-20\times0.5}=1.29\text{m}$$

取 $b=1.3\text{m}$。

**【例 10-8】** 某墙下条形基础顶面所受轴心荷载 $F_k=300\text{kN/m}$，基础埋深 $d=1.5\text{m}$，底宽 $b=1.8\text{m}$，修正后的地基承载力特征值 $f_a=200\text{kPa}$。试验算基底宽度是否足够。

**【解】**

$$\begin{aligned}p_k&=\frac{F_k}{b}+\gamma_G d\\&=\frac{300}{1.8}+20\times1.5\\&=196.7\text{kPa}<f_a=200\text{kPa}\end{aligned}$$

可以。

**【例 10-9】** 某柱下独立基础埋深 $d=1.8\text{m}$，所受轴心荷载 $F_k=2400\text{kN}$，地基持力层为黏性土，$\gamma=18\text{kN/m}^3$，$f_{ak}=150\text{kPa}$，$\eta_b=0.3$，$\eta_d=1.6$。试确定该基础的底面边长。

**【解】**

$$\begin{aligned}f_a&=f_{ak}+\eta_d\gamma_m(d-0.5)\\&=150+1.6\times18\times(1.8-0.5)\\&=187.4\text{kPa}\end{aligned}$$

$$b=\sqrt{\frac{F_k}{f_a-\gamma_G d}}=\sqrt{\frac{2400}{187.4-20\times1.8}}=3.98\text{m}$$

取 $b=4\text{m}$。

因为 $b=4\text{m}>3\text{m}$，故地基承载力需作宽度修正，即

$$\begin{aligned}f_a&=f_{ak}+\eta_b\gamma(b-3)+\eta_d\gamma_m(d-0.5)\\&=187.4+0.3\times18\times(4-3)\\&=192.8\text{kPa}\end{aligned}$$

重新计算基础边长：

$$b=\sqrt{\frac{2400}{192.8-20\times1.8}}=3.91\text{m}$$

仍取 $b=4\text{m}$。

【例 10-10】 某方形独立基础所受轴心荷载 $F_k = 700kN$，基础埋深 $d = 0.8m$，地基土的重度为 $19kN/m^3$，地基承载力特征值为 170kPa，埋深修正系数 $\eta_d = 1.6$。若基础底面边长为 2m，问该尺寸是否合适？

【解】

$$\begin{aligned} f_a &= f_{ak} + \eta_d \gamma_m (d - 0.5) \\ &= 170 + 1.6 \times 19 \times (0.8 - 0.5) \\ &= 179.1kPa \end{aligned}$$

$$\begin{aligned} p_k &= \frac{F_k}{A} + \gamma_G d \\ &= \frac{700}{2 \times 2} + 20 \times 0.8 \\ &= 191kPa > f_a = 179.1kPa \end{aligned}$$

所以基础底面边长不满足地基承载力要求。

【例 10-11】 某柱基承受的轴心荷载 $F_k = 1.05MN$，基础埋深为 1m，地基土为中砂，$\gamma = 18kN/m^3$，$f_{ak} = 280kPa$。试确定该基础的底面边长。

【解】 查表 10-3，得 $\eta_d = 4.4$。

$$\begin{aligned} f_a &= f_{ak} + \eta_d \gamma_m (d - 0.5) \\ &= 280 + 4.4 \times 18 \times (1 - 0.5) \\ &= 319.6kPa \end{aligned}$$

$$b = \sqrt{\frac{F_k}{f_a - \gamma_G d}} = \sqrt{\frac{1050}{319.6 - 20 \times 1}} = 1.87m$$

取 $b = 1.9m$。

【例 10-12】 图 10-6 中所示的土层为粉质黏土，$f_{ak} = 220kPa$，地下水位在地面下 0.5m 处。厂房柱作用于基础顶面的荷载均为标准值。取基础长宽比为 2，试确定该厂房柱基础的底面尺寸。

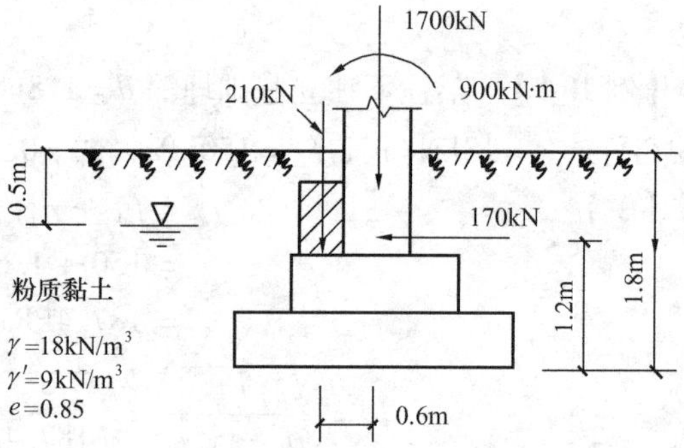

图 10-6

【解】 (1) 确定地基承载力特征值

查表 10-3，得 $\eta_b = 0$，$\eta_d = 1.0$。基底以上土的加权平均重度为：

$$\begin{aligned} \gamma_m &= \frac{\sigma_{cd}}{d} = \frac{18 \times 0.5 + 9 \times 1.3}{1.8} \\ &= 11.5kN/m^3 \end{aligned}$$

地基承载力特征值：

$$\begin{aligned} f_a &= f_{ak} + \eta_d \gamma_m (d - 0.5) \\ &= 220 + 1.0 \times 11.5 \times (1.8 - 0.5) \\ &= 235kPa \end{aligned}$$

(2) 初步确定基础底面尺寸

考虑荷载偏心程度，暂取面积增大系数为 1.3，由式 (10-17) 得

$$A = 1.3 \times \frac{F_k}{f_a - \gamma_G d + \gamma_w h_w}$$
$$= 1.3 \times \frac{1700 + 210}{235 - 20 \times 1.8 + 10 \times 1.3} = 11.7\text{m}^2$$
$$b = \sqrt{\frac{A}{n}} = \sqrt{\frac{11.7}{2}} = 2.4\text{m}$$
$$l = nb = 2 \times 2.4 = 4.8\text{m}$$

（3）验算荷载偏心距

基底处的总竖向力：

$F_k + G_k = 1700 + 210 + 20 \times 2.4 \times 4.8 \times 1.8 - 10 \times 2.4 \times 4.8 \times 1.3 = 2175\text{kN}$

基底处的总力矩：

$$M_k = 900 + 210 \times 0.6 + 170 \times 1.2 = 1230\text{kN} \cdot \text{m}$$

偏心距：

$$e = \frac{M_k}{F_k + G_k} = \frac{1230}{2175} = 0.566\text{m} < \frac{l}{6} = 0.8\text{m}(\text{可以})$$

（4）验算基底最大压力

$$p_{kmax} = \frac{F_k + G_k}{A}\left(1 + \frac{6e}{l}\right)$$
$$= \frac{2175}{2.4 \times 4.8} \times \left(1 + \frac{6 \times 0.566}{4.8}\right)$$
$$= 322.4\text{kPa} > 1.2f_a = 1.2 \times 235 = 282\text{kPa}(\text{不行})$$

（5）调整基底尺寸再验算

改取 $b = 2.6\text{m}$，$l = 5.2\text{m}$，重新验算基底最大压力如下：

$$p_{kmax} = \frac{F_k}{A} + \gamma_G d - \gamma_w h_w + \frac{6M_k}{bl^2}$$
$$= \frac{1910}{2.6 \times 5.2} + 20 \times 1.8 - 10 \times 1.3 + \frac{6 \times 1230}{2.6 \times 5.2^2}$$
$$= 269.2\text{kPa} < 1.2f_a = 282\text{kPa}(\text{可以})$$

**【例 10-13】** 某框架柱传给基础的荷载标准值为：$F_k = 1200\text{kN}$，$M_k = 310\text{kN} \cdot \text{m}$（沿基础长边方向作用），基础埋深 $d = 1.5\text{m}$，基底尺寸为 $2\text{m} \times 4\text{m}$。地基土为粉土，修正后的地基承载力特征值为 $f_a = 200\text{kPa}$。试验算基底尺寸是否满足设计要求。

**【解】** $p_k = \frac{F_k}{A} + \gamma_G d = \frac{1200}{2 \times 4} + 20 \times 1.5 = 180\text{kPa} < f_a = 200\text{kPa}(\text{可以})$

$$e = \frac{M_k}{F_k + G_k}$$
$$= \frac{310}{1200 + 20 \times 2 \times 4 \times 1.5} = 0.215\text{m} < \frac{l}{6} = 0.67\text{m}(\text{可以})$$
$$p_{kmax} = p_k\left(1 + \frac{6e}{l}\right)$$
$$= 180 \times \left(1 + \frac{6 \times 0.215}{4}\right)$$

$$= 238.1\text{kPa} < 1.2f_a = 1.2 \times 200 = 240\text{kPa}(\text{可以})$$

故基底尺寸满足设计要求。

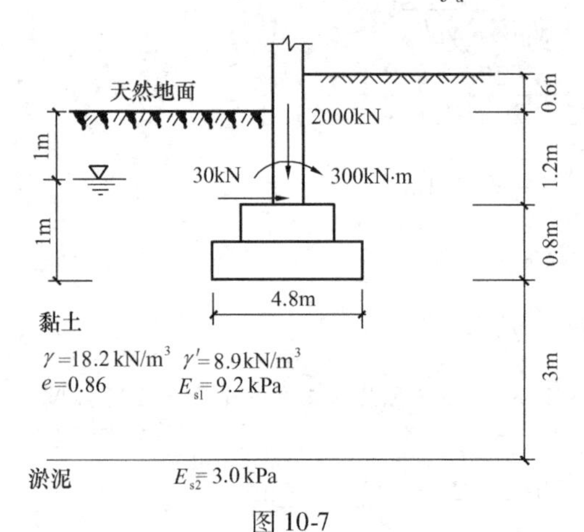

图 10-7

【例 10-14】 如图 10-7 所示柱下独立基础的底面尺寸为 3m×4.8m，持力层为黏土，$f_{ak}=155\text{kPa}$，下卧层为淤泥，$f_{ak}=60\text{kPa}$，地下水位在天然地面下 1m 深处，荷载标准值及其他有关数据如图所示。试分别按持力层和软弱下卧层承载力验算该基础底面尺寸是否合适。

【解】 (1) 持力层承载力验算

按 $e=0.86$ 的黏土查表 10-3，得 $\eta_b=0$，$\eta_d=1.0$。

$$\gamma_m = \frac{\sigma_{cd}}{d} = \frac{18.2 \times 1 + 8.9 \times 1}{2} = \frac{27.1}{2} = 13.55\text{kN/m}^3$$

$$f_a = f_{ak} + \eta_d\gamma_m(d-0.5) = 155 + 1.0 \times 13.55 \times (2-0.5) = 175.3\text{kPa}$$

$$M_k = 300 + 30 \times 0.8 = 324\text{kN}\cdot\text{m}$$

$$F_k + G_k = 2000 + 20 \times 3 \times 4.8 \times \frac{2+2.6}{2} - 10 \times 3 \times 4.8 \times 1 = 2518.4\text{kN}$$

$$p_k = \frac{F_k + G_k}{A} = \frac{2518.4}{3 \times 4.8} = 174.9\text{kPa} < f_a = 175.3\text{kPa}(\text{可以})$$

$$e = \frac{M_k}{F_k + G_k} = \frac{324}{2518.4} = 0.129\text{m} < \frac{l}{6} = 0.8\text{m}(\text{可以})$$

$$p_{kmax} = p_k\left(1 + \frac{6e}{l}\right) = 174.9 \times \left(1 + \frac{6 \times 0.129}{4.8}\right) = 203.1\text{kPa} < 1.2f_a = 1.2 \times 175.3 = 210.4\text{kPa}(\text{可以})$$

(2) 软弱下卧层承载力验算

$$\sigma_{cz} = 18.2 \times 1 + 8.9 \times 4 = 53.8\text{kPa}$$

$$\gamma_m = \frac{\sigma_{cz}}{d+z} = \frac{53.8}{2+3} = 10.8\text{kN/m}^3$$

$$f_{az}=f_{ak}+\eta_d\gamma_m(d+z-0.5)=60+1.0\times10.8\times(5-0.5)=108.6\text{kPa}$$

由 $E_{s1}/E_{s2}=9.2/3\approx3$，$z=3\text{m}>0.5b=1.5\text{m}$，查表10-4得 $\theta=23°$，代入式（10-22），得

$$\sigma_z=\frac{lb(p_k-\sigma_{cd})}{(l+2z\tan\theta)(b+2z\tan\theta)}$$

$$=\frac{4.8\times3\times(174.9-27.1)}{(4.8+2\times3\times\tan23°)(3+2\times3\times\tan23°)}=52.2\text{kPa}$$

$$\sigma_z+\sigma_{cz}=52.2+53.8=106\text{kPa}<f_{az}=108.6\text{kPa}(\text{可以})$$

经验算，该基础的底面尺寸符合地基承载力要求。

**【例 10-15】** 某框架结构中柱传至方形独立基础顶面的荷载标准值 $F_k=700\text{kN}$，基础埋深 $d=1\text{m}$。地面下为厚度3m的黏土层，$\gamma=19\text{kN/m}^3$，$f_{ak}=183\text{kPa}$，$\eta_d=1.6$。其下为淤泥质土，$f_{ak}=55\text{kPa}$，$\eta_d=1.0$。持力层压力扩散角 $\theta=22°$。试确定柱下方形基础的底面边长。

**【解】**（1）按持力层承载力确定基底边长

$$f_a=f_{ak}+\eta_d\gamma_m(d-0.5)=183+1.6\times19\times(1-0.5)=198.2\text{kPa}$$

由式（10-11）得

$$b=l=\sqrt{\frac{F_k}{f_a-\gamma_G d+\gamma_w h_w}}=\sqrt{\frac{700}{198.2-20\times1}}=1.98\text{m}$$

取基底边长 $b=2\text{m}$。

（2）验算软弱下卧层承载力

$$\sigma_{cz}=19\times3=57\text{kPa}$$

$$p_k-\sigma_{cd}=\frac{F_k}{b^2}+\gamma_G d-\sigma_{cd}$$

$$=\frac{700}{2\times2}+20\times1-19\times1=176\text{kPa}$$

$$\sigma_z=\frac{b^2(p_k-\sigma_{cd})}{(b+2z\tan\theta)^2}$$

$$=\frac{2\times2\times176}{(2+2\times2\times\tan22°)^2}=53.8\text{kPa}$$

$$f_{az}=f_{ak}+\eta_d\gamma_m(d+z-0.5)=55+1.0\times19\times(3-0.5)=102.5\text{kPa}$$

$$\sigma_z+\sigma_{cz}=53.8+57=110.8\text{kPa}>f_{az}=102.5\text{kPa}(\text{不行})$$

（3）加大基底尺寸或减小基础埋深再验算

方案一：加大基底尺寸，改取 $b=2.3\text{m}$，则

$$p_k-\sigma_{cd}=\frac{700}{2.3\times2.3}+20\times1-19\times1=133.3\text{kPa}$$

$$\sigma_z=\frac{2.3\times2.3\times133.3}{(2.3+2\times2\times\tan22°)^2}=46\text{kPa}$$

$$\sigma_z + \sigma_{cz} = 46 + 57 = 103\text{kPa} \approx f_{az} = 102.5\text{kPa}(\text{可以})$$

即基底边长加大到2.3m时方可满足要求。

方案二：减小基础埋深，改取 $d = 0.6$m，则

$$p_k - \sigma_{cd} = \frac{700}{2 \times 2} + 20 \times 0.6 - 19 \times 0.6 = 175.6\text{kPa}$$

$$z = 3 - d = 3 - 0.6 = 2.4\text{m}$$

$$\sigma_z = \frac{2 \times 2 \times 175.6}{(2 + 2 \times 2.4 \times \tan 22°)^2} = 45.3\text{kPa}$$

$$\sigma_z + \sigma_{cz} = 45.3 + 57 = 102.3\text{kPa} < f_{az} = 102.5\text{kPa}(\text{可以})$$

此方案在不增加基底面积的情况仅减小基础埋深即可满足要求。

比较上述两种方案可知，方案二（即减小基础埋深）更为合理。因为该方案不需要加大基础面积，同时基坑更浅、更小，因而节省了材料和施工费用；另一方面，由于地基持力层厚度增大了（由2m增至2.4m），使软弱下卧层中的附加应力减小（由53.8kPa减小至45.3kPa），从而减小了基础沉降。这就是为什么在“硬壳层”地基（地表2~3m为良好土层，其下为软弱土层）上基础常常需要浅埋的缘故。

**【例10-16】** 某承重墙厚240mm，作用于地面标高处的轴心荷载标准值 $F_k = 180$kN/m，基础埋深 $d = 1$m，地基承载力特征值 $f_a = 220$kPa，要求：

（1）确定墙下条形基础的底面宽度；

（2）按砖基础设计，并分别按两皮一收和二一间隔收（两皮一收与一皮一收相间）砌法画出砖基础剖面示意图；

（3）按毛石基础设计，并画出剖面示意图；

（4）按混凝土基础设计，并画出剖面示意图。

**【解】**（1）基础宽度

$$b = \frac{F_k}{f_a - \gamma_G d} = \frac{180}{220 - 20 \times 1} = 0.9\text{m}$$

（2）按砖基础设计

为符合砖的模数，取基底宽度 $b = 0.96$m，则砖基础所需的台阶数为：

$$n = \frac{960 - 240}{2 \times 60} = 6$$

基础剖面示意图如图10-8（$a$）、（$b$）所示。

（3）按毛石基础设计

基底宽度取0.9m，基础分二阶砌筑，每阶高度为400mm，每阶伸出宽度均小于200mm，如图10-8（$c$）所示。

（4）按混凝土基础设计

混凝土强度等级采用C15，基底宽度取0.9m，基础分二阶（图10-8$d$），第一阶高度250mm，伸出宽度180mm，台阶宽度比为180∶250 = 1∶1.39；第二阶高度200mm，伸出宽度150mm，台阶宽高比为150∶200 = 1∶1.33。由 $p = f_a = 220$kPa 查表10-5得台阶宽高比的允许值为1∶1.25，符合要求。

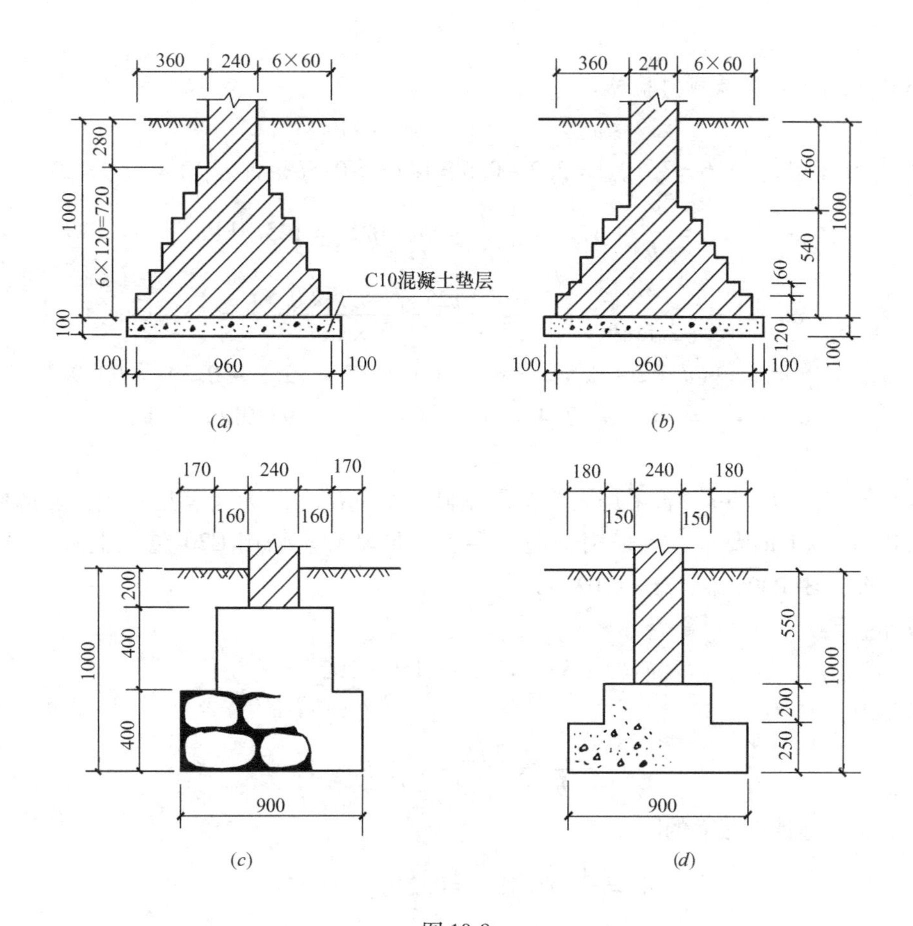


图 10-8

（$a$）“二皮一收”砌法；（$b$）“二皮一收与一皮一收相间”砌法；（$c$）毛石基础；（$d$）混凝土基础

**【例 10-17】** 某承重砖墙厚 240mm，传至条形基础顶面处的轴心荷载 $F_k = 150\text{kN/m}$。该处土层自地表起依次分布如下：第一层为粉质黏土，厚度 2.2m，$\gamma = 17\text{kN/m}^3$，$e = 0.91$，$f_{ak} = 130\text{kPa}$，$E_{s1} = 8.1\text{MPa}$；第二层为淤泥质土，厚度 1.6m，$f_{ak} = 65\text{kPa}$，$E_{s2} = 2.6\text{MPa}$；第三层为中密中砂。地下水位在淤泥质土顶面处。建筑物对基础埋深没有特殊要求，且不必考虑土的冻胀问题。（1）试确定基础的底面宽度（须进行软弱下卧层验算）；（2）设计基础截面并配筋（可近似取作用的基本组合值为标准组合值的 1.35 倍）。

**【解】**（1）确定地基持力层和基础埋置深度

第二层淤泥质土强度低、压缩性大，不宜作持力层；第三层中密中砂强度高，但埋深过大，暂不考虑；由于荷载不大，第一层粉质黏土的承载力可以满足用做持力层的要求，但由于本层厚度不大，其下又是软弱下卧层，故宜采用“宽基浅埋”方案，即基础尽量浅埋，现按最小埋深规定取 $d = 0.5\text{m}$。

（2）按持力层承载力确定基底宽度

因为 $d = 0.5\text{m}$，所以 $f_a = f_{ak} = 130\text{kPa}$。

$$b = \frac{F_k}{f_a - \gamma_G d} = \frac{150}{130 - 20 \times 0.5} = 1.25\text{m}$$

取 $b=1.3\text{m}$。

（3）软弱下卧层承载力验算

$$\sigma_{cz}=17\times2.2=37.4\text{kPa}$$

由 $E_{s1}/E_{s2}=8.1/2.6=3.1$，$z=2.2-0.5=1.7\text{m}>0.5b$，查表10-4得 $\theta=23°$。

$$p_k=\frac{F_k}{b}+\gamma_G d=\frac{150}{1.3}+20\times0.5=125.4\text{kPa}$$

$$\sigma_z=\frac{b(p_k-\sigma_{cd})}{b+2z\tan\theta}=\frac{1.3\times(125.4-17\times0.5)}{1.3+2\times1.7\times\tan23°}=55.4\text{kPa}$$

$$f_{az}=f_{ak}+\eta_d\gamma_m(d+z-0.5)=65+1.0\times17\times(2.2-0.5)=93.9\text{kPa}$$

$$\sigma_z+\sigma_{cz}=55.4+37.4=92.8\text{kPa}<f_{az}=93.9\text{kPa}(\text{可以})$$

（4）基础设计

因基础埋深为0.5m，若采用无筋扩展基础，则基础高度无法满足基础顶面应低于设计地面0.1m以上的要求，故采用钢筋混凝土条形基础。采用C20混凝土，$f_t=1.10\text{N/mm}^2$，钢筋用HPB300级，$f_y=270\text{N/mm}^2$。

荷载设计值

$$F=1.35F_k=1.35\times150=202.5\text{kN}$$

基底净反力

$$p_j=\frac{F}{b}=\frac{202.5}{1.3}=155.8\text{kPa}$$

基础边缘至砖墙计算截面的距离

$$b_1=\frac{1}{2}\times(1.3-0.24)=0.53\text{m}$$

基础有效高度

$$h_0\geqslant\frac{p_j b_1}{0.7\beta_{hs}f_t}=\frac{155.8\times0.53}{0.7\times1\times1100}=0.107\text{m}=107\text{mm}$$

取基础高度 $h=250\text{mm}$，$h_0=250-40-5=205\text{mm}$（$>107\text{mm}$）。

$$M=\frac{1}{2}p_j b_1^2=\frac{1}{2}\times155.8\times0.53^2=21.9\text{kN}\cdot\text{m}$$

$$A_s=\frac{M}{0.9f_y h_0}=\frac{21.9\times10^6}{0.9\times270\times205}=440\text{mm}^2$$

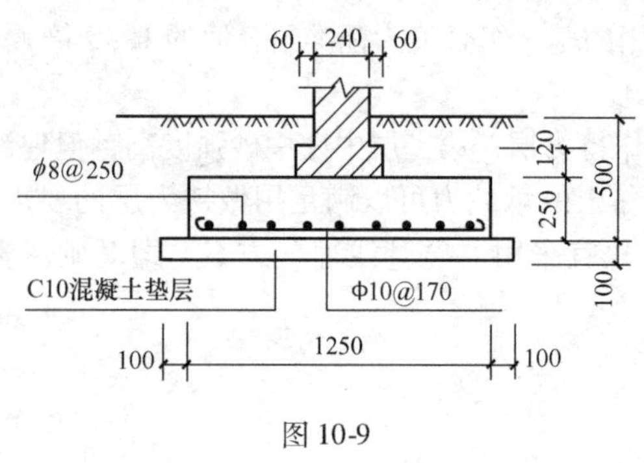


图10-9

配钢筋 $\phi10@170$，$A_s=462\text{mm}^2>440\text{mm}^2$（且 $>0.15\%\times250\times1000=375\text{mm}^2$），垫层用C10混凝土。基础剖面图如图10-9所示。

**【例10-18】** 一钢筋混凝土内柱截面尺寸为300mm×300mm，作用在基础顶面的轴心荷载 $F_k=400\text{kN}$。自地表起的土层情况为：素填土，松散，厚度1.0m，$\gamma=16.4\text{kN/m}^3$；细砂，厚度2.6m，$\gamma=18\text{kN/m}^3$，$\gamma_{sat}=20\text{kN/m}^3$，标准贯入试验锤击数

$N=10$；黏土，硬塑，厚度较大。地下水位在地表下 1.6m 处。试确定扩展基础的底面尺寸并设计基础截面及配筋。

**【解】**（1）确定地基持力层

素填土层厚度不大，且承载力偏低，不宜作持力层；由细砂层的 $N=10$ 查表 10-2，得 $f_{ak}=140\text{kPa}$，此值较大，故取细砂层作为地基持力层。第三层硬塑黏土层的承载力亦较高，但该层埋深过大，不宜作持力层。

（2）确定基础埋深及地基承载力特征值

由于地下水位在地表下 1.6m 深处，为避免施工困难，基础埋深不宜超过 1.6m。根据浅埋的原则，现取埋深 $d=1.0\text{m}$。查表 10-3，得细砂的 $\eta_d=3.0$，地基承载力特征值为：

$$f_a=f_{ak}+\eta_d\gamma_m(d-0.5)=140+3.0\times16.4\times(1-0.5)=164.6\text{kPa}$$

（3）确定基础底面尺寸

$$b=l=\sqrt{\frac{F_k}{f_a-\gamma_G d}}=\sqrt{\frac{400}{164.6-20\times1}}=1.66\text{m}$$

取 $b=l=1.7\text{m}$。

（4）计算基底净反力设计值

$$p_j=\frac{F}{b^2}=\frac{1.35\times400}{1.7\times1.7}=186.9\text{kPa}$$

（5）确定基础高度

采用 C20 混凝土，$f_t=1.10\text{N/mm}^2$，钢筋用 HPB300 级，$f_y=270\text{N/mm}^2$。取基础高度 $h=400\text{mm}$，验算冲切时的平均有效高度 $h_0=400-50=350\text{mm}$。

因 $b_c+2h_0=0.3+2\times0.35=1.0\text{m}<b=1.7\text{m}$，故按式（10-36）做冲切验算如下：

$$p_j\left[\left(\frac{l}{2}-\frac{a_c}{2}-h_0\right)b-\left(\frac{b}{2}-\frac{b_c}{2}-h_0\right)^2\right]$$

$$=186.9\times\left[\left(\frac{1.7}{2}-\frac{0.3}{2}-0.35\right)\times1.7-\left(\frac{1.7}{2}-\frac{0.3}{2}-0.35\right)^2\right]$$

$$=88.3\text{kN}$$

$$0.7\beta_{hp}f_t(b_c+h_0)h_0=0.7\times1.0\times1100\times(0.3+0.35)\times0.35$$

$$=175.2\text{kN}>88.3\text{kN}(\text{可以})$$

（6）确定底板配筋

本基础为方形基础，故可取

$$M_{\text{I}}=M_{\text{II}}=\frac{1}{24}p_j(l-a_c)^2(2b+b_c)$$

$$=\frac{1}{24}\times186.9\times(1.7-0.3)^2\times(2\times1.7+0.3)$$

$$=56.5\text{kN}\cdot\text{m}$$

$$A_{s\text{I}}=A_{s\text{II}}=\frac{M_{\text{I}}}{0.9f_yh_0}$$

$$=\frac{56.5\times10^6}{0.9\times270\times350}=664\text{mm}^2$$

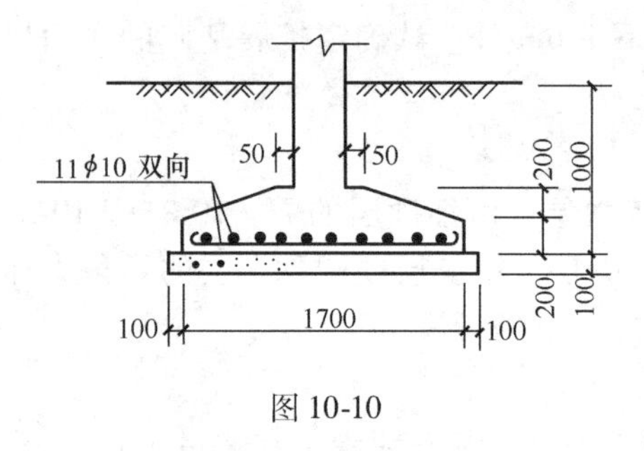


图 10-10

配钢筋 11ϕ10 双向，$A_s=863.5\text{mm}^2>664\text{mm}^2$，并满足最小配筋率要求：0.15% ×（1700 × 400 − 200 × 650）= 825mm²。基础配筋示意图如图 10-10 所示。

**【例 10-19】** 同上题，但基础底面形心处还作用有弯矩 $M_k=110\text{kN}\cdot\text{m}$。取基底长宽比为 1.5，试确定基础底面尺寸并设计基础截面及配筋。

**【解】** 取基础埋深为 1.0m，由上题知地基承载力特征值 $f_a=164.6\text{kPa}$。

（1）确定基础底面尺寸

初取基底尺寸：

$$A=1.3\frac{F_k}{f_a-\gamma_G d}=\frac{1.3\times400}{164.6-20\times1}=3.6\text{m}^2$$

$$b=\sqrt{\frac{A}{n}}=\sqrt{\frac{3.6}{1.5}}=1.55\text{m},\text{取}\ b=1.6\text{m}$$

$$l=nb=1.5\times1.6=2.4\text{m}$$

$$F_k+G_k=400+20\times1.6\times2.4\times1=476.8\text{kN}$$

$$e=\frac{M_k}{F_k+G_k}=\frac{110}{476.8}=0.231\text{m}<\frac{l}{6}=0.4\text{m}(\text{可以})$$

$$\begin{aligned}p_{\text{kmax}}&=\frac{F_k+G_k}{A}\left(1+\frac{6e}{l}\right)\\&=\frac{476.8}{1.6\times2.4}\times\left(1+\frac{6\times0.231}{2.4}\right)\\&=195.9\text{kPa}<1.2f_a=1.2\times164.6=197.5\text{kPa}(\text{可以})\end{aligned}$$

（2）计算基底净反力设计值

$$p_j=\frac{F}{A}=\frac{1.35\times400}{1.6\times2.4}=140.6\text{kPa}$$

$$\begin{matrix}p_{j\text{max}}\\p_{j\text{min}}\end{matrix}=\frac{F}{bl}\pm\frac{6M}{bl^2}=\frac{1.35\times400}{1.6\times2.4}\pm\frac{6\times1.35\times110}{1.6\times2.4^2}=\begin{matrix}237.3\\43.9\end{matrix}\text{kPa}$$

平行于基础短边的柱边Ⅰ-Ⅰ截面的净反力：

$$\begin{aligned}p_{j\text{I}}&=p_{j\text{min}}+\frac{l+a_c}{2l}(p_{j\text{max}}-p_{j\text{min}})\\&=43.9+\frac{2.4+0.3}{2\times2.4}\times(237.3-43.9)=152.7\text{kPa}\end{aligned}$$

（3）确定基础高度

采用 C20 混凝土，$f_t=1.10\text{N/mm}^2$，钢筋用 HPB300 级，$f_y=270\text{N/mm}^2$。取基础高度 $h=500\text{mm}$，$h_0=500-50=450\text{mm}$。

因 $b_c+2h_0=0.3+2\times0.45=1.2\text{m}<b=1.6\text{m}$，故按式（10-36）做冲切验算如下（以 $p_{\text{jmax}}$ 取代式中的 $p_j$）：

$$p_{j\max}\left[\left(\frac{l}{2}-\frac{a_c}{2}-h_0\right)b-\left(\frac{b}{2}-\frac{b_c}{2}-h_0\right)^2\right]$$

$$=237.3\times\left[\left(\frac{2.4}{2}-\frac{0.3}{2}-0.45\right)\times1.6-\left(\frac{1.6}{2}-\frac{0.3}{2}-0.45\right)^2\right]$$

$$=218.3\text{kN}$$

$$0.7\beta_{hp}f_t(b_c+h_0)h_0=0.7\times1.0\times1100\times(0.3+0.45)\times0.45$$

$$=259.9\text{kN}>218.3\text{kN(可以)}$$

(4) 确定底板配筋

对柱边Ⅰ-Ⅰ截面，按式（10-44）计算弯矩：

$$M_{\text{I}}=\frac{1}{48}[(p_{j\max}+p_{j\text{I}})(2b+b_c)+(p_{j\max}-p_{j\text{I}})b](l-a_c)^2$$

$$=\frac{1}{48}\times[(237.3+152.7)(2\times1.6+0.3)$$

$$+(237.3-152.7)\times1.6](2.4-0.3)^2$$

$$=137.8\text{kN}\cdot\text{m}$$

$$A_{s\text{I}}=\frac{M_{\text{I}}}{0.9f_yh_0}=\frac{137.8\times10^6}{0.9\times270\times455}=1246\text{mm}^2$$

配钢筋11ϕ12，$A_s=1243\text{mm}^2\approx1246\text{mm}^2$，并满足最小配筋率要求，平行于基底长边布置。

对柱边Ⅱ-Ⅱ截面（平行于基础长边），按式（10-40）计算弯矩：

$$M_{\text{II}}=\frac{1}{24}p_j(b-b_c)^2(2l+a_c)$$

$$=\frac{1}{24}\times140.6\times(1.6-0.3)^2(2\times2.4+0.3)=50.5\text{kN}\cdot\text{m}$$

$$A_{s\text{II}}=\frac{M_{\text{II}}}{0.9f_yh_0}=\frac{50.5\times10^6}{0.9\times270\times(455-12)}=469\text{mm}^2$$

按构造要求配筋14ϕ12，$A_s=1583\text{mm}^2>0.15\%(500\times2400-200\times1000)=1500\text{mm}^2$，平行于基底短边布置。基础配筋示意图如图10-11所示。

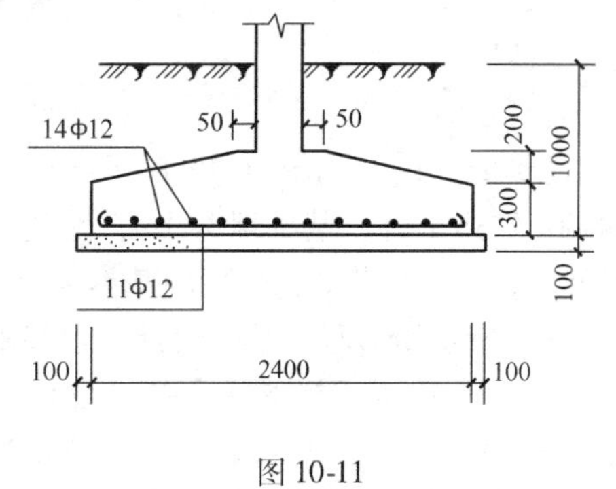


图10-11

【例10-20】 均质地基上埋深$d$相同的两个方形基础$j$及$k$所受的柱荷载$F_j>F_k$，基底面积分别为$b_j^2$及$b_k^2$。设两基础的地基承载力特征值均为$f_a$，且基础与其上土的平均重度$\gamma_G$与埋深范围内土的重度$\gamma_m$相等。如要求两基础的沉降量相等（不考虑两基础的相互影响），并取基础$k$的基底平均压力$p_k=f_a$，试证

$$b_j=\frac{F_j}{\sqrt{F_k(f_a-\gamma_Gd)}}\text{且}p_j<f_a$$

**【解】** 因为$\gamma_G=\gamma_m$，所以$p_0=p-\sigma_{cd}=F/A$。由式（10-23）得：

$$s = \frac{1-\mu^2}{E_0}\omega b p_0 = \frac{(1-\mu^2)\omega F}{E_0 l}$$

对两基础而言，$\mu$、$E_0$、$\omega$ 均相同，故若两基础的沉降量相同，则有

$$\frac{F_j}{b_j} = \frac{F_k}{b_k}$$

令

$$p_k = \frac{F_k}{b_k^2} + \gamma_G d = f_a$$

得

$$b_k = \sqrt{\frac{F_k}{f_a - \gamma_G d}}$$

于是

$$\frac{F_j}{b_j} = \frac{F_k}{b_k} = \sqrt{F_k (f_a - \gamma_G d)}$$

所以

$$b_j = \frac{F_j}{\sqrt{F_k (f_a - \gamma_G d)}}$$

又

$$p_j = \frac{F_j}{b_j^2} + \gamma_G d = \frac{F_k}{b_j b_k} + \gamma_G d$$

$$= \frac{b_k}{b_j} \cdot \frac{F_k}{b_k^2} + \gamma_G d$$

$$< \frac{F_k}{b_k^2} + \gamma_G d = f_a$$

所以

$$p_j < f_a$$

**【例 10-21】** 如图 10-12 所示为双柱联合基础，基础两端与柱边平齐，基础埋深 1m，地基承载力特征值 $f_a$ = 239kPa，图中柱荷载为作用的基本组合值。(1) 按图 10-12 ($b$) 所示矩形联合基础设计，求基础宽度 $b$；(2) 按图 10-12 ($c$) 所示梯形联合基础设计，求基础两端的宽度 $a$ 和 $b$；(3) 按图 10-12 ($d$) 所示连梁式联合基础设计，求基础 1、2 的底面尺寸及连梁的弯矩。(提示：可取基础 1 的净反力 $R_1$ 等于柱 1 的荷载，即 $R_1$ = 900kN，且取 $b_1$ = 1m)

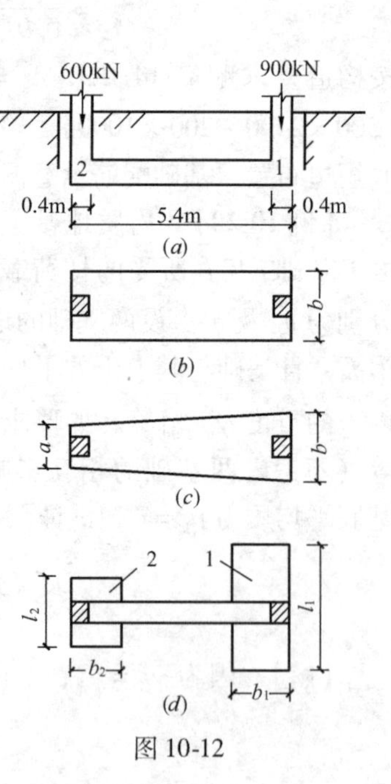

图 10-12

**【解】** (1) 按偏心受压矩形基础计算

由
$$p_k = \frac{F_k}{bl} + \gamma_G d \leqslant f_a$$

得

$$b \geqslant \frac{F_k}{l(f_a - \gamma_G d)} = \frac{(600+900)/1.35}{5.4 \times (239 - 20 \times 1)} = 0.94\text{m}$$

又根据

$$p_{kmax} = \frac{F_k}{bl} + \gamma_G d + \frac{6M_k}{bl^2} \leqslant 1.2f_a$$

得

$$b \geqslant \frac{F_k l + 6M_k}{l^2(1.2f_a - \gamma_G d)}$$

$$= \frac{(600+900) \times 5.4 + 6 \times (900-600) \times \dfrac{5.4-0.4}{2}}{5.4^2 \times (1.2 \times 239 - 20 \times 1) \times 1.35} = 1.2\text{m}$$

取上述计算的大者，即取 $b = 1.2\text{m}$。

（2）设柱荷载的合力作用点距基础右端边缘的距离为 $x$，则

$$x = \frac{600 \times 5}{600 + 900} + 0.2 = 2.2\text{m}$$

根据梯形面积形心与荷载重心重合的条件，有

$$x = \frac{l}{3}\frac{2a+b}{a+b}$$

又由地基承载力条件，有

$$A = \frac{a+b}{2}l = \frac{F_k}{f_a - \gamma_G d}$$

将 $x = 2.2\text{m}$、$l = 5.4\text{m}$、$F_k = (600+900)/1.35\text{kN}$、$f_a = 239\text{kPa}$、$\gamma_G = 20\text{kN/m}^3$、$d = 1\text{m}$ 代入上述二式，联立求解可得：$a = 0.42\text{m}$，$b = 1.46\text{m}$。

（3）取基础1的净反力 $R_{k1} = F_{k1} = 900\text{kN}$，$b_1 = 1\text{m}$，则由地基承载力条件，有

$$l_1 = \frac{R_{k1}}{b_1(f_a - \gamma_G d)} = \frac{900}{1 \times (239 - 20 \times 1) \times 1.35} = 3\text{m}$$

设基础2的形心至其上柱形心的距离为 $e_2$，由力矩平衡条件：

$$F_2 e_2 = F_1 \left(\frac{b_1}{2} - 0.2\right)$$

得

$$e_2 = \frac{900 \times (0.5 - 0.2)}{600} = 0.45\text{m}$$

$$b_2 = 2(e_2 + 0.2) = 2 \times (0.45 + 0.2) = 1.3\text{m}$$

$$l_2 = \frac{R_{k2}}{b_2(f_a - \gamma_G d)} = \frac{600}{1.3 \times (239 - 20 \times 1) \times 1.35} = 1.56\text{m}$$

连梁弯矩为：

$$M = F_2 e_2 = 600 \times 0.45 = 270\text{kN} \cdot \text{m}$$

**【例10-22】** 某过江隧道底面宽度为33m，隧道 $A$、$B$ 段下的土层分布依次为：$A$ 段，粉质黏土，软塑，厚度2m，$E_s = 4.2\text{MPa}$，其下为基岩；$B$ 段，黏土，硬塑，厚度12m，$E_s = 18.4\text{MPa}$，其下为基岩。试分别计算 $A$、$B$ 段的地基基床系数，并比较计算结果。

**【解】** 本题属薄压缩层地基，可按式（10-52）计算。

$A$ 段：
$$k_A = \frac{E_s}{h} = \frac{4200}{2} = 2100\text{kN/m}^3$$

$B$ 段：
$$k_B = \frac{18400}{12} = 1533\text{kN/m}^3$$

比较上述计算结果可知，并非土越硬，其基床系数就越大。基床系数不仅与土的软硬有关，更与地基可压缩土层的厚度有关。

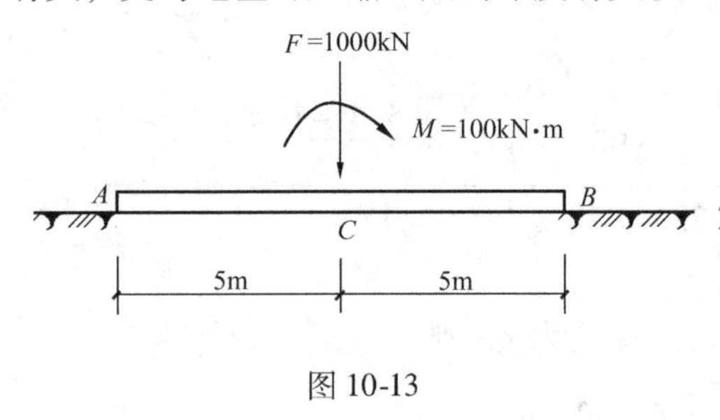


图 10-13

**【例 10-23】** 如图 10-13 所示，承受集中荷载的钢筋混凝土条形基础的抗弯刚度 $EI=2\times10^6\text{kN}\cdot\text{m}^2$，梁长 $l=10\text{m}$，底面宽度 $b=2\text{m}$，基床系数 $k=4199\text{kN/m}^3$，试计算基础中点 $C$ 的挠度、弯矩和基底净反力。

**【解】**
$$\lambda = \sqrt[4]{\frac{kb}{4EI}} = \sqrt[4]{\frac{4199\times2}{4\times2\times10^6}} = 0.18\text{m}^{-1}$$

$$\lambda x = 0.18\times5 = 0.9$$
$$\lambda l = 0.18\times10 = 1.8$$

查相关函数表，得 $A_x=0.57120$，$B_x=0.31848$，$C_x=-0.06574$，$D_x=0.25273$，$A_l=0.12342$，$C_l=-0.19853$，$D_l=-0.03765$，$E_l=4.61834$，$F_l=-1.52865$。

（1）计算外荷载在无限长梁相应于 $A$、$B$ 两截面上所产生的弯矩和剪力 $M_a$、$V_a$、$M_b$、$V_b$

由式（10-47）及式（10-50）得：

$$M_a = \frac{F}{4\lambda}C_x - \frac{M}{2}D_x$$
$$= \frac{1000}{4\times0.18}\times(-0.06574) - \frac{100}{2}\times0.25273 = -103.9\text{kN}\cdot\text{m}$$

$$M_b = \frac{F}{4\lambda}C_x + \frac{M}{2}D_x$$
$$= \frac{1000}{4\times0.18}\times(-0.06574) + \frac{100}{2}\times0.25273 = -78.7\text{kN}\cdot\text{m}$$

$$V_a = \frac{F}{2}D_x - \frac{M\lambda}{2}A_x$$
$$= \frac{1000}{2}\times0.25273 - \frac{100\times0.18}{2}\times0.57120 = 121.2\text{kN}$$

$$V_b = -\frac{F}{2}D_x - \frac{M\lambda}{2}A_x$$
$$= -\frac{1000}{2}\times0.25273 - \frac{100\times0.18}{2}\times0.57120 = -131.5\text{kN}$$

（2）计算梁端边界条件力

$$F_A = (E_l + F_lD_l)V_a + \lambda(E_l - F_lA_l)M_a - (F_l + E_lD_l)V_b + \lambda(F_l - E_lA_l)M_b$$
$$= (4.61834 + 1.52865\times0.03765)\times121.2$$

$$+0.18\times(4.61834+1.52865\times0.12342)\times(-103.9)$$

$$-(-1.52865-4.61834\times0.03765)\times(-131.5)$$

$$+0.18\times(-1.52865-4.61834\times0.12342)\times(-78.7)$$

$$=282.7\text{kN}$$

$$F_B=(F_l+E_lD_l)V_a+\lambda(F_l-E_lA_l)M_a-(E_l+F_lD_l)V_b+\lambda(E_l-F_lA_l)M_b$$

$$=(-1.52865-4.61834\times0.03765)\times121.2$$

$$+0.18\times(-1.52865-4.61834\times0.12342)\times(-103.9)$$

$$-(4.61834+1.52865\times0.03765)\times(-131.5)$$

$$+0.18\times(4.61834+1.52865\times0.12342)\times(-78.7)$$

$$=379.7\text{kN}$$

$$M_A=-(E_l+F_lC_l)\frac{V_a}{2\lambda}-(E_l-F_lD_l)M_a+(F_l+E_lC_l)\frac{V_b}{2\lambda}-(F_l-E_lD_l)M_b$$

$$=-(4.61834+1.52865\times0.19853)\times\frac{121.2}{2\times0.18}$$

$$-(4.61834-1.52865\times0.03765)\times(-103.9)$$

$$+(-1.52865-4.61834\times0.19853)\times\frac{-131.5}{2\times0.18}$$

$$-(-1.52865+4.61834\times0.03765)\times(-78.7)$$

$$=-396.5\text{kN}\cdot\text{m}$$

$$M_B=(F_l+E_lC_l)\frac{V_a}{2\lambda}+(F_l-E_lD_l)M_a-(E_l+F_lC_l)\frac{V_b}{2\lambda}+(E_l-F_lD_l)M_b$$

$$=(-1.52865-4.61834\times0.19853)\times\frac{121.2}{2\times0.18}$$

$$+(-1.52865+4.61834\times0.03765)\times(-103.9)$$

$$-(4.61834+1.52865\times0.19853)\times\frac{-131.5}{2\times0.18}$$

$$+(4.61834-1.52865\times0.03765)\times(-78.7)$$

$$=756.3\text{kN}\cdot\text{m}$$

(3) 计算基础中点 $C$ 的挠度、弯矩和基底净反力

$$w_C=\frac{(F_A+F_B)\lambda}{2kb}A_x+\frac{(M_A-M_B)\lambda^2}{kb}B_x+\frac{F\lambda}{2kb}$$

$$=\frac{(282.7+379.7)\times0.18}{2\times4199\times2}\times0.57120+\frac{(-396.5-756.3)\times0.18^2}{4199\times2}$$

$$\times0.31848+\frac{1000\times0.18}{2\times4199\times2}$$

$= 0.0134\text{m} = 13.4\text{mm}$

$$M_C = \frac{F_A + F_B}{4\lambda}C_x + \frac{M_A - M_B}{2}D_x + \frac{F}{4\lambda} + \frac{M}{2}$$

$$= \frac{282.7 + 379.7}{4 \times 0.18} \times (-0.06574) + \frac{-396.5 - 756.3}{2}$$

$$\times 0.25273 + \frac{1000}{4 \times 0.18} + \frac{100}{2}$$

$$= 1232.7\text{kN} \cdot \text{m}$$

$$p_C = kw_C = 4199 \times 0.0134 = 56.3\text{kPa}$$

## 三、习题

### 1. 选择题

10-1 根据地基损坏可能造成建筑物破坏或影响正常使用的程度，可将地基基础设计分为(　　)设计等级。

A. 二个　　B. 三个

C. 四个　　D. 五个

10-2 扩展基础不包括(　　)。

A. 柱下条形基础　　B. 柱下独立基础

C. 墙下条形基础　　D. 无筋扩展基础

10-3 为了保护基础不受人类和生物活动的影响，基础顶面至少应低于设计地面(　　)。

A. 0.1m　　B. 0.2m

C. 0.3m　　D. 0.5m

10-4 除岩石地基外，基础的埋深一般不宜小于(　　)。

A. 0.4m　　B. 0.5m

C. 1.0m　　D. 1.5m

10-5 按地基承载力确定基础底面积时，传至基础底面上的作用效应(　　)。

A. 应按正常使用极限状态下作用的标准组合

B. 应按正常使用极限状态下作用的准永久组合

C. 应按承载能力极限状态下作用的基本组合，采用相应的分项系数

D. 应按承载能力极限状态下作用的基本组合，但其分项系数均为1.0

10-6 计算地基变形时，传至基础底面上的作用效应(　　)。

A. 应按正常使用极限状态下作用的标准组合

B. 应按正常使用极限状态下作用的准永久组合

C. 应按承载能力极限状态下作用的基本组合，采用相应的分项系数

D. 应按承载能力极限状态下作用的基本组合，但其分项系数均为1.0

10-7 计算挡土墙土压力时，作用效应(　　)。

A. 应按正常使用极限状态下作用的标准组合

B. 应按正常使用极限状态下作用的准永久组合

C. 应按承载能力极限状态下作用的基本组合，采用相应的分项系数

D. 应按承载能力极限状态下作用的基本组合，但其分项系数均为1.0

10-8　计算基础内力时，作用效应(　　)。

A. 应按正常使用极限状态下作用的标准组合

B. 应按正常使用极限状态下作用的准永久组合

C. 应按承载能力极限状态下作用的基本组合，采用相应的分项系数

D. 应按承载能力极限状态下作用的基本组合，但其分项系数均为1.0

10-9　地基土的承载力特征值可由(　　)确定。

A. 室内压缩试验　　B. 原位载荷试验

C. 土的颗粒分析试验　　D. 相对密度试验

10-10　计算地基土的短期承载力时，宜采用的抗剪强度指标是(　　)。

A. 不固结不排水剪指标　　B. 固结不排水剪指标

C. 固结排水剪指标

10-11　《建筑地基基础设计规范》GB 50007—2011 推荐的计算地基承载力特征值的理论公式是以(　　)为基础的。

A. 临塑荷载 $p_{cr}$　　B. 临界荷载 $p_{1/4}$

C. 临界荷载 $p_{1/3}$　　D. 极限荷载 $p_u$

10-12　地基的短期承载力与(　　)无关。

A. 基础埋深　　B. 基础宽度

C. 土的抗剪强度指标　　D. 土的状态

10-13　当基础宽度大于3m或埋置深度大于(　　)时，从载荷试验或其他原位测试、规范表格等方法确定的地基承载力特征值应进行修正。

A. 0.3m　　B. 0.5m

C. 1.0m　　D. 1.5m

10-14　由(　　)得到的地基承载力特征值无须进行基础宽度和埋深修正。

A. 土的抗剪强度指标以理论公式计算B. 地基载荷试验

C. 规范承载力表格

10-15　对于框架结构，地基变形一般由(　　)控制。

A. 沉降量　　B. 沉降差

C. 倾斜　　D. 局部倾斜

10-16　对于砌体承重结构，地基变形一般由(　　)控制。

A. 沉降量　　B. 沉降差

C. 倾斜　　D. 局部倾斜

10-17　对于高耸结构和高层建筑，地基变形一般由(　　)控制。

A. 沉降量　　B. 沉降差

C. 倾斜　　D. 局部倾斜

10-18　计算地基变形时，施加于地基表面的压力应采用(　　)。

A. 基底压力　　B. 基底反力

C. 基底附加压力　　D. 基底净压力

10-19　纵向和横向尺寸相差较大的高层建筑筏形基础或箱形基础，在荷载分布和地基土层都比较均匀的情况下，从安全角度出发，首先要严格控制的是(　　)。

A. 平均沉降量　　B. 最大沉降量

C. 纵向倾斜　　D. 横向倾斜

10-20　(　　)应验算其稳定性。

A. 地基基础设计等级为甲级的建筑物　B. 地基基础设计等级为乙级的建筑物

C. 经常承受水平荷载作用的高层建筑

10-21　(　　)不存在冻胀问题。

A. 粗粒土　　B. 细粒土

C. 黏性土　　D. 粉土

10-22　对于设有地下室的筏形基础，在对地基承载力特征值进行埋深修正时，埋深 $d$ 应(　　)。

A. 自室外地面算起　　B. 自室内地面算起

C. 取室内外的平均埋深　　D. 当室外有填土时从老天然地面算起

10-23　对于设有地下室的独立基础，在对地基承载力特征值进行埋深修正时，埋深 $d$ 应(　　)。

A. 自室外地面算起　　B. 自室内地面算起

C. 取室内外的平均埋深　　D. 当室外有填土时从老天然地面算起

10-24　砂土地基在施工期间完成的沉降量，可以认为(　　)。

A. 已接近最终沉降量　　B. 已完成最终沉降量的50%～80%

C. 已完成最终沉降量的20%～50%　　D. 已完成最终沉降量的5%～20%

10-25　当地基压缩层范围内存在软弱下卧层时，基础底面尺寸宜(　　)。

A. 按软弱下卧层承载力特征值确定，这样也就满足了持力层承载力的要求

B. 按软弱下卧层承载力特征值确定后适当加大

C. 按持力层承载力特征值确定后适当加大

D. 按持力层承载力特征值选择后，再对软弱下卧层进行承载力验算，必要时还要进行地基变形验算

10-26　处于同一土层条件且埋深相同的甲、乙两个相邻柱下方形基础，甲基础的底面积 $A_{甲}$ 大于乙基础的底面积 $A_{乙}$。现两基础的基底压力 $p_k$ 均等于地基承载力特征值 $f_a$，但其沉降差超过了允许值。如从调整基础底面尺寸出发来减小其沉降差，但规定 $p_k$ 不得大于 $f_a$，则应(　　)。

A. 增大 $A_{甲}$　　B. 增大 $A_{乙}$

C. 减小 $A_{甲}$　　D. 减小 $A_{乙}$

10-27　下列措施中，(　　)不属于减轻不均匀沉降危害的措施。

A. 建筑物的体型应力求简单　　B. 相邻建筑物之间应有一定距离

C. 设置沉降缝　　D. 设置伸缩缝

10-28　多层砌体承重结构设置圈梁时，若仅设置两道，则应(　　)。

A. 在基础面附近和底层窗顶或楼板下面各设置一道

B. 在房屋中部适当楼层窗顶或楼板下面各设置一道

C. 在顶层和其下一层窗顶或楼板下面各设置一道

D. 在基础面附近和顶层窗顶或屋面板下面各设置一道

10-29 同一土层由载荷试验所得的3个以上试验点的承载力实测值的极差不超过其平均值的多少时，可取其平均值作为该土层的地基承载力特征值？(　　)

A. 10%　　B. 20%

C. 30%　　D. 40%

10-30 在不考虑宽度修正的情况下，具有地下室的筏形基础的地基承载力特征值要比同样条件下的条形基础的地基承载力特征值(　　)。

A. 高　　B. 一样

C. 低　　D. 略低一些

10-31 对软弱下卧层的承载力特征值进行修正时，(　　)。

A. 仅需做深度修正　　B. 仅需做宽度修正

C. 需做宽度和深度修正　　D. 仅当基础宽度大于3m时才需做宽度修正

10-32 当地基受力层范围内存在软弱下卧层时，若要显著减小柱下扩展基础的沉降量，较可行的措施是(　　)。

A. 增大基底面积　　B. 减小基底面积

C. 增大基础埋深　　D. 减小基础埋深

10-33 下列说法中，哪一条是正确的？(　　)

A. 增大基础埋深可以提高地基承载力特征值，因而可以减小基底面积

B. 增大基础埋深可以提高地基承载力特征值，因而可以降低工程造价

C. 增大基础埋深可以提高地基承载力特征值，因而对抗震有利

D. 增大基础埋深虽然可以提高地基承载力特征值，但对软弱土并不能有效地减小基底面积

10-34 下列说法中，哪一条是错误的？(　　)

A. 沉降缝宜设置在地基土的压缩性有显著变化处

B. 沉降缝宜设置在分期建造房屋的交界处

C. 沉降缝宜设置在建筑物结构类型截然不同处

D. 伸缩缝可兼作沉降缝

10-35 下列说法中，哪一条是错误的？(　　)

A. 原有建筑物受邻近新建重型或高层建筑物影响

B. 设置圈梁的最佳位置在房屋中部

C. 相邻建筑物的合理施工顺序是：先重后轻，先深后浅

D. 在软土地基上开挖基坑时，要注意尽可能不扰动土的原状结构

10-36 下列说法中，哪一条是错误的？(　　)

A. 柱下条形基础按倒梁法计算时两边跨要增加配筋量，其原因是考虑基础的架越作用

B. 基础架越作用的强弱仅取决于基础本身的刚度

C. 框架结构对地基不均匀沉降较为敏感

D. 地基压缩性是否均匀对连续基础的内力影响甚大

10-37　柔性基础在均布荷载作用下，基底反力分布呈(　　)。

A. 均匀分布　　B. 中间大，两端小

C. 中间小，两端大

10-38　排架结构属于(　　)。

A. 柔性结构　　B. 敏感性结构

C. 刚性结构

10-39　框架结构属于(　　)。

A. 柔性结构　　B. 敏感性结构

C. 刚性结构

10-40　可不作地基变形验算的建筑物是(　　)。

A. 设计等级为甲级的建筑物

B. 设计等级为乙级的建筑物

C. 设计等级为丙级的建筑物

D.《建筑地基基础设计规范》GB 50007—2011 表 3.0.2 所列范围内设计等级为丙级的建筑物

10-41　进行基础截面设计时，必须满足基础台阶宽高比要求的是(　　)。

A. 钢筋混凝土条形基础　　B. 钢筋混凝土独立基础

C. 柱下条形基础　　D. 无筋扩展基础

**2. 判断改错题**

10-42　伸缩缝可以兼作沉降缝，但沉降缝不可取代伸缩缝。

10-43　无筋扩展基础的截面尺寸除了通过限制材料强度等级和台阶宽高比的要求来确定外，尚须进行内力分析和截面强度计算。

10-44　对均质黏性土地基来说，增加浅基础的埋深，可以提高地基承载力，从而可以明显减小基底面积。

10-45　柱下独立基础埋置深度的大小对基底附加压力影响不大。

10-46　所有设计等级的建筑物都应按地基承载力计算基础底面积，并进行变形计算。

10-47　当基础下存在软弱下卧层时，满足设计要求的最佳措施是加大基础底面积。

10-48　建筑物的长高比越大，其整体刚度越大。

10-49　在软弱地基上修建建筑物的合理施工顺序是先轻后重、先小后大、先低后高。

10-50　对位于土质地基上的高层建筑，为了满足稳定性要求，其基础埋深应随建筑物高度适当增大。

10-51　地基承载力特征值的确定与地基沉降允许值无关。

10-52　按土的抗剪强度指标确定的地基承载力特征值无需再作基础宽度和埋深修正。

10-53　在确定基础底面尺寸时，若地基承载力特征值是按土的抗剪强度指标确定的，则还应进行地基变形验算。

10-54　在计算柱下条形基础内力的简化计算法中，倒梁法假定上部结构是绝对刚性的，静定分析法假定上部结构是绝对柔性的。

**3. 计算题**

10-55　一地下室基坑深 4m，坑底以下为黏土隔水层，厚度 3m，重度为 $20kN/m^3$，黏土层下为粗砂层粗砂层中存在承压水。问作用于黏土层底面的承压水的压力值超过多少时，坑底黏土层有可能被顶起而破裂？

10-56　某条形基础底宽为1.5m，埋深为1.5m，地基土为粉质黏土，内摩擦角标准值为22°，黏聚力标准值为10kPa，重度为18kN/m$^3$。试确定地基承载力特征值。

10-57　在一黏性土层上做了4个载荷试验，整理得地基承载力特征值的实测值分别为230、250、260、280kPa，试求该黏性土层的地基承载力特征值。

10-58　已知某承重墙作用在条形基础顶面的轴心荷载标准值 $F_k=180$kN/m，基础埋深 $d=0.5$m，地基承载力特征值 $f_{ak}=176$kPa，试确定条形基础的最小底面宽度。

10-59　某中砂土的重度为18kN/m$^3$，地基承载力特征值 $f_{ak}=220$kPa。现需设计一方形截面柱的基础，作用在基础顶面的轴心荷载 $F_k=800$kN，取基础埋深 $d=1.0$m，试确定方形基础的底面边长。

10-60　已知某承重墙传给基础的轴心荷载标准值为200kN/m，基础埋深为0.5m，底面宽度为1.2m，地基承载力特征值 $f_{ak}=187$kPa。试验算该基础的底面宽度是否足够。

10-61　一柱下方形独立基础边长为1.8m，埋深为1.0m，柱传来的轴心荷载 $F_k=$ 1000kN，地基土为粗砂，重度为18kN/m$^3$，地基承载力特征值 $f_{ak}=250$kPa，埋深修正系数 $\eta_d=4.4$，试验算该基础的底面边长是否合适。

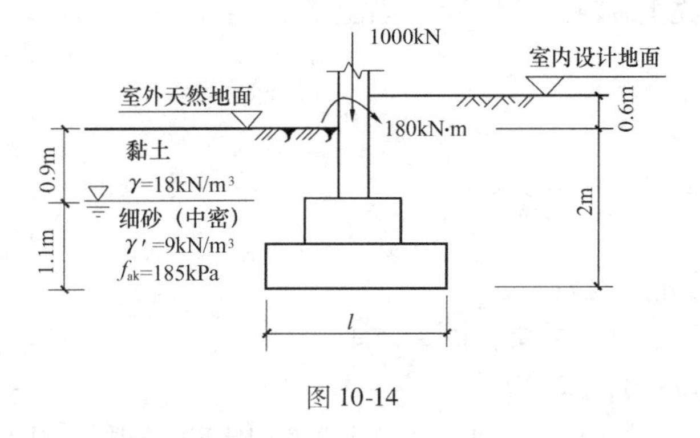


图10-14

10-62　已知图10-14中的柱荷载 $F_k=1000$kN，$M_k=180$kN·m，取基础长宽比为1.5，试确定柱下独立基础的底面尺寸。

10-63　某轴心受压柱传至地面的荷载标准值 $F_k=835$kN，基础埋深2.2m，底面尺寸为2.2m×2.2m。自地面起的土层分布依次为：杂填土，厚2.2m，$\gamma=16$kN/m$^3$；黏土，厚3.3m，$\gamma=19.8$kN/m$^3$；淤泥质黏土，厚5m，地基承载力特征值 $f_{ak}=84$kPa。试按软弱下卧层承载力验算基础底面尺寸是否足够（取地基压力扩散角 $\theta=23°$）。

10-64　某承重砖墙传给条形基础的荷载标准值 $F_k=180$kN/m，基础埋深 $d=1.2$m，底面宽度 $b=1.2$m。自地面起的土层分布依次为：黏土，厚4m，$\gamma=19$kN/m$^3$，$f_a=$ 180kPa；淤泥质土，厚5m，$f_{ak}=80$kPa。试验算基础底面宽度是否足够（取地基压力扩散角 $\theta=23°$）。

10-65　某框架柱传给基础的荷载标准值为 $F_k=1000$kN，$M_k=290$kN·m（沿基础长边方向作用），基础埋深1.5m，基底尺寸为2m×3m。地基土 $\gamma=18$kN/m$^3$，$f_a=200$kPa。试验算基础底面尺寸是否合适。

## 四、习题参考答案

| | | | | | | |
|---|---|---|---|---|---|---|
| 10-1 B | 10-2 A | 10-3 A | 10-4 B | 10-5 A | 10-6 B | 10-7 D |
| 10-8 C | 10-9 B | 10-10 A | 10-11 B | 10-12 B | 10-13 B | 10-14 A |
| 10-15 B | 10-16 D | 10-17 C | 10-18 C | 10-19 D | 10-20 C | 10-21 A |
| 10-22 A | 10-23 B | 10-24 A | 10-25 D | 10-26 A | 10-27 D | 10-28 D |
| 10-29 C | 10-30 A | 10-31 A | 10-32 D | 10-33 D | 10-34 D | 10-35 B |
| 10-36 B | 10-37 A | 10-38 A | 10-39 B | 10-40 D | 10-41 D | |

10-42 ×，沉降缝可以兼作伸缩缝，但伸缩缝不可取代沉降缝。

10-43 ×，一般无须进行内力分析和截面强度计算。

10-44 ×，对黏性土地基，增大埋深对提高地基承载力的幅度并不大，而且基础及其上回填土的重量也相应增大了，所以不会明显减小基底面积。

10-45 ✓

10-46 ×，部分丙级建筑物可不作地基变形计算。

10-47 ×，加大基础底面积会增大地基沉降量，最佳措施应是减小基础埋深。

10-48 ×，整体刚度愈小。

10-49 ×，应先重后轻、先大后小、先高后低。

10-50 ✓

10-51 ×，有关。

10-52 ✓

10-53 ✓

10-54 ✓

10-55 $u=\gamma h=20\times 3=60\text{kPa}$

10-56 $M_b=0.61$，$M_d=3.44$，$M_c=6.04$

$$f_a=M_b\gamma b+M_d\gamma_m d+M_c c_k$$
$$=0.61\times 18\times 1.5+3.44\times 18\times 1.5+6.04\times 10=169.8\text{kPa}$$

10-57 实测值的平均值：$\frac{1}{4}\times(230+250+260+280)=255\text{kPa}$

极差：$280-230=50\text{kPa}$

$50/255=19.6\%<30\%$

故地基承载力特征值为：$f_{ak}=255\text{kPa}$

10-58 $f_a=f_{ak}=176\text{kPa}$

$$b=\frac{F_k}{f_a-\gamma_G d}=\frac{180}{176-20\times 0.5}=1.08\text{m}$$

10-59 $f_a=f_{ak}+\eta_d\gamma_m(d-0.5)$

$$=220+4.4\times 18\times(1-0.5)$$
$$=259.6\text{kPa}$$

$$b=\sqrt{\frac{F_k}{f_a-\gamma_G d}}=\sqrt{\frac{800}{259.6-20\times 1}}=1.83\text{m}$$

可取 $b=1.9\text{m}$。

10-60 $p_k=\dfrac{F_k}{b}+\gamma_G d=\dfrac{200}{1.2}+20\times0.5=176.7\text{kPa}<f_a=f_{ak}=187\text{kPa}$（可以）

10-61 $f_a=250+4.4\times18\times(1-0.5)=289.6\text{kPa}$

$$p_k=\frac{F_k}{b^2}+\gamma_G d=\frac{1000}{1.8^2}+20\times1=328.6\text{kPa}>f_a=289.6\text{kPa}\text{（不满足要求）}$$

10-62 $\gamma_m=\dfrac{\sigma_{cd}}{d}=\dfrac{18\times0.9+9\times1.1}{2}=13.05\text{kN/m}^3$

$$f_a=185+3.0\times13.05\times(2-0.5)=243.7\text{kPa}$$

$$A=1.2\times\frac{F_k}{f_a-\gamma_G d+\gamma_w h_w}=\frac{1.2\times1000}{243.7-20\times2.3+10\times1.1}=5.7\text{m}^2$$

$$b=\sqrt{\frac{A}{n}}=\sqrt{\frac{5.7}{1.5}}\approx2\text{m}$$

$$l=nb=1.5\times2=3\text{m}$$

$$A=bl=2\times3=6\text{m}^2$$

$$F_k+G_k=1000+20\times6\times2.3-10\times6\times1.1=1210\text{kN}$$

$$e=\frac{M_k}{F_k+G_k}=\frac{180}{1210}=0.149\text{m}<\frac{l}{6}=0.5\text{m}\text{（可以）}$$

$$p_{kmax}=\frac{F_k+G_k}{A}\left(1+\frac{6e}{l}\right)=\frac{1210}{6}\times\left(1+\frac{6\times0.149}{3}\right)$$

$$=261.8\text{kPa}<1.2f_a=292\text{kPa}\text{（可以）}$$

基底尺寸为 $2\text{m}\times3\text{m}$。

10-63 $\sigma_{cz}=16\times2.2+19.8\times3.3=100.5\text{kPa}$

$$\gamma_m=\frac{\sigma_{cz}}{d+z}=\frac{100.5}{2.2+3.3}=18.3\text{kN/m}^3$$

$$f_{az}=84+1.0\times18.3\times(5.5-0.5)=175.5\text{kPa}$$

$$p_k-\sigma_{cd}=\frac{835}{2.2^2}+20\times2.2-16\times2.2=181.3\text{kPa}$$

$$\sigma_z=\frac{b^2(p_k-\sigma_{cd})}{(b+2z\tan23^\circ)^2}=\frac{2.2^2\times181.3}{(2.2+2\times3.3\times0.424)^2}=35.1\text{kPa}$$

$\sigma_{cz}+\sigma_z=100.5+35.1=135.6\text{kPa}<f_{az}=175.5\text{kPa}$（可以）

10-64 （1）按持力层承载力验算

$$p_k=\frac{F_k}{b}+\gamma_G d=\frac{180}{1.2}+20\times1.2=174\text{kPa}<f_a=180\text{kPa}\text{（可以）}$$

（2）按软弱下卧层承载力验算

$$\sigma_{cz}=19\times4=76\text{kPa}$$

$$f_{az}=80+1.0\times19\times(4-0.5)=146.5\text{kPa}$$

$$p_k-\sigma_{cd}=174-19\times1.2=151.2\text{kPa}$$

$$\sigma_z=\frac{b(p_k-\sigma_{cd})}{b+2z\tan23^\circ}=\frac{1.2\times151.2}{1.2+2\times2.8\times0.424}=50.8\text{kPa}$$

$$\sigma_{cz}+\sigma_z=76+50.8=126.8\text{kPa}<f_{az}=146.5\text{kPa}\text{（可以）}$$

10-65 $p_k=\frac{F_k}{A}+\gamma_G d=\frac{1000}{2\times3}+20\times1.5=196.7\text{kPa}<f_a=200\text{kPa}$(可以)

$$F_k+G_k=1000+20\times2\times3\times1.5=1180\text{kN}$$

$$e=\frac{M_k}{F_k+G_k}=\frac{290}{1180}=0.246\text{m}<\frac{l}{6}=0.5\text{m}\text{(可以)}$$

$$p_{kmax}=p_k\left(1+\frac{6e}{l}\right)=196.7\times\left(1+\frac{6\times0.246}{3}\right)$$

$$=293.5\text{kPa}>1.2f_a=240\text{kPa}\text{(不行)}$$

由于$p_{kmax}>1.2f_a$，故基底尺寸偏小，不满足地基承载力的要求。

# 第11章　桩　基　础

## 一、学习要点

### 1. 概述

◆桩基础的适用性

对下列情况，可考虑采用桩基础方案：

(1) 采用浅基础时天然地基承载力和变形不能满足要求的高、重建筑物；

(2) 天然地基承载力基本满足要求，但沉降量过大，需利用桩基减少沉降的建筑物，如软土地基上的多层住宅建筑，或在使用上、生产上对沉降限制严格的建筑物；

(3) 重型工业厂房和荷载很大的建筑物，如仓库、料仓等；

(4) 软弱地基或某些特殊性土上的各类永久性建筑物；

(5) 作用有较大水平力和力矩的高耸结构物（如烟囱、水塔等）的基础，或需以桩承受水平力或上拔力的其他情况；

(6) 需要减弱其振动影响的动力机器基础，或以桩基作为地震区建筑物的抗震措施；

(7) 地基土有可能被水流冲刷的桥梁基础；

(8) 需穿越水体和软弱土层的港湾与海洋构筑物基础，如栈桥、码头、海上采油平台及输油、输气管道支架等。

◆桩基础设计内容

桩基设计包括下列基本内容：

(1) 桩的类型和几何尺寸的选择；

(2) 单桩竖向（和水平向）承载力的确定；

(3) 确定桩的数量、间距和平面布置；

(4) 桩基承载力和沉降验算；

(5) 桩身结构设计；

(6) 承台设计；

(7) 绘制桩基施工图。

◆桩基设计原则

(1) 对地基计算的要求

1) 桩基中单桩所承受的荷载应满足单桩承载力计算的有关规定。

2) 对以下建筑物的桩基应进行沉降验算：

①地基基础设计等级为甲级的建筑物桩基。

②体形复杂、荷载不均匀或桩端以下存在软弱土层的设计等级为乙级的建筑物桩基。

③摩擦型桩基。

嵌岩桩、设计等级为丙级的建筑物桩基、对沉降无特殊要求的条形基础下不超过两排桩的桩基、吊车工作级别 A5 及 A5 以下的单层工业厂房桩基（桩端下为密实土层），可不进行沉降验算。当有可靠地区经验时，对地质条件不复杂、荷载均匀、对沉降无特殊要求的端承型桩基也可不进行沉降验算。

3）位于坡地岸边的桩基应进行桩基稳定性验算。

（2）关于荷载取值的规定

桩基设计时，上部结构传至承台上的荷载效应组合与浅基础相同，详见第 10 章。

**2. 桩的分类**

◆预制桩与灌注桩

（1）预制桩

预制桩按所用材料的不同，可分为混凝土预制桩、钢桩和木桩。

混凝土预制桩桩身质量较好，桩端可达坚硬黏性土层或强风化岩层，承载能力高，施工工期较短。缺点是用钢量较大，造价较高。

（2）灌注桩

混凝土灌注桩用钢量较省，桩长可根据需要取定，桩身可以做成大直径，也可扩大底部。与预制桩相比，灌注桩的质量较不易保证。

沉管灌注桩直径多采用 300～500mm，桩长常在 20m 以内，桩尖可打至硬塑黏土层或中、粗砂层。这种桩施工设备简单、施工进度快、成本低，但易产生缩颈、断桩、局部夹土、混凝土离析和强度不足等质量问题，故目前已较少采用。

钻孔灌注桩直径较大，能在各种土层条件下施工，桩端一般进入岩层，承载力较高。人工挖孔桩的直径不宜小于 1m。其优点是：可直接观察地层情况，孔底可清除干净，设备简单，噪声小，适应性强，较经济。缺点是在流砂层及软土层中难于成孔，甚至无法成孔，易因塌孔、缺氧、触电等造成伤亡事故。

◆端承型桩和摩擦型桩

（1）端承型桩

桩顶竖向荷载主要由桩端阻力承受的桩称为端承型桩。其桩端一般进入中密以上的砂类、碎石类土层，或位于中等风化、微风化和未风化岩石顶面。

端承型桩可分为端承桩和摩擦端承桩两类。桩侧阻力很小可以忽略不计时，称为端承桩。端承桩的长径比较小（一般 $l/d \leqslant 10$），桩身穿越软弱土层，桩端设置在密实砂类、碎石类土层中或位于中等风化、微风化及未风化硬质岩石顶面（即入岩深度 $h_r < 0.4d$）。

当桩端嵌入完整和较完整的中等风化、微风化及未风化硬质岩石一定深度以上（$h_r \geqslant 0.4d$）时，称为嵌岩桩。嵌岩桩一般按端承桩设计。

（2）摩擦型桩

桩顶竖向荷载主要由桩侧阻力承受的桩称为摩擦型桩。摩擦型桩的桩端持力层多为较坚实的黏性土、粉土和砂类土。

摩擦型桩可分为摩擦桩和端承摩擦桩两类。桩端阻力很小可以忽略不计时，称为摩擦桩。例如：①桩的长径比很大，桩顶荷载只通过桩身压缩产生的桩侧阻力传递给桩周土，因而桩端下土层无论坚实与否，其分担的荷载都很小；②桩端下无较坚实的持力层；③桩底残留虚土或残渣较厚的灌注桩；④打入邻桩使先设置的桩上抬甚至桩端脱空等情况。

◆挤土桩、部分挤土桩和非挤土桩

（1）挤土桩

实心的预制桩、下端封闭的管桩、木桩以及沉管灌注桩等打入桩，在锤击、振动贯入或压入过程中，都将桩位处的土大量排挤开，因而使桩周土层受到严重扰动，土的原状结构遭到破坏，土的工程性质有很大变化。

在松散土和非饱和填土中，挤土桩的挤土效应将使桩侧土和桩端土受到挤密，使土的抗剪强度提高，从而提高桩的承载力。但在饱和黏性土中，因瞬时排水固结效应不显著、体积压缩变形小而引起超孔隙水压力，使土体产生横向位移和竖向隆起，致使桩密集设置时先打入的桩被推移或被抬起，使桩的承载力降低，沉降增大。挤土效应还会造成周边房屋、市政设施受损。

（2）部分挤土桩

开口的钢管桩、H 形钢桩和开口的预应力混凝土管桩，在成桩过程中，都对桩周土体稍有挤土作用，但土的原状结构和工程性质变化不大。因此，由原状土测得的物理力学性质指标一般可用于估算部分挤土桩的承载力和沉降。

（3）非挤土桩

先钻孔后再打入的预制桩和钻（冲或挖）孔桩，在成桩过程中，都将与桩体积相同的土体挖出，故设桩时桩周土不但没有受到排挤，相反可能因桩周土向桩孔内移动而产生应力松弛现象。因此，非挤土桩的桩侧、桩端阻力常有所减小。

**3. 单桩轴向荷载的传递**

◆单桩轴向荷载的传递

逐级增加单桩桩顶荷载时，桩身上部受到压缩而产生相对于土的向下位移，从而使桩侧表面受到土的向上摩阻力。随着荷载增加，桩身压缩和位移随之增大，遂使桩侧摩阻力从桩身上段向下渐次发挥；桩底持力层也因受压引起桩端反力，导致桩端下沉、桩身随之整体下移，这又加大了桩身各截面的位移，引发桩侧上下各处摩阻力的进一步发挥。当沿桩身全长的摩阻力都到达极限值之后，桩顶荷载增量就全归桩端阻力承担，直到桩底持力层破坏、无力支承更大的桩顶荷载为止。此时，桩顶所承受的荷载就是桩的极限承载力。

由此可见，单桩轴向荷载的传递过程就是桩侧阻力与桩端阻力的发挥过程。桩顶荷载通过发挥出来的侧阻力传递到桩周土层中去，从而使桩身轴力与桩身压缩变形随深度递减（图 11-1）。一般说来，靠近桩身上部的土层侧阻力先于下部土层发挥，侧阻力先于端阻力发挥。桩侧摩阻力达到极限值 $\tau_u$ 所需的桩－土相对位移极限值 $\delta_u$ 基本上只与土的类别有关，而与桩径大小无关，根据试验资料约为 4～6mm（对黏性土）或 6～10mm（对砂类土）。桩端阻力的发挥不仅滞后于桩侧阻力，而且其充分发挥所需的桩底位移值比桩侧摩阻力到达极限所需的桩身截面位移值大得多，根据小型桩试验所得的桩底极限位移 $\delta_u$ 值，对砂类土约为 $d/12 \sim d/10$，对黏性土为 $d/10 \sim d/4$（$d$ 为桩径）。

从图 11-1 中可以看出：①桩顶位移 $s$ 大于桩端位移 $\delta_l$，其关系为：$s = \delta_l +$ 桩身压缩量；②桩身上段桩土相对位移较大，桩侧摩阻力得以发挥，此时摩阻力的大小与桩侧土的竖向有效应力成正比，故摩阻力随深度而增大；桩身下段桩土相对位移随深度增大而减小，摩阻力无法发挥出来，故摩阻力逐渐减小；③桩顶轴力 $N_0$ 最大（$N_0 = Q$），桩端轴力 $N_l$（即桩端阻力）最小，$Q = N_l + \sum u\tau_i l_i$。对端承桩，$N_l \approx Q$。

◆桩侧负摩阻力

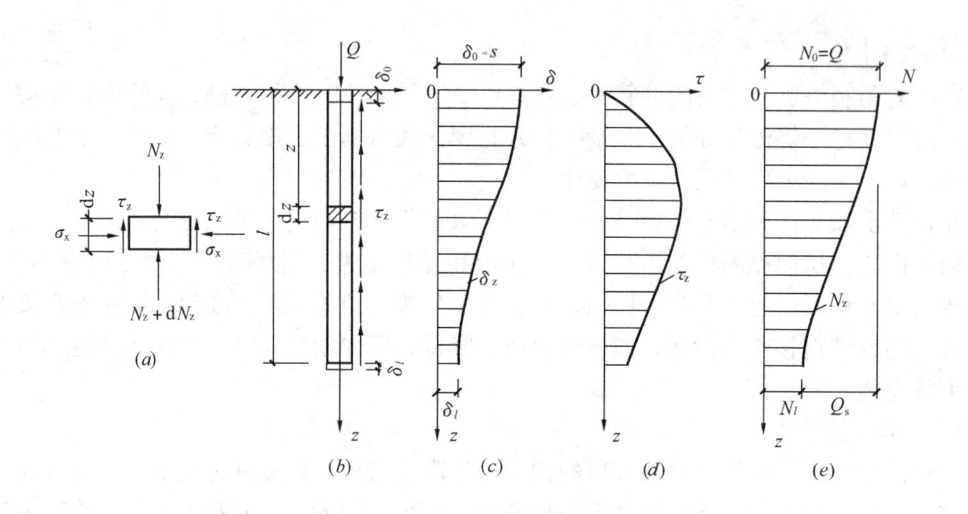


图 11-1　单桩轴向荷载传递

（a）微桩段的作用力；（b）轴向受压的单桩；（c）截面位移曲线

（d）摩阻力分布曲线；（e）轴力分布曲线

在桩顶竖向荷载作用下，当桩相对于桩侧土体向下位移时，土对桩产生的向上作用的摩阻力，称为正摩阻力。但是，当桩侧土体因某种原因而下沉，且其下沉量大于桩的沉降（即桩侧土体相对于桩向下位移）时，土对桩产生的向下作用的摩阻力，称为负摩阻力（图 11-2*a*）。

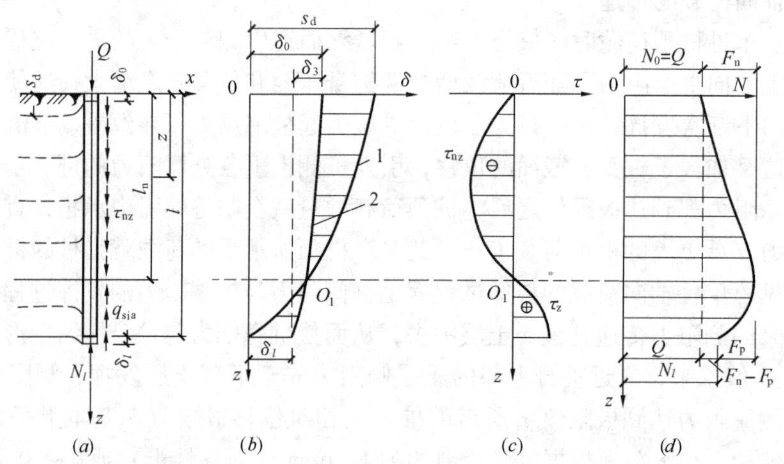


图 11-2　单桩在产生负摩阻力时的荷载传递

（a）单桩；（b）位移曲线；（c）桩侧摩阻力分布曲线；（d）桩身轴力分布曲线

1—土层竖向位移曲线；2—桩的截面位移曲线

产生负摩阻力的情况有多种，例如：位于桩周欠固结的软黏土或新填土在重力作用下产生固结；大面积堆载使桩周土层压密；在正常固结或弱超固结的软黏土地区，由于地下水位全面降低（例如长期抽取地下水），致使有效应力增加，因而引起大面积沉降；自重湿陷性黄土浸水后产生湿陷；地面因打桩时孔隙水压力剧增而隆起、其后孔压消散而固结下沉等。

图 11-2 表示单桩在产生负摩阻力时的荷载传递情况。图中 $O_1$点为桩土之间没有产生相对位移的截面位置，称为中性点。在 $O_1$点之上，土层相对于桩身向下位移，桩侧出现负摩阻力；在 $O_1$点之下，土层相对向上位移，桩侧产生正摩阻力。在中性点处桩身轴力达到最大值（$Q+F_n$）。

由于桩侧负摩阻力是由桩周土层的固结沉降引起的，因此负摩阻力的产生和发展要经历一定的时间过程，这一时间过程的长短取决于桩自身沉降完成的时间和桩周土层固结完成的时间。由于土层竖向位移和桩身截面位移都是时间的函数，因此中性点的位置、摩阻力以及桩身轴力都将随时间而有所变化。如果在桩顶荷载作用下的桩自身沉降已经完成，以后才发生桩周土层的固结，那么土层固结的程度和速率是影响负摩阻力的大小和分布的主要因素。固结程度高，地面沉降大，则中性点往下移；固结速率大，则负摩擦力增长快。不过负摩阻力的增长要经过一定时间才能达到极限值。在这个过程中，桩身在负摩阻力作用下产生压缩。随着负摩阻力的产生和增大，桩端处的轴力增加，桩端沉降也增大了。这就必然带来桩土相对位移的减小和负摩阻力的降低，而逐渐达到稳定状态。

桩侧负摩阻力的产生，使桩的竖向承载力减小，而桩身轴力加大，因此，负摩阻力的存在对桩基础是极为不利的。对可能出现负摩阻力的桩基，宜按下列原则设计：①对于填土建筑场地，先填土并保证填土的密实度，待填土地面沉降基本稳定后再成桩；②对于地面大面积堆载的建筑物，采取预压等处理措施，减少堆载引起的地面沉降；③对位于中性点以上的桩身进行处理，以减少负摩阻力；④对于自重湿陷性黄土地基，采取强夯、挤密土桩等先行处理，消除上部或全部土层的自重湿陷性；⑤采用其他有效而合理的措施。

**4. 单桩竖向承载力的确定**

◆单桩竖向承载力的确定

单桩竖向承载力的确定，取决于二方面：其一，桩身的材料强度；其二，地层的支承力。设计时分别按这两方面确定后取其中的较小值。如按桩的载荷试验确定，则已兼顾到这两方面。

◆静载荷试验

挤土桩在设置后须隔一段时间才开始载荷试验。这是由于打桩时土中产生的孔隙水压力有待消散，且土体因打桩扰动而降低的强度也有待随时间而部分恢复。为了使试验能反映真实的承载力值，所需的间歇时间是：预制桩在砂土中不得少于 7d；黏性土不得少于 15d；饱和软黏土不得少于 25d。灌注桩应在桩身混凝土达到设计强度后才能进行。

在同一条件下，进行静载荷试验的桩数不宜少于总桩数的 1%，且不应少于 3 根。

单桩竖向静载荷试验的极限承载力必须进行统计，计算参加统计的极限承载力的平均值，当满足其极差不超过平均值的 30% 时，可取其平均值为单桩竖向极限承载力 $Q_u$；当极差超过平均值的 30% 时，宜增加试桩数并分析极差过大的原因，结合工程具体情况确定极限承载力 $Q_u$；对桩数为 3 根及 3 根以下的柱下桩台，则取最小值为单桩竖向极限承载力 $Q_u$。

将单桩竖向极限承载力 $Q_u$除以安全系数 2，作为单桩竖向承载力特征值 $R_a$。

◆静力触探及标准贯入试验

对地基基础设计等级为丙级的建筑物，可采用静力触探及标准贯入试验参数确定单桩

竖向承载力特征值 $R_a$。

◆按规范经验公式确定单桩竖向承载力特征值

初步设计时，单桩竖向承载力特征值 $R_a$ 可按下式估算：

$$R_a = q_{pa}A_p + u_p \sum q_{sia} l_i \tag{11-1}$$

式中 $q_{pa}$、$q_{sia}$——桩端阻力、桩侧阻力特征值，由当地静载荷试验结果统计分析算得；

$A_p$——桩底横截面面积；

$u_p$——桩身周边长度；

$l_i$——第 $i$ 层岩土的厚度。

桩端嵌入完整或较完整的硬质岩中，当桩长较短且入岩较浅时，单桩竖向承载力特征值可按下式估算：

$$R_a = q_{pa}A_p \tag{11-2}$$

式中 $q_{pa}$——桩端岩石承载力特征值。

**5. 竖向荷载下的群桩效应**

◆群桩效应

由 2 根以上桩组成的桩基称为群桩基础。在竖向荷载作用下，由于承台、桩、土相互作用，群桩基础中的一根桩受荷时的承载力和沉降性状往往与相同地质条件和设置方法的同样独立单桩有显著差别，这种现象称为群桩效应。因此，群桩基础的承载力（$Q_g$）常不等于其中各根单桩的承载力之和（$\sum Q_i$）。通常用群桩效应系数（$\eta = Q_g/\sum Q_i$）来衡量群桩基础中各根单桩的平均承载力比独立单桩降低（$\eta < 1$）或提高（$\eta > 1$）的幅度。

◆端承型群桩基础的群桩效应

端承型群桩基础中各根单桩的工作性状接近于独立单桩，群桩基础承载力等于各根单桩承载力之和，群桩效应系数 $\eta = 1$。

◆摩擦型群桩基础的群桩效应

当摩擦型桩的桩距过小时，各桩的桩端压力分布面积会互相交错重叠而使附加应力 $\sigma_z$ 增大，从而使群桩沉降量增加。因此，在单桩与群桩沉降量相同的条件下，群桩中每根桩的平均承载力常小于单桩承载力，即群桩效应系数 $\eta < 1$。一些试验资料表明，当桩距小于 $3d$（$d$ 为桩径）时，桩端处应力重叠现象严重；当桩距大于 $6d$ 时，应力重叠现象较小。

对打入较疏松的砂类土和粉土中的挤土群桩，其桩间土和桩端土被明显挤密，所以群桩效应系数 $\eta$ 常大于 1。

◆承台底面贴地的影响

由摩擦型桩组成的群桩基础，当其承受竖向荷载而沉降时，承台底面一般与地基土紧密接触，因此承台底面必产生土反力，从而分担了一部分荷载，使桩基承载力随之提高。考虑到一些因素可能会导致承台底面与基土脱开（例如挤土桩施工时产生的孔隙水压力会在承台修筑后继续消散而引起地基土固结下沉），为了保证安全可靠，设计时一般不考虑承台贴地时承台底反力对桩基承载力的贡献。

◆设计群桩基础时，一般可不考虑群桩效应对单桩竖向承载力的影响，即取群桩效应系数 $\eta = 1$，但对摩擦型桩基、设计等级为甲级以及部分乙级的建筑物桩基（见本章概述“桩基设计原则”），必须进行沉降验算，以确保桩基沉降不超过允许值。

**6. 桩基承载力和沉降验算**

◆桩顶竖向力计算

（1）矩形承台

以承受竖向力为主的矩形承台群桩基础中的单桩桩顶竖向力可按下列公式计算：

轴心竖向力作用下

$$Q_k = \frac{F_k + G_k}{n} \tag{11-3}$$

偏心竖向力作用下

$$Q_{ik} = \frac{F_k + G_k}{n} \pm \frac{M_{xk} y_i}{\sum y_j^2} \pm \frac{M_{yk} x_i}{\sum x_j^2} \tag{11-4}$$

$$Q_{kmax} = \frac{F_k + G_k}{n} + \frac{M_{xk} y_{max}}{\sum y_j^2} + \frac{M_{yk} x_{max}}{\sum x_j^2} \tag{11-5}$$

水平力作用下

$$H_{ik} = \frac{H_k}{n} \tag{11-6}$$

式中 $Q_k$——相应于作用的标准组合轴心竖向力作用下任一单桩的竖向力；

$Q_{ik}$——相应于作用的标准组合偏心竖向力作用下第 $i$ 根桩的竖向力；

$Q_{kmax}$——相应于作用的标准组合偏心竖向力作用下单桩的最大竖向力；

$F_k$——相应于作用的标准组合时，作用于桩基承台顶面的竖向力；

$G_k$——桩基承台自重及承台上土自重；

$n$——桩基中的桩数；

$M_{xk}$、$M_{yk}$——相应于作用的标准组合作用于承台底面的外力对通过桩群形心的 $x$、$y$ 轴的力矩；

$x_i$、$y_i$——桩 $i$ 至通过桩群形心的 $y$、$x$ 轴线的距离，$\sum x_j^2 = x_1^2 + x_2^2 + \cdots + x_n^2$，$\sum y_j^2 = y_1^2 + y_2^2 + \cdots + y_n^2$；

$H_k$———相应于作用的标准组合时，作用于承台底面的水平力；

$H_{ik}$———相应于作用的标准组合时，作用于任一单桩的水平力。

（2）三桩承台

对图 11-3 所示的等腰三桩承台，单桩桩顶竖向力可按下列公式计算：

1 号桩桩顶竖向力 $Q_{1k}$：

$$Q_{1k} = \frac{F_k + G_k}{3} \pm \frac{M_{xk}}{h} \tag{11-7}$$

2 号桩桩顶竖向力 $Q_{2k}$：

$$Q_{2k} = \frac{F_k + G_k}{3} \pm \frac{M_{xk}}{2h} \pm \frac{M_{yk}}{s_2} \tag{11-8}$$

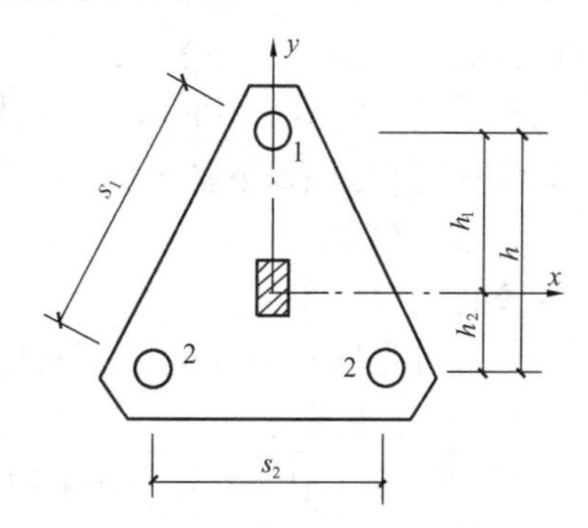

图 11-3　三桩承台桩顶竖向力计算

$$h = \frac{1}{2}\sqrt{4s_1^2 - s_2^2}$$

式中　$s_1$、$s_2$———分别为长向桩距和短向柱距。

◆单桩承载力验算

承受轴心竖向力作用的桩基，桩顶竖向力 $Q_k$ 应符合下式的要求：

$$Q_k \leqslant R_a \tag{11-9}$$

承受偏心竖向力作用的桩基，除应满足式（11-9）的要求外，桩顶最大竖向力 $Q_{kmax}$ 尚应满足下式的要求：

$$Q_{kmax} \leqslant 1.2R_a \tag{11-10}$$

承受水平力作用的桩基，作用于单桩的水平力 $H_{ik}$ 应符合下式的要求：

$$H_{ik} \leqslant R_{Ha} \tag{11-11}$$

上述三式中，$R_a$ 和 $R_{Ha}$ 分别为单桩竖向承载力特征值和水平承载力特征值。

◆桩基软弱下卧层承载力验算

当桩基的持力层下存在软弱下卧层，尤其是当桩基的平面尺寸较大、桩基持力层的厚度相对较薄时，应考虑桩端平面下受力层范围内的软弱下卧层发生强度破坏的可能性。对于桩距 $s \leqslant 6d$ 的非端承群桩基础，桩基下方有限厚度持力层的冲剪破坏，一般可按整体冲剪破坏考虑。此时，桩基软弱下卧层承载力验算常将桩与桩间土的整体视作实体深基础，实体深基础的底面位于桩端平面处，其验算方法按浅基础的软弱下卧层验算方法进行。

◆桩基沉降验算

计算桩基础沉降时，可不考虑桩间土的压缩变形对沉降的影响，采用单向压缩分层总和法计算桩基础的最终沉降量。地基内的应力分布宜采用各向同性均质线性变形体理论，可按实体深基础（桩距不大于 $6d$）或其他方法（包括明德林应力公式方法）计算。

**7. 桩基础设计**

◆桩的类型、截面和桩长选择

应根据结构类型及层数、荷载情况、地层条件和施工能力等，合理地选择桩的类别（预制桩或灌注桩）、桩的截面尺寸和长度、桩端持力层，并确定桩的承载性状（端承型或摩擦型）。

桩的设计长度，主要取决于桩端持力层的选择。通常，坚实土（岩）层最适宜作为桩端持力层。对于10层以下的房屋，如在桩端可达的深度内无坚实土层时，也可选择中等强度的土层作为桩端持力层。

桩端进入坚实土层的深度，应根据地质条件、荷载及施工工艺确定，一般不宜小于1～2倍桩径。桩端以下坚实土层的厚度不宜小于3倍桩径。端承桩嵌入微风化或中等风化岩体的最小深度，不宜小于0.5m。

◆桩的根数和布置

一般可先按 $n > F_k / R_a$ 估算桩数（偏心受压时桩数再增加10%～20%），然后进行桩的平面布置，确定承台平面尺寸，最后按式（11-9）～式（11-11）验算所选桩数是否合适。桩的间距（中心距）一般采用3～4倍桩径。间距太大会增加承台的体积和用料，太小则将使桩基（摩擦型桩）的沉降量增加，且给施工造成困难。桩的最小中心距应符合规范的有关规定。对于大面积桩群，尤其是挤土桩，桩的最小中心距宜适当加大。

桩的平面布置可采用对称式、梅花式、行列式和环状排列。为使桩基在其承受较大弯矩的方向上有较大的抵抗矩，也可采用不等距排列，此时，对柱下单独桩基和整片式的桩基，宜采用外密内疏的布置方式。

为了使桩基中各桩受力比较均匀，群桩横截面的重心应与竖向永久荷载合力的作用点重合或接近。

◆桩身结构设计

桩身混凝土强度应满足桩的承载力设计要求。计算中应按桩的类型和成桩工艺的不同将混凝土的轴心抗压强度设计值乘以工作条件系数 $\psi c$，桩身强度应符合下式要求：

桩轴心受压时

$$Q \leqslant A_p f_c \psi_c \tag{11-12}$$

式中 $f_c$——混凝土轴心抗压强度设计值；

$Q$——相应于作用的基本组合时的单桩竖向力设计值；

$A_p$——桩身横截面面积；

$\psi_c$——工作条件系数，非预应力预制桩取 0.75，预应力桩取 0.55 ~ 0.65，灌注桩取 0.6 ~ 0.8（水下灌注桩、长桩或混凝土强度等级高于 C35 时用低值）。

桩的主筋应经计算确定。打入式预制桩的最小配筋率不宜小于 0.8%；静压预制桩的最小配筋率不宜小于 0.6%；预应力桩不宜小于 0.5%；灌注桩最小配筋率不宜小于 0.2% ~ 0.65%（小直径桩取大值）。

灌注桩的配筋长度应符合下列规定：

1）受水平荷载和弯矩较大的桩，配筋长度应通过计算确定。

2）桩基承台下存在淤泥、淤泥质土或液化土层时，配筋长度应穿过这些土层。

3）坡地岸边的桩、8 度及 8 度以上震区的桩、抗拔桩、嵌岩端承桩应通长配筋。

4）钻孔灌注桩构造钢筋的长度不宜小于桩长的 2/3；桩施工在基坑开挖前完成时，其钢筋长度不宜小于基坑深度的 1.5 倍。

◆承台设计

（1）构造要求

承台的最小宽度不应小于 500mm，边桩中心至承台边缘的距离不宜小于桩的直径或边长，且桩的外边缘至承台边缘的距离不小于 150mm。对于墙下条形承台，桩的外边缘至承台边缘的距离不小于 75mm。

条形承台和柱下独立桩基承台的最小厚度为 300mm。

承台混凝土强度等级不应低于 C20，承台底面钢筋的混凝土保护层厚度不应小于 70mm，当有混凝土垫层时，不应小于 50mm。

承台的配筋，对于矩形承台，钢筋应按双向均匀通长布置，钢筋直径不宜小于 10mm，间距不宜大于 200mm；对于三桩承台，钢筋应按三向板带均匀布置，且最里面的三根钢筋围成的三角形应在柱截面范围内。钢筋锚固长度自边桩内侧（当为圆桩时，应将其直径乘以 0.8 等效为方桩）算起，不应小于 $35d_g$（$d_g$ 为钢筋直径）；当不满足时应将钢筋向上弯折，此时水平段的长度不应小于 $25d_g$，弯折段长度不应小于 $10d_g$。柱下独立桩基承台的最小配筋率不应小于 0.15%。

柱下独立两桩承台，应按《混凝土结构设计规范》GB 50010—2010 中的深受弯构件配置纵向受拉钢筋、水平及竖向分布钢筋。承台纵向受力钢筋端部的锚固长度及构造应与柱下多桩承台的规定相同。

桩顶嵌入承台内的长度不宜小于50mm。混凝土桩的桩顶主筋应伸入承台内，其锚固长度不宜小于钢筋直径的35倍。

承台之间的连接，对于单桩承台，宜在两个互相垂直的方向上设置连系梁；对于两桩承台，宜在其短向设置连系梁；有抗震要求的柱下独立承台，宜在两个主轴方向设置连系梁。连系梁顶面宜与承台位于同一标高。

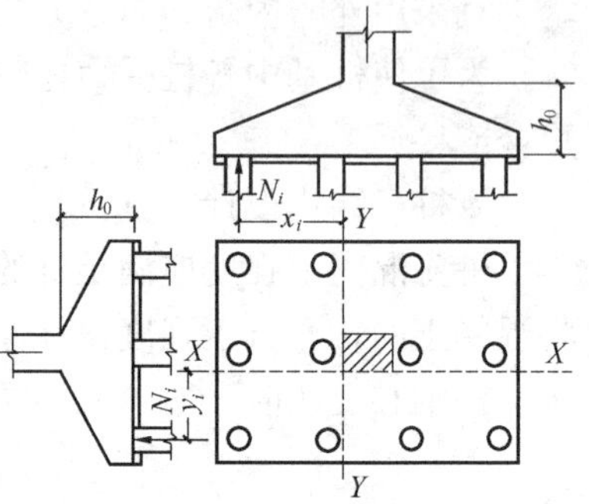

（2）承台受弯计算

1）柱下多桩矩形承台

柱下多桩矩形承台弯矩的计算截面应取在柱边和承台高度变化处（图11-4），并按下式计算：

图11-4 承台弯矩计算示意

$$M_x = \sum N_i y_i \tag{11-13}$$

$$M_y = \sum N_i x_i \tag{11-14}$$

式中 $M_x$、$M_y$——分别为垂直于$y$轴和$x$轴方向计算截面处的弯矩设计值；

$x_i$、$y_i$——垂直于$y$轴和$x$轴方向自桩轴线到相应计算截面的距离；

$N_i$——扣除承台和其上填土自重后相应于荷载效应基本组合时的第$i$桩竖向力设计值。

2）柱下等边三桩承台（图11-5）

由承台形心至承台边缘距离范围内板带的弯矩设计值$M$按下式计算：

$$M = \frac{N_{max}}{3}\left(s - \frac{\sqrt{3}}{4}c\right) \tag{11-15}$$

式中 $N_{max}$——扣除承台和其上填土自重后的三桩中相应于作用基本组合时的最大单桩竖向力设计值；

$s$——桩距；

$c$——方柱边长，圆柱时$c = 0.886d$（$d$为圆柱直径）。

3）柱下等腰三桩承台（图11-6）

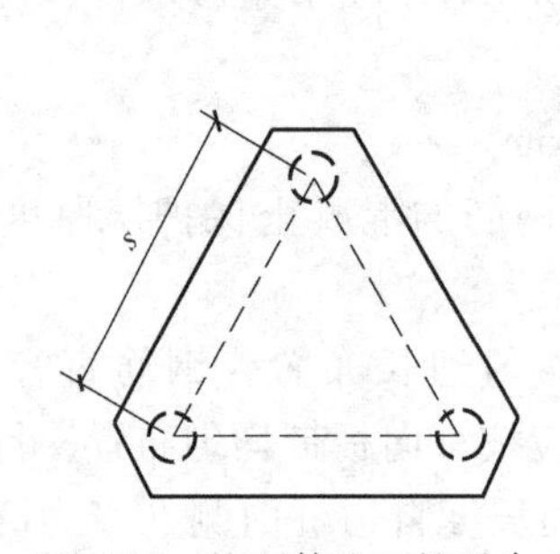

图11-5 柱下等边三桩承台

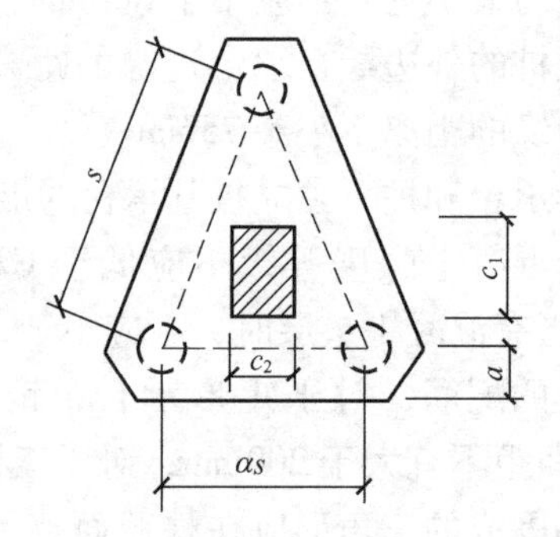

图11-6 柱下等腰三桩承台

承台弯矩按下式计算：

$$M_1 = \frac{N_{max}}{3}\left(s - \frac{0.75}{\sqrt{4-\alpha^2}}c_1\right) \tag{11-16}$$

$$M_2 = \frac{N_{max}}{3}\left(\alpha s - \frac{0.75}{\sqrt{4-\alpha^2}}c_2\right) \tag{11-17}$$

式中　$M_1$、$M_2$——分别为由承台形心到承台两腰和底边的距离范围内板带的弯矩设计值；

$s$——长向桩距；

$\alpha$——短向桩距与长向桩距之比，当 $\alpha<0.5$ 时，应按变截面的二桩承台设计；

$c_1$、$c_2$——分别为垂直于、平行于承台底边的柱截面边长。

（3）承台受冲切计算

1）柱对承台的冲切（图 11-7）

计算公式为：

$$F_l \leqslant 2\left[\beta_{0x}(b_c+a_{0y})+\beta_{0y}(h_c+a_{0x})\right]\beta_{hp}f_t h_0 \tag{11-18}$$

$$F_l = F - \sum N_i \tag{11-19}$$

$$\beta_{0x} = \frac{0.84}{\lambda_{0x}+0.2} \tag{11-20}$$

$$\beta_{0y} = \frac{0.84}{\lambda_{0y}+0.2} \tag{11-21}$$

式中　$F_l$——扣除承台及其上填土自重，作用在冲切破坏锥体上相应于作用基本组合的冲切力设计值，冲切破坏锥体应采用自柱边或承台变阶处至相应桩顶边缘连线构成的锥体，锥体与承台底面的夹角不小于45°；

$\beta_{hp}$——受冲切承载力截面高度影响系数，当 $h\leqslant800$mm 时，$\beta_{hp}$ 取 1.0，当 $h\geqslant2000$mm 时，$\beta_{hp}$ 取 0.9，其间按线性内插法取用；

$f_t$——承台混凝土轴心抗拉强度设计值；

$h_0$——冲切破坏锥体的有效高度；

$\beta_{0x}$、$\beta_{0y}$——冲切系数；

$\lambda_{0x}$、$\lambda_{0y}$——冲跨比，$\lambda_{0x}=a_{0x}/h_0$、$\lambda_{0y}=a_{0y}/h_0$，$a_{0x}$、$a_{0y}$ 为柱边或变阶处至桩边的水平距离；当 $a_{0x}$（$a_{0y}$）$<0.25h_0$ 时，$a_{0x}$（$a_{0y}$）$=0.25h_0$；当 $a_{0x}$（$a_{0y}$）$>h_0$ 时，$a_{0x}$（$a_{0y}$）$=h_0$；

$F$——柱根部轴力设计值；

$\sum N_i$——冲切破坏锥体范围内各桩的净反力设计值之和。

2）角桩对承台的冲切

①多桩矩形承台受角桩冲切的承载力应按下式计算（图 11-8）：

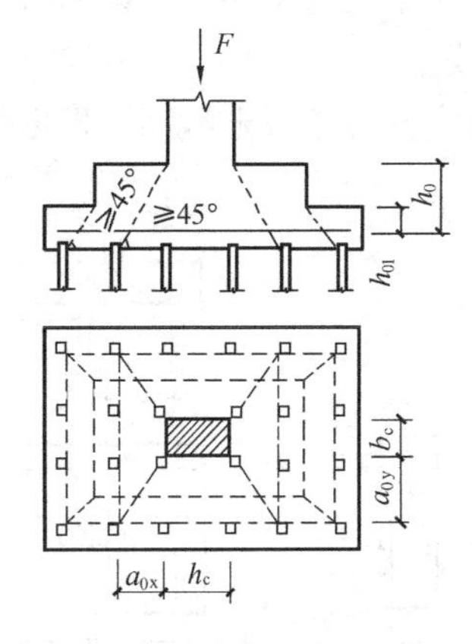

图 11-7　柱对承台冲切计算示意

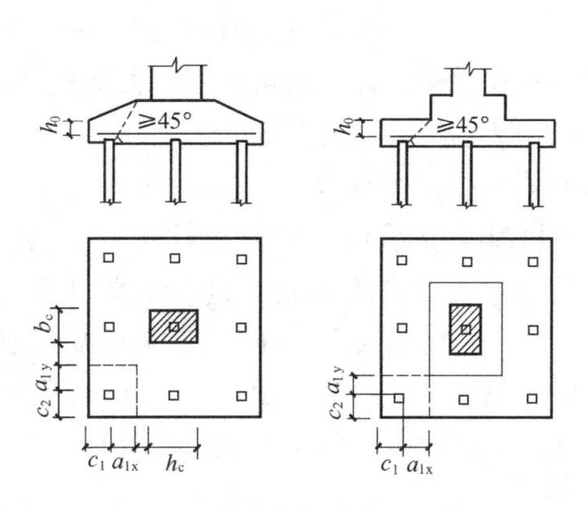

图 11-8　矩形承台角桩冲切计算示意

$$N_l \leqslant \left[\beta_{1x}\left(c_2 + \frac{a_{1y}}{2}\right) + \beta_{1y}\left(c_1 + \frac{a_{1x}}{2}\right)\right]\beta_{hp}f_t h_0 \tag{11-22}$$

$$\beta_{1x} = \frac{0.56}{\lambda_{1x} + 0.2} \tag{11-23}$$

$$\beta_{1y} = \frac{0.56}{\lambda_{1y} + 0.2} \tag{11-24}$$

式中　$N_l$——扣除承台和其上填土自重后角桩桩顶相应于作用基本组合时的竖向力设计值；

$\beta_{1x}$、$\beta_{1y}$——角桩冲切系数；

$\lambda_{1x}$、$\lambda_{1y}$——角桩冲跨比，其值满足 0.25～1.0，$\lambda_{1x} = a_{1x}/h_0$、$\lambda_{1y} = a_{1y}/h_0$；

$c_1$、$c_2$——从角桩内边缘至承台外边缘的距离；

$a_{1x}$、$a_{1y}$——从承台底角桩内边缘引 45°冲切线与承台顶面或承台变阶处相交点至角桩内边缘的水平距离（图 11-8）；

$h_0$——承台外边缘的有效高度。

②三桩三角形承台受角桩冲切的承载力应按下式计算（图 11-9）：

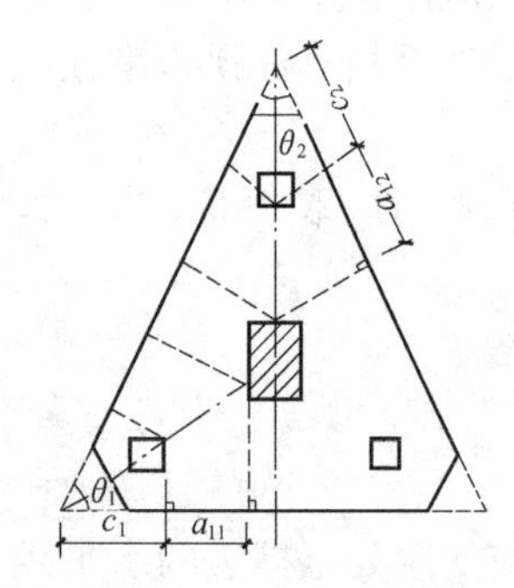

图 11-9　三角形承台角桩冲切计算示意

底部角桩

$$N_l \leqslant \beta_{11}(2c_1 + a_{11})\tan\frac{\theta_1}{2}\beta_{hp}f_t h_0 \tag{11-25}$$

$$\beta_{11} = \frac{0.56}{\lambda_{11} + 0.2} \tag{11-26}$$

顶部角桩

$$N_l \leqslant \beta_{12}(2c_2 + a_{12})\tan\frac{\theta_2}{2}\beta_{hp}f_t h_0 \tag{11-27}$$

$$\beta_{12} = \frac{0.56}{\lambda_{12} + 0.2} \tag{11-28}$$

式中　$\lambda_{11}$、$\lambda_{12}$——角桩冲跨比，$\lambda_{11} = a_{11}/h_0$、$\lambda_{12} = a_{12}/h_0$；

$a_{11}$、$a_{12}$——从承台底角桩内边缘向相邻承台边引 45°冲切线与承台顶面相交点至角桩内边缘的水平距离（图 11-9）；当柱位于该 45°线以内时，则取柱边与桩内边缘连线为冲切锥体的锥线。

对圆柱和圆桩，计算时可将圆形截面按等周长原则换算成正方形截面，即取方形截面边长 $b = 0.8d$（$d$ 为圆形截面直径）。

（4）承台受剪切计算

柱下桩基独立承台应分别对柱边和桩边、变截面和桩边连线形成的斜截面进行受剪计算（图 11-10）。当柱边外有多排桩形成多个剪切斜截面时，尚应对每个斜截面进行验算。

斜截面受剪承载力可按下列公式计算：

$$V \leqslant \beta_{hs}\beta f_t b_0 h_0 \tag{11-29}$$

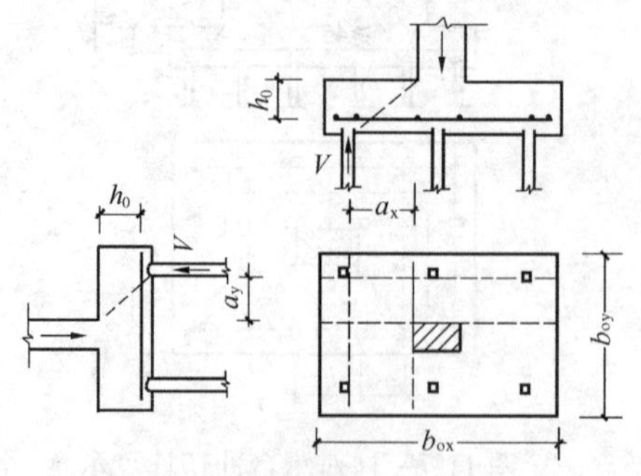

图 11-10　承台斜截面受剪计算示意

$$\beta = \frac{1.75}{\lambda + 1.0} \tag{11-30}$$

式中 $V$——扣除承台及其上填土自重后相应于作用基本组合时斜截面的最大剪力设计值；

$\beta_{hs}$——受剪切承载力截面高度影响系数，$\beta_{hs}$ = （$800/h_0$）1/4，当 $h_0 < 800$mm 时，$h_0$取 800mm，当 $h_0 > 2000$mm 时，$h_0$取 2000mm；

$\beta$——剪切系数；

$\lambda$——计算截面的剪跨比，$\lambda_x = a_x/h_0$，$\lambda_y = a_y/h_0$，此处，$a_x$、$a_y$为柱边或承台变阶处至 $x$、$y$ 方向计算一排桩的桩边的水平距离，当 $\lambda < 0.25$ 时，取 $\lambda = 0.25$；当 $\lambda > 3$ 时，取 $\lambda = 3$；

$b_0$——承台计算截面处的计算宽度；

$h_0$——计算宽度处的承台有效高度。

（5）承台局部受压计算

当承台的混凝土强度等级低于柱或桩的混凝土强度等级时，尚应验算柱下或桩上承台的局部受压承载力。

## 二、例题精解

**【例 11-1】** 截面边长为 400mm 的钢筋混凝土实心方桩，打入 10m 深的淤泥和淤泥质土后，支承在中风化的硬质岩石上。已知作用在桩顶的竖向压力为 800kN，桩身的弹性模量为 $3 \times 10^4 \text{N/mm}^2$。试估算该桩的沉降量。

**【解】** 该桩属于端承桩，桩侧阻力可忽略不计，桩端为中风化的硬质岩石，其变形亦可忽略不计。因此，桩身压缩量即为该桩的沉降量，即

$$s = \frac{Nl}{AE} = \frac{800 \times 10}{0.4 \times 0.4 \times 3 \times 10^7} = 0.00167\text{m} = 1.67\text{mm}$$

**【例 11-2】** 某场区从天然地面起往下的土层分布是：粉质黏土，厚度 $l_1 = 3$m，$q_{s1a} = 24$kPa；粉土，厚度 $l_2 = 6$m，$q_{s2a} = 20$kPa；中密的中砂，$q_{s3a} = 30$kPa，$q_{pa} = 2600$kPa。现采用截面边长为 350mm×350mm 的预制桩，承台底面在天然地面以下 1.0m，桩端进入中密中砂的深度为 1.0m，试确定单桩承载力特征值。

**【解】**
$$\begin{aligned} R_a &= q_{pa}A_p + u_p \sum q_{sia} l_i \\ &= 2600 \times 0.35 \times 0.35 + 4 \times 0.35 \times (24 \times 2 + 20 \times 6 + 30 \times 1) \\ &= 595.7\text{kN} \end{aligned}$$

**【例 11-3】** 某 4 桩承台埋深 1m，桩中心距 1.6m，承台边长为 2.5m，作用在承台顶面的荷载标准值为 $F_k = 2000$kN，$M_k = 200$kN·m。若单桩竖向承载力特征值 $R_a = 550$kN，试验算单桩承载力是否满足要求。

**【解】**

$$\begin{aligned} Q_k &= \frac{F_k + G_k}{n} \\ &= \frac{2000 + 20 \times 2.5 \times 2.5 \times 1}{4} \end{aligned}$$

$$= 531.3\text{kN} < R_a = 550\text{kN}(\text{可以})$$

$$Q_{\text{kmax}} = \frac{F_k + G_k}{n} + \frac{M_k x_{\max}}{\sum x_j^2}$$

$$= 531.3 + \frac{200 \times 0.8}{4 \times 0.8^2}$$

$$= 593.8\text{kN} < 1.2R_a = 660\text{kN}(\text{可以})$$

**【例 11-4】** 试推导等腰三桩承台单桩桩顶竖向力的计算公式。

**【解】** 如图 11-3 所示，$h = h_1 + h_2 = 3h_2$。对 1 号桩，$x_1 = 0$，由式（11-4），得

$$Q_{1k} = \frac{F_k + G_k}{n} \pm \frac{M_{xk} y_1}{\sum y_j^2} = \frac{F_k + G_k}{3} \pm \frac{M_{xk} h_1}{h_1^2 + 2h_2^2}$$

$$= \frac{F_k + G_k}{3} \pm \frac{M_{xk} 2h_2}{(2h_2)^2 + 2h_2^2} = \frac{F_k + G_k}{3} \pm \frac{M_{xk}}{3h_2}$$

$$= \frac{F_k + G_k}{3} \pm \frac{M_{xk}}{h}$$

对 2 号桩:

$$Q_{2k} = \frac{F_k + G_k}{n} \pm \frac{M_{xk} y_2}{\sum y_j^2} \pm \frac{M_{yk} x_2}{\sum x_j^2} = \frac{F_k + G_k}{3} \pm \frac{M_{xk} h_2}{h_1^2 + 2h_2^2} \pm \frac{M_{yk} \frac{s_2}{2}}{2\left(\frac{s_2}{2}\right)^2}$$

$$= \frac{F_k + G_k}{3} \pm \frac{M_{xk} h_2}{(2h_2)^2 + 2h_2^2} \pm \frac{M_{yk}}{s_2} = \frac{F_k + G_k}{3} \pm \frac{M_{xk}}{6h_2} \pm \frac{M_{yk}}{s_2}$$

$$= \frac{F_k + G_k}{3} \pm \frac{M_{xk}}{2h} \pm \frac{M_{yk}}{s_2}$$

**【例 11-5】**（1）如图 11-11 所示为某环形刚性承台下桩基平面图的 1/4。如取对称轴为坐标轴，荷载偏心方向为 x 轴，试由式（11-4）导出单桩桩顶竖向力计算公式如下:

$$Q_{ik} = \frac{F_k + G_k}{n} \pm \frac{2M_k x_i}{\sum_{j=1}^{3} n_j r_j^2}$$

式中 $M_k$——竖向荷载 $F_k + G_k$ 对 $y$ 轴的力矩，$M_k = (F_k + G_k) \cdot e$;

$e$——竖向荷载偏心距;

$n_j$——半径为 $r_j$ 的同心圆圆周上的桩数。

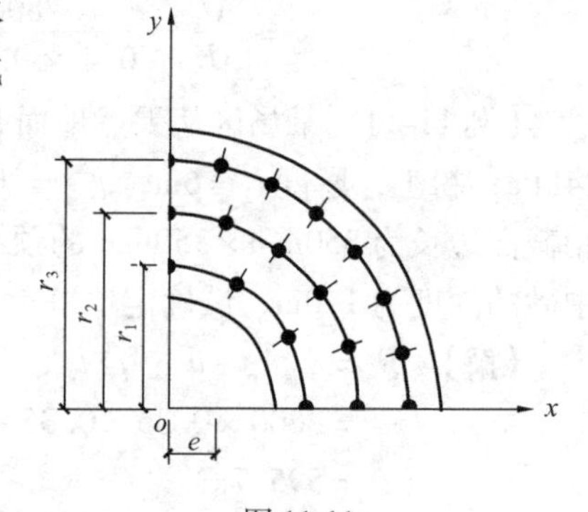

图 11-11

（2）图中桩基的总桩数 $n = 60$，设竖向荷载 $F_k + G_k = 12\text{MN}$，其偏心距 $e = 0.8\text{m}$；分别处于半径 $r_1 = 2.5\text{m}$，$r_2 = 3.5\text{m}$，$r_3 = 4.5\text{m}$ 的同心圆圆周上的桩数目 $n_1 = 12$，$n_2 = 20$，$n_3 = 28$，求最大和最小的单桩桩顶竖向力 $Q_{\text{kmax}}$ 和 $Q_{\text{kmin}}$。

**【解】**

（1）$r_i^2 = x_i^2 + y_i^2$

$$\sum_{i=1}^{n} r_i^2 = \sum_{i=1}^{n} x_i^2 + \sum_{i=1}^{n} y_i^2 = 2\sum_{i=1}^{n} x_i^2$$

$$\sum_{i=1}^{n} x_i^2 = \frac{1}{2}\sum_{i=1}^{n} r_i^2 = \frac{1}{2}\sum_{j=1}^{3} n_j r_j^2$$

所以

$$Q_{ik} = \frac{F_k + G_k}{n} \pm \frac{M_k x_i}{\sum_{i=1}^{n} x_i^2} = \frac{F_k + G_k}{n} \pm \frac{2M_k x_i}{\sum_{j=1}^{3} n_j r_j^2}$$

（2）

$$\begin{matrix} Q_{kmax} \\ Q_{kmin} \end{matrix} = \frac{12000}{60} \pm \frac{2 \times 12000 \times 0.8 \times 4.5}{12 \times 2.5^2 + 20 \times 3.5^2 + 28 \times 4.5^2}$$

$$= \begin{matrix} 297.4 \\ 102.6 \end{matrix} \text{kN}$$

**【例 11-6】** 某场地土层情况（自上而下）为：第一层杂填土，厚度 1.0m；第二层为淤泥，软塑状态，厚度 6.5m，$q_{sa}=6\text{kPa}$；第三层为粉质黏土，厚度较大，$q_{sa}=40\text{kPa}$；$q_{pa}=1800\text{kPa}$。现需设计一框架内柱（截面为 300mm×450mm）的预制桩基础。柱底在地面处的荷载为：竖向力 $F_k=1850\text{kN}$，弯矩 $M_k=135\text{kN}\cdot\text{m}$，水平力 $H_k=75\text{kN}$，初选预制桩截面为 350mm×350mm。试设计该桩基础。

**【解】**（1）确定单桩竖向承载力特征值

设承台埋深 1.0m，桩端进入粉质黏土层 4.0m，则

$$R_a = q_{pa}A_p + u_p\sum q_{sia}l_i$$
$$= 1800 \times 0.35 \times 0.35 + 4 \times 0.35 \times (6 \times 6.5 + 40 \times 4)$$
$$= 499.1\text{kN}$$

结合当地经验，取 $R_a=500\text{kN}$。

（2）初选桩的根数和承台尺寸

$$n > \frac{F_k}{R_a} = \frac{1850}{500} = 3.7 \text{ 根，暂取 4 根。}$$

图 11-12

取桩距 $s=4b_p=4\times0.35=1.4\text{m}$，承台边长：$1.4+2\times0.35=2.1\text{m}$。桩的布置和承台平面尺寸如图 11-12 所示。

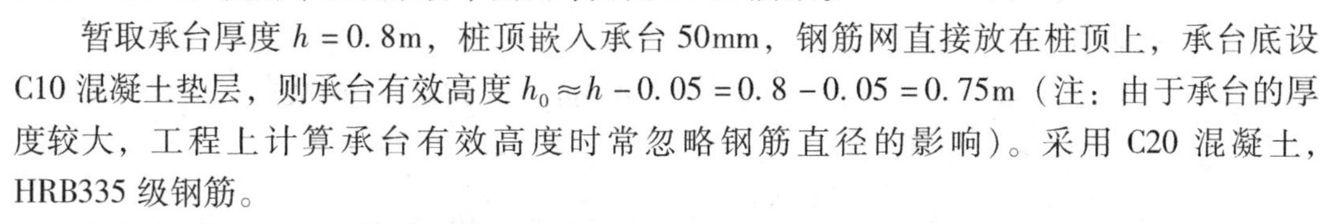

暂取承台厚度 $h=0.8\text{m}$，桩顶嵌入承台 50mm，钢筋网直接放在桩顶上，承台底设 C10 混凝土垫层，则承台有效高度 $h_0 \approx h-0.05=0.8-0.05=0.75\text{m}$（注：由于承台的厚度较大，工程上计算承台有效高度时常忽略钢筋直径的影响）。采用 C20 混凝土，HRB335 级钢筋。

（3）桩顶竖向力计算及承载力验算

$$Q_k = \frac{F_k + G_k}{n}$$
$$= \frac{1850 + 20 \times 2.1^2 \times 1}{4} = 484.6\text{kN} < R_a = 500\text{kN}(\text{可以})$$

$$Q_{kmax} = \frac{F_k + G_k}{n} + \frac{(M_k + H_k h)x_{max}}{\sum x_j^2}$$

$$= 484.6 + \frac{(135 + 75 \times 1) \times 0.7}{4 \times 0.7^2}$$

$$= 559.6\text{kN} < 1.2R_a = 600\text{kN}(\text{可以})$$

$$H_{ik} = \frac{H_k}{n} = \frac{75}{4} = 18.8\text{kN}(\text{此值不大,可不考虑桩的水平承载力问题})$$

(4) 计算桩顶竖向力设计值

扣除承台和其上填土自重后的桩顶竖向力设计值为:

$$N = \frac{F}{n} = \frac{1.35 \times 1850}{4} = 624.4\text{kN}$$

$$N_{max} = N + \frac{1.35(M_k + H_k h)x_{max}}{\sum x_j^2}$$

$$= 624.4 + \frac{1.35 \times (135 + 75 \times 1) \times 0.7}{4 \times 0.7^2}$$

$$= 725.7\text{kN}$$

(5) 承台受冲切承载力验算

1) 柱边冲切

$$a_{0x} = 700 - 225 - 175 = 300\text{mm},\ a_{0y} = 700 - 150 - 175 = 375\text{mm}$$

$$\lambda_{0x} = \frac{a_{0x}}{h_0} = \frac{300}{750} = 0.4$$

$$\lambda_{0y} = \frac{a_{0y}}{h_0} = \frac{375}{750} = 0.5$$

$$\beta_{0x} = \frac{0.84}{\lambda_{0x} + 0.2} = \frac{0.84}{0.4 + 0.2} = 1.4$$

$$\beta_{0y} = \frac{0.84}{\lambda_{0y} + 0.2} = \frac{0.84}{0.5 + 0.2} = 1.2$$

$$2[\beta_{0x}(b_c + a_{0y}) + \beta_{0y}(h_c + a_{0x})]\beta_{hp} f_t h_0$$

$$= 2 \times [1.4 \times (0.3 + 0.375) + 1.2 \times (0.45 + 0.3)] \times 1 \times 1100 \times 0.75$$

$$= 3044\text{kN} > F_l = 1.35 \times 1850 = 2498\text{kN}(\text{可以})$$

2) 角桩冲切

$$c_1 = c_2 = 0.525\text{m},\ a_{1x} = a_{0x} = 0.3\text{m},\ a_{1y} = a_{0y} = 0.375\text{m}$$

$$\lambda_{1x} = \lambda_{0x} = 0.4,\ \lambda_{1y} = \lambda_{0y} = 0.5$$

$$\beta_{1x} = \frac{0.56}{\lambda_{1x} + 0.2} = \frac{0.56}{0.4 + 0.2} = 0.93$$

$$\beta_{1y} = \frac{0.56}{\lambda_{1y} + 0.2} = \frac{0.56}{0.5 + 0.2} = 0.8$$

$$\left[\beta_{1x}\left(c_2 + \frac{a_{1y}}{2}\right) + \beta_{1y}\left(c_1 + \frac{a_{1x}}{2}\right)\right]\beta_{hp} f_t h_0$$

$$= \left[0.93 \times \left(0.525 + \frac{0.375}{2}\right) + 0.8 \times \left(0.525 + \frac{0.3}{2}\right)\right] \times 1 \times 1100 \times 0.75$$

$$= 992.2\text{kN} > N_{max} = 725.7\text{kN}(\text{可以})$$

（6）承台受剪切承载力计算

对柱短边边缘截面：

$$\lambda_x = \lambda_{0x} = 0.4$$

$$\beta = \frac{1.75}{\lambda + 1.0} = \frac{1.75}{0.4 + 1.0} = 1.25$$

$$\beta_{hs}\beta f_t b_0 h_0 = 1 \times 1.25 \times 1100 \times 2.1 \times 0.75$$

$$= 2166\text{kN} > 2N_{max} = 2 \times 725.7 = 1451.4\text{kN}(\text{可以})$$

对柱长边边缘截面：

$$\lambda_y = \lambda_{0y} = 0.5$$

$$\beta = \frac{1.75}{0.5 + 1.0} = 1.17$$

$$\beta_{hs}\beta f_t b_0 h_0 = 2027\text{kN} > 2N = 2 \times 624.4 = 1248.8\text{kN}(\text{可以})$$

（7）承台受弯承载力计算

$$M_x = \Sigma N_i y_i = 2 \times 624.4 \times 0.55 = 686.8\text{kN} \cdot \text{m}$$

$$A_s = \frac{M_x}{0.9f_y h_0} = \frac{686.8 \times 10^6}{0.9 \times 300 \times 750} = 3392\text{mm}^2$$

$$M_y = \Sigma N_i x_i = 2 \times 725.7 \times 0.475 = 689.4\text{kN} \cdot \text{m}$$

$$A_s = \frac{M_y}{0.9f_y h_0} = \frac{689.4 \times 10^6}{0.9 \times 300 \times 750} = 3404\text{mm}^2$$

选用17 Φ 16双向，$A_s = 3419\text{mm}^2 > 3404\text{mm}^2$，并满足最小配筋率要求。配筋示意图略。

## 三、习题

### 1. 选择题

11-1 钢筋混凝土预制桩设置后宜隔一定时间才可以开始静载荷试验，原因是(　　)。

A. 打桩引起的孔隙水压力有待消散

B. 因打桩而被挤实的土体，其强度会随时间而下降

C. 桩身混凝土强度会进一步提高

D. 需待周围的桩施工完毕

11-2 产生桩侧负摩阻力的情况有多种，例如(　　)。

A. 大面积地面堆载使桩周土压密　　B. 桩顶荷载加大

C. 桩端未进入坚硬土层　　D. 桩侧土层过于软弱

11-3 可以认为，一般端承桩基础的总竖向承载力与各单桩的竖向承载力之和的比值为(　　)。

A. $>1$　　B. $=1$

C. $<1$　　D. $\geqslant 1$

11-4 在不出现负摩阻力的情况下，摩擦型桩桩身轴力分布的特点之一是(　　)。

A. 桩顶轴力最大　　B. 桩端轴力最大

C. 桩身某处轴力最大　　D. 桩身轴力为一常量

11-5　由于某些原因使桩周某一长度内产生了负摩阻力，这时，在该长度内，土层的水平面会产生相对于同一标高处的桩身截面的位移，其方向是(　　)。

A. 向上　　B. 向下

C. 向上或向下视负摩阻力的大小而定　　D. 桩顶荷载小时向上，大时向下

11-6　地基基础设计等级为(　　)的建筑物桩基可不进行沉降验算。

A. 甲级　　B. 乙级

C. 乙级和丙级　　D. 丙级

11-7　桩端能进入中等风化或微风化岩层的桩有(　　)。

A. 混凝土预制桩　　B. 预应力混凝土管桩

C. 沉管灌注桩　　D. 钻孔桩

11-8　某场地在桩身范围内有较厚的粉细砂层，地下水位较高。若不采取降水措施，则不宜采用(　　)。

A. 钻孔桩　　B. 人工挖孔桩

C. 预制桩　　D. 沉管灌注桩

11-9　属于非挤土桩的是(　　)。

A. 实心的混凝土预制桩　　B. 下端封闭的管桩

C. 沉管灌注桩　　D. 钻孔桩

11-10　桩侧出现负摩阻力时，桩身轴力分布的特点之一是(　　)。

A. 桩顶轴力最大　　B. 桩端轴力最大

C. 桩身轴力为一常量　　D. 桩身某一深度处轴力最大

11-11　在同一条件下，进行静载荷试验的桩数不宜少于总桩数的(　　)。

A. 1%　　B. 2%

C. 3%　　D. 4%

11-12　承台边缘至边桩中心的距离不宜小于桩的直径或边长，边缘挑出部分不应小于(　　)。

A. 100mm　　B. 150mm

C. 200mm　　D. 250mm

11-13　承台的最小宽度不应小于(　　)。

A. 300mm　　B. 400mm

C. 500mm　　D. 600mm

11-14　板式承台的厚度是由(　　)承载力决定的。

A. 受弯　　B. 受剪切

C. 受冲切　　D. 受冲切和受剪切

11-15　桩顶竖向荷载由桩侧阻力承担70%，桩端阻力承担30%，该桩属于(　　)。

A. 端承桩　　B. 摩擦桩

C. 摩擦端承桩　　D. 端承摩擦桩

11-16　端承型群桩基础的群桩效应系数(　　)。

A. $\eta>1$　　B. $\eta=1$

C. $\eta<1$　　D. $\eta\geqslant1$

11-17　对打入较疏松的砂类土和粉土中的挤土群桩，通常群桩效应系数(　　)。

A. $\eta>1$　　B. $\eta=1$

C. $\eta<1$　　D. $\eta\leqslant1$

11-18　桩端进入坚实土层的深度，一般不宜小于桩径的(　　)。

A. 1～2 倍　　B. 2～4 倍

C. 2～5 倍　　D. 3～4 倍

11-19　桩端以下坚实土层的厚度不宜小于(　　)。

A. 3 倍桩径　　B. 4 倍桩径

C. 5 倍桩径　　D. 6 倍桩径

11-20　非挤土灌注桩的间距不宜小于桩径的(　　)。

A. 2 倍　　B. 3 倍

C. 4 倍　　D. 5 倍

11-21　桩基承台下存在一定厚度的淤泥、淤泥质土或液化土层时，桩的配筋长度(　　)。

A. 应通长配筋　　B. 应不小于桩长的 2/3

C. 应不小于桩长的 1/2　　D. 应穿过这些土层

11-22　条形承台和柱下独立桩基承台的最小厚度为(　　)。

A. 300mm　　B. 400mm

C. 500mm　　D. 600mm

11-23　桩顶嵌入承台内的长度不宜小于(　　)。

A. 40mm　　B. 50mm

C. 70mm　　D. 100mm

**2. 判断改错题**

11-24　为加快施工速度，打入式预制桩常在设置后立即进行静载荷试验。

11-25　在层厚较大的高灵敏度流塑黏性土中，一般不宜采用间距小而桩数多的打入式桩基。

11-26　单桩竖向承载力的确定有时取决于桩本身的材料强度。

11-27　单桩竖向承载力的确定仅取决于土层的支承力。

11-28　桩是通过桩侧阻力和桩端阻力来承担桩顶竖向荷载的。对单根桩来说，桩侧阻力和桩端阻力的发挥程度与桩土之间的相对位移无关。

11-29　桩径和桩入土深度均相同的钻孔灌注桩与打入式桩，如桩端持力层是同样的砂土层，则前者的桩端承载力大于后者。

11-30　非挤土桩由于桩径较大，故其桩侧摩阻力常较挤土桩大。

11-31　地下水位下降有可能对端承型桩产生负摩阻力。

11-32　钻孔灌注桩在设置后不能马上进行静载荷试验，原因是土中的孔隙水压力有待消散。

11-33　对于摩擦型桩，桩距太小会给施工造成困难，但只要施工条件许可，桩距可不受规范最小桩距的限制。

**3. 计算题**

11-34　某承台下设置了3根直径为480mm的灌注桩，桩长10.5m，桩侧土层自上而下依次为：淤泥，厚6m，$q_{sia}=7kPa$；粉土，厚2.5m，$q_{sia}=28kPa$；黏土，很厚（桩端进入该层2m），$q_{sia}=35kPa$，$q_{pa}=1800kPa$。试计算单桩竖向承载力特征值。

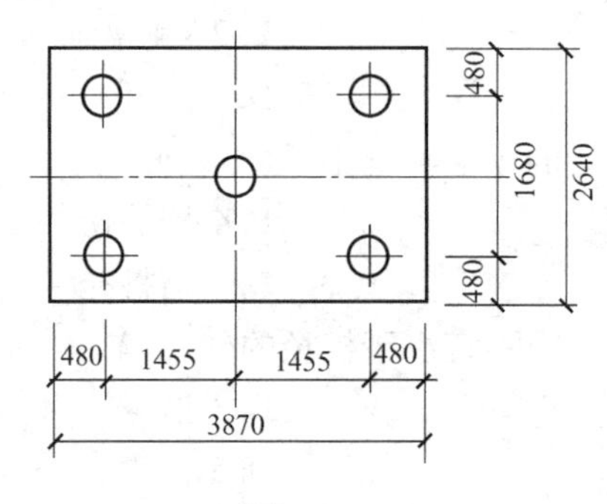


图11-13

11-35　某柱下承台埋深1.5m，承台下设置了5根灌注桩，承台平面布置如图11-13所示，框架柱作用在地面处的荷载标准值为$F_k=3700kN$，$M_k=1400kN\cdot m$（沿承台长边方向作用），$H_k=350kN$。已知单桩竖向承载力特征值$R_a=1000kN$，试验算单桩承载力是否满足要求。

11-36　某承台下设置了6根边长为300mm的实心混凝土预制桩，桩长12m（从承台底面算起），桩周土上部10m为淤泥质土，$q_{sia}=12kPa$，淤泥质土下为很厚的硬塑黏土层，$q_{sia}=43kPa$，$q_{pa}=2000kPa$。试计算单桩竖向承载力特征值。

11-37　在习题11-35中，设柱截面尺寸为300mm×400mm，试计算承台弯矩。

## 四、习题参考答案

11-1　A　11-2　A　11-3　B　11-4　A　11-5　B　11-6　D　11-7　D

11-8　B　11-9　D　11-10　D　11-11　A　11-12　B　11-13　C　11-14　D

11-15　D　11-16　B　11-17　A　11-18　A　11-19　A　11-20　B　11-21　D

11-22　A　11-23　B

11-24　×，必须间隔一定时间。

11-25　√

11-26　√

11-27　×，还取决于桩本身的材料强度。

11-28　×，桩侧阻力和桩端阻力的发挥程度取决于桩土之间相对位移的大小。

11-29　×，打入式桩属于挤土桩或部分挤土桩，由于振动挤密作用而使桩端砂层更密实，故其桩端承载力更大。

11-30　×，非挤土桩在设置时对土没有排挤作用，桩周土会变松，故其桩侧摩阻力会有所减小。

11-31　√

11-32　×，原因是桩身材料强度有待达到设计强度。

11-33　×，桩距过小还会使桩基的沉降量增加，承载力降低，故桩距不能太小。

11-34
$$
\begin{aligned}
R_a &= q_{pa}A_p + u_p \sum q_{sia}l_i \\
&= 1800 \times \frac{\pi}{4} \times 0.48^2 + \pi \times 0.48 \times (7 \times 6 + 28 \times 2.5 + 35 \times 2) \\
&= 600\text{kN}
\end{aligned}
$$

11-35
$$
\begin{aligned}
Q_k &= \frac{F_k + G_k}{n} \\
&= \frac{3700 + 20 \times 3.87 \times 2.64 \times 1.5}{5} \\
&= 801.3\text{kN} < R_a = 1000\text{kN}(\text{可以})
\end{aligned}
$$

$$
\begin{aligned}
Q_{kmax} &= \frac{F_k + G_k}{n} + \frac{(M_k + H_k d)x_{max}}{\sum x_j^2} \\
&= 801.3 + \frac{(1400 + 350 \times 1.5) \times 1.455}{4 \times 1.455^2} \\
&= 1132.1\text{kN} < 1.2R_a = 1200\text{kN}(\text{可以})
\end{aligned}
$$

11-36
$$
\begin{aligned}
R_a &= q_{pa}A_p + u_p \sum q_{sia}l_i \\
&= 2000 \times 0.32 + 4 \times 0.3 \times (12 \times 10 + 43 \times 2) \\
&= 427.2\text{kN}
\end{aligned}
$$

11-37　扣除承台和其上填土自重后的桩顶竖向力设计值为：

$$
N = \frac{F}{n} = \frac{1.35F_k}{n} = \frac{1.35 \times 3700}{5} = 999\text{kN}
$$

$$
\begin{aligned}
N_{max} &= N + \frac{1.35(M_k + H_k d)x_{max}}{\sum x_j^2} \\
&= 999 + \frac{1.35 \times (1400 + 350 \times 1.5) \times 1.455}{4 \times 1.455^2} \\
&= 1445.5\text{kN}
\end{aligned}
$$

承台弯矩为：

$$
M_x = \sum N_i y_i = 2 \times 999 \times (0.84 - 0.15) = 1378.6\text{kN} \cdot \text{m}
$$

$$
M_y = \sum N_i x_i = 2 \times 1445.5 \times (1.455 - 0.2) = 3628.2\text{kN} \cdot \text{m}
$$

# 参 考 文 献

[1] 东南大学，浙江大学，湖南大学，苏州大学合编．土力学．第四版．北京：中国建筑工业出版社，2016.
[2] 华南理工大学，浙江大学，湖南大学编．基础工程．第四版．北京：中国建筑工业出版社，2019.
[3] 华南理工大学，东南大学，浙江大学，湖南大学编．地基及基础．第三版．北京：中国建筑工业出版社，1998.
[4] 杨小平主编．土力学．广州：华南理工大学出版社，2001.
[5] 陈仲颐，周景星，王洪瑾．土力学．北京：清华大学出版社，1997.
[6] 张振营编著．土力学题库及典型题解．北京：中国水利水电出版社，2002.
[7] 袁聚云，汤永净编著．土力学复习与习题．上海：同济大学出版社，2004.
[8] 中华人民共和国国家标准．建筑地基基础设计规范 GB50007—2011. 北京：中国建筑工业出版社，2012.